Kotlin
从基础到实战

黑马程序员 编著

人民邮电出版社

北京

图书在版编目（CIP）数据

Kotlin从基础到实战 / 黑马程序员编著. -- 北京：
人民邮电出版社，2019.3（2023.4重印）
ISBN 978-7-115-49440-5

Ⅰ．①K… Ⅱ．①黑… Ⅲ．①JAVA语言—程序设计
Ⅳ．①TP312.8

中国版本图书馆CIP数据核字(2018)第224624号

内 容 提 要

本书从初学者的角度详细讲解了 Kotlin 开发中常用的多种技术。全书共 13 章，内容包括 Kotlin 入门、Kotlin 编程基础、函数、面向对象、集合、lambda 编程、泛型、Gradle、协程、"坦克大战"游戏开发、DSL、Kotlin 与 Java 互操作、时钟。

本书通过典型的案例、通俗易懂的语言阐述面向对象中的抽象概念，在集合、Lambda 编程、泛型、Gradle、协程等章节中，通过剖析案例、分析代码结构、解决常见问题等方式，帮助初学者培养良好的编程习惯。第 10 章运用前几章的基础知识实现了一个坦克大战的游戏案例开发。第 11～13 章分别介绍了 DSL、Kotlin 与 Java 进行互操作以及通过 Kotlin 语言实现一个 JavaScript 语言的时钟项目，帮助初学者掌握 Kotlin 语言与 Java 语言、JavaScript 语言的互操作。

本书既可作为高等院校本、专科计算机相关专业的教材，也可作为社会培训教材，是一本适合广大编程爱好者参考和学习的书籍。为了帮助编程者更好地学习本书中的内容，本书还提供了配套的源代码与视频等资源，方便读者学习。

◆ 编　著　黑马程序员
责任编辑　范博涛
责任印制　马振武

◆ 人民邮电出版社出版发行　　北京市丰台区成寿寺路 11 号
邮编　100164　电子邮件　315@ptpress.com.cn
网址　http://www.ptpress.com.cn
北京九州迅驰传媒文化有限公司印刷

◆ 开本：787×1092　1/16
印张：18.25　　　　　　　　　　2019 年 3 月第 1 版
字数：458 千字　　　　　　　　 2023 年 4 月北京第 3 次印刷

定价：59.80 元

读者服务热线：(010)81055256　印装质量热线：(010)81055316
反盗版热线：(010)81055315
广告经营许可证：京东市监广登字 20170147 号

前 言　　　　　　　　　　　　FOREWORD

为什么要学习 Kotlin

Kotlin 是 JetBrains 公司开发的基于 JVM 的语言。该语言完全兼容 Java 的特性，并且已经正式成为 Android 官方支持的开发语言。它可以编译成 Java 字节码，也可以编译成 JavaScript 字节码，方便在没有 JVM 的设备上运行。它比 Java 语言更简洁、更安全、易扩展，能够静态检测常见陷阱，也可以应用于 Android 开发、JavaScript 开发、服务器端开发的程序中。由于从实际使用效果来说，Kotlin 语言比 Java 语言的开发效率高并且使用更安全，因此 Kotlin 语言的应用越来越广泛。

如何使用本书

本书是一本 Kotlin 基础入门书籍，使用 IntelliJ IDEA 作为开发工具。作为一种技术的入门图书，最重要也最难办的一件事是将一些非常复杂、难以理解的思想和问题简单化，让初学者能够轻松理解并快速掌握。本书先对每个知识点都进行了深入的分析，并针对每个知识点精心设计了相关案例，然后模拟这些知识点在实际工作中的运用，真正做到了学习过程的由浅入深、由易到难。初学者在使用本书时，建议从头开始循序渐进地学习，并且反复练习书中案例，以达到熟能生巧。

本书共分为 13 章，接下来分别对每章进行简单的介绍，具体内容如下。

● 第 1 章主要讲解 Kotlin 语言的特性与 IntelliJ IDEA 工具的安装。通过对本章的学习，初学者能够掌握 IntelliJ IDEA 的安装过程，动手实现属于自己的第一个 Kotlin 程序。

● 第 2 章主要讲解 Kotlin 语言的基本语法，不论任何一门语言，其基本语法都是最重要的内容。在学习基本语法时，一定要做到认真学习每一个知识点，切忌走马观花。

● 第 3 章主要讲解函数，包括函数的分类与使用。通过对本章的学习，初学者可以了解函数的定义以及如何使用不同类型的函数。

● 第 4 章主要讲解 Kotlin 语言最重要的特征——面向对象。本章内容以编程思想为主，初学者需要花费很大的精力来理解本章所讲解的内容。

● 第 5~7 章主要讲解 Kotlin 中的集合、Lambda 编程以及泛型，包括集合中的 List 接口、Set 接口、Map 接口、Lambda 表达式、高阶函数、内联函数、泛型的约束、协变与逆变等，这几章的内容非常重要，在后续 Kotlin 程序开发中会经常用到，因此，要求初学者一定要熟练掌握这部分内容。

● 第 8 章主要讲解 Gradle，包括如何创建 Gradle 程序、Gradle 的任务、Gradle 的依赖、Gradle 的扩展。通过对本章的学习，初学者可以完成简单的 Gradle 程序开发。

● 第 9 章主要讲解协程，包括协程的挂起、主协程、协程取消、管道等。通过对本章的学习，初学者可以掌握协程的基本操作与使用。

● 第 10 章主要讲解坦克大战游戏的开发，该游戏总结了第 1~9 章的知识点。通过对本章的学习，初学者可以熟练运用 Kotlin 中的基础开发技术。

● 第 11～13 章主要讲解 DSL、Kotlin 与 Java 互操作以及时钟项目，包括 DSL 的使用、Kotlin 与 Java 相互调用、Kotlin 与 Java 互操作对比、使用 Kotlin 语言实现一个 JavaScript 语言的时钟项目。通过对这 3 章的学习，初学者可以掌握 Kotlin 与 Java 代码如何进行相互调用以及如何运用 Kotlin 语言实现一个 JavaScript 语言的项目。

在上面所提到的 13 章中，第 1～3 章主要是针对 Kotlin 的一些比较基础的知识进行详细的讲解，这些知识多而细，要求初学者深入理解，奠定好学习后面知识的基础。第 4～9 章中每个小节的知识点后都会提供一个实用的案例，并在案例后面对其进行详细的分析，初学者可以结合案例后的分析对案例进行学习，每一个案例都需要动手实践。第 10 章主要是总结第 1～9 章的知识点，实现了一个坦克大战游戏的开发。初学者学习本章时要求动手实现该游戏的全部效果。第 11 章的内容了解即可，第 12～13 章主要讲 Kotlin 与 Java 语言的交互以及如何运用 Kotlin 语言编写一个 JavaScript 语言的时钟项目，这两章的内容比较重要，需要初学者掌握并可以灵活运用其中的知识。

在学习本书时，首先要做到对知识点理解透彻，其次一定要亲自动手去练习书中所提供的案例，因为在学习软件编程的过程中动手实践是非常重要的。对于一些非常难以理解的知识点也可以选择通过案例的练习来学习。如果实在无法理解书中所讲解的知识，建议初学者不要纠结于某一个知识点，可以先往后学习，通常来讲，看到后面对知识点的讲解或者其他小节的内容后，前面看不懂的知识点一般就能理解了。

致谢

本书的编写和整理工作由传智播客教育科技有限公司完成，主要参与人员有吕春林、陈欢、柴永菲、闫文华、高美云、张泽华、吴通、肖琦、伍碧林、马伟奇等，研发小组全体成员在这近一年的编写过程中付出了很多辛勤的汗水，在此一并表示衷心的感谢。

意见反馈

尽管我们尽了最大的努力，但书中难免会有不妥之处，欢迎各界专家和读者来信给予宝贵意见，我们将不胜感激。您在阅读本书时，如果发现任何问题或有不认同之处可以通过电子邮件与我们取得联系。

请发送电子邮件至：itcast_book@vip.sina.com

黑马程序员
2018 年 10 月于北京

目录

CONTENTS

1

Chapter

第 1 章

Kotlin 入门

学习目标
- 了解什么是 Kotlin
- 掌握 Kotlin 开发环境的搭建方法
- 掌握 Kotlin 程序的编写方法

Kotlin 是由 JetBrains 公司开发的，用于多平台应用的静态编程语言。2017 年谷歌 I/O 大会上 Android 团队宣布 Kotlin 成为其官方头等支持语言。它可以被编译成 Java 字节码，100%兼容 Java 语言，也可以被编译成 JavaScript，方便在没有 JVM 的设备上运行。它比 Java 更简洁、更安全，能够静态检测常见的陷阱。本章将针对 Kotlin 语言的前景、特性、开发环境以及如何编写 Kotlin 程序等内容进行详细讲解。

1.1 Kotlin 简介

1.1.1 Kotlin 的前景

Kotlin 语言由 JetBrains 公司开发，是一个基于 JVM 的新编程语言，它的语法格式比 Java 更加简洁，现在已经正式成为 Android 官方支持的开发语言，并且 100%兼容 Java 语言。目前 Kotlin 语言主要用于以下几个领域。

1. 服务端开发

Kotlin 语言非常适合开发服务端应用程序，并且与 Java 技术保持良好的兼容性，之前用 Java 语言做的服务端程序都可以使用 Kotlin 语言来代替。Kotlin 的革新式语言功能有助于构建强大而易于使用的程序。Kotlin 语言对协程的支持有助于构建服务器端程序，伸缩到适度的硬件要求以应对大量的客户端。Kotlin 语言与所有基于 Java 语言的框架完全兼容，可以让你保持熟悉的技术栈，同时获得更现代化的语言优势。

2. Android 开发

Kotlin 语言也适合开发 Android 程序。在兼容性方面，Kotlin 语言与 JDK 6 完全兼容，保证了 Kotlin 应用程序可以在较旧的 Android 设备上运行。在性能方面，由于 Kotlin 支持内联函数，使用 Lambda 表达式的代码通常比使用 Java 的代码运行速度快，因此 Kotlin 应用程序的运行速度比 Java 快。在互操作性方面，Kotlin 与 Java 可进行 100％的互操作，在 Kotlin 应用程序中可以使用所有现有的 Android 库。在编译时长方面，Kotlin 支持高效的增量编译，所以对于清理构建会有额外的开销，增量构建通常与 Java 一样快或者更快。

3. JavaScript 开发

Kotlin 提供了 JavaScript 作为目标平台的能力。这种能力通过将 Kotlin 转换为 JavaScript 来实现，目前的实现目标是 ECMAScript 5.1。当选择 JavaScript 为目标时，作为项目部分的 Kotlin 代码以及 Kotlin 附带的标准库都会转换为 JavaScript。但不包括使用的 JDK、任何 JVM、Java 框架或库。所有非 Kotlin 文件在编译期间会被忽略掉。Kotlin 编译器遵循以下目标：提供最佳大小的输出；提供可读的 JavaScript 输出；提供与现有模块系统的互操作性；在标准库中提供相同的功能。

1.1.2 Kotlin 的特性

1. 简洁

在开发程序时，通常情况下开发人员会花费更多的时间去阅读现有代码。例如，需要在当前项目上添加新的功能，此时就需要阅读与当前功能相关的代码，而阅读代码的时间长短取决于代码量的多少。在 Kotlin 程序中，由于代码简洁，从而大大减少了样板代码的数量，因此在后续阅读代码时会更加简便，这就提高了工作效率，进而可以更快地完成任务。在许多情况下，IDEA 工具将自动检测到可以用更简洁的结构替换公共的代码模式，并提供修复代码的方法，通过研究这些自动修复所使用的语言特性，可以在开发程序时灵活应用这些特性。

2. 安全

一般情况下，为了保证编程语言的安全性，在设计程序时会尽量避免出错的可能，当然这并不能保证程序绝对不会出现问题。防止错误的发生通常以牺牲成本为代价，需要给编译器更多关于程序的预期操作信息，这样编译器就可以验证与程序所做的匹配信息是否一致。

Kotlin 试图用较小的成本获取比 Java 更高级别的安全性。在 JVM 上运行的程序已经提供了许多安全机制，例如，防止内存泄露、防止缓冲区溢出以及由于不正确使用动态分配内存造成的其他问题等。Kotlin 作为一种静态语言，在 JVM 上也保证应用程序的类型安全，不必指定所有类型的声明。很多情况下，编译器会自动推断类型。此外，Kotlin 允许定义可空类型变量，并提供了多种方式对空数据进行处理，这样可以避免程序的空指针异常（NullPointerException），从而大大降低了程序崩溃的可能性。

3. 互操作性

Kotlin 与 Java 的互操作性，表现在 Kotlin 程序可以调用 Java 中的方法、扩展 Java 类、实现 Java 中的接口以及使用 Java 语言来注释 Kotlin 程序等。Kotlin 中的类和方法可以完全像普通的 Java 类和方法一样去调用，这样 Java 代码与 Kotlin 代码可以在项目中的任何地方进行互调。其重点体现在使用现有的 Java 标准库扩展 Java 中的功能，使 Kotlin 程序使用起来更方便。

Kotlin 的开发工具 IDEA 还提供了跨语言项目的全力支持，它不仅可以编译 Java 源文件，而且还可以使 Java 与 Kotlin 进行任意的组合。IDEA 工具的跨语言功能，允许程序执行如下操作。

- 自由组合 Kotlin 语言与 Java 源文件。

● 调试混合语言项目，并在不同语言编写的程序之间进行互操作。

1.2　Kotlin 开发环境搭建

1.2.1　Kotlin 常用开发工具

在 Kotlin 的官方文档（www.kotlincn.net）上可以看到，Kotlin 语言的开发工具有 4 种类型，分别是 IntelliJ IDEA、Android Studio、Eclipse 以及 Compiler。这 4 种工具的简单介绍如下。

1. IntelliJ IDEA

IntelliJ IDEA 是 JetBrains 公司开发的，是 Kotlin 官方推荐使用的开发工具。在 Kotlin 官网上下载最新版本的 IntelliJ IDEA，已经默认安装了 Kotlin 插件。如果下载的 IntelliJ IDEA 没有 Kotlin 插件，则可以打开 IntelliJ IDEA 的插件安装界面，完成插件的安装或升级。

2. Android Studio

Android Studio 是谷歌公司基于 IntelliJ IDEA 开发的一个工具，主要用于 Android 程序的开发。Android Studio 从 3.0 版本开始内置安装 Kotlin 插件。如果使用的是 3.0 之前的版本，则可以通过 Android Studio 的插件安装界面完成 Kotlin 插件的安装，插件安装完成后需要重新启动 Android Studio。

3. Eclipse

Eclipse 是一款经典的开发工具，虽然它是由 Java 语言开发的，但它不仅支持 Java 语言，而且还支持 C/C++、COBOL、PHP、Android 等编程语言，现在还支持 Kotlin 语言。如果想要在 Eclipse 工具中开发 Kotlin 语言程序，则需要安装 Kotlin 插件。

4. Compiler

Compiler 是一个命令行的编译器，在 Kotlin 官网上也可以下载这个工具，然后通过命令行来编译 Kotlin 程序。

以上 4 种工具中，Android Studio 是在 IntelliJ IDEA 工具的基础上添加了一些针对 Android 开发的插件，这些插件在开发 Kotlin 语言的程序中是用不到的；Compiler 工具用起来不太方便；Eclipse 与 IntelliJ IDEA 工具开发 Kotlin 语言都比较方便。由于本书主要讲解 Kotlin 语言的开发，因此选择 Kotlin 官方推荐的工具 IntelliJ IDEA。

1.2.2　IntelliJ IDEA 的安装

1. 下载 IntelliJ IDEA

首先打开 JetBrains 公司官网，单击界面上的【DownLoad】按钮进入到下载界面，在这个界面上有两个选项，分别为 Ultimate 企业版（免费试用）与 Community 社区版（免费开源），这里选择 Community 版本的 IntelliJ IDEA，点击【下载】按钮进行下载，此处下载的是最新版本的 IDEA，如图 1-1 所示。

需要注意的是，由于目前最新版本 ideaIC-2018.1.5 相对来说没有 ideaIC-2017.3.5 版本稳定，因此在图 1-1 所示界面中选择【Previous Version】链接，跳转到 IDEA 版本页面，选择 ideaIC-2017.3.5 版本进行下载，也可以根据个人习惯下载不同版本，如图 1-2 所示。

图1-1 下载界面

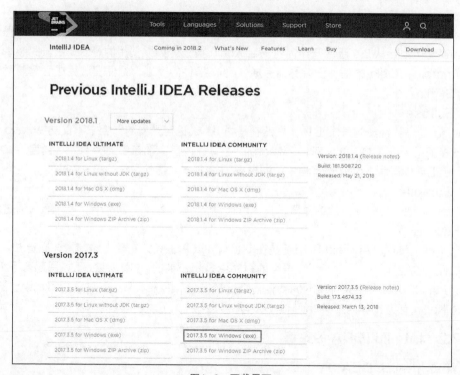

图1-2 下载界面

2. 安装 IntelliJ IDEA

在安装 IntelliJ IDEA 工具的过程中，可根据个人喜好选择程序的安装位置，如图 1-3 所示。

在图 1-3 所示界面中，单击【Next】按钮，进入安装设置界面。在该界面 Create Desktop Shortcut 下方有两个复选框，用于选择计算机系统位数，分别是【32-bit launcher】和【64-bit launcher】，根据相应的系统位数（右键单击【我的电脑】，单击【属性】，查看系统位数）选择即可，如图 1-4 所示。

在图 1-4 所示界面中，单击【Next】按钮，等待程序进行安装，最后弹出一个安装完成的对话框。在这个对话框上单击【Finish】按钮即可完成 IntelliJ IDEA 工具的安装，安装完成的对话框如图 1-5 所示。

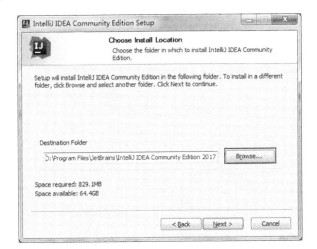

图1-3 选择安装位置

图1-4 选择操作系统版本

图1-5 安装完成

需要注意的是，安装完 IntelliJ IDEA 工具之后，还需要安装 1.6 以上版本的 JDK，在这里就不一一截图显示安装的过程了，直接下载 JDK 并安装即可。

1.3 开发第一个 Kotlin 程序

接触一门新语言时，编写的第一个程序基本都是 HelloWorld，本书也不例外。本小节就教大家如何用 Kotlin 语言编写一个 HelloWorld 程序，具体步骤如下。

当第一次打开新安装的 IntelliJ IDEA 工具时，首先会进入欢迎界面。在这个界面上有 4 个选项，分别是【Create New Project】、【Import Project】、【Open】以及【Check out from Version Control】。这 4 个选项分别表示的是创建一个新工程、导入一个工程、打开文件夹以及从 svn 或 git 上获取一个工程。在这里选择【Create New Project】选项，创建一个新的工程，如图 1-6 所示。

图1-6　欢迎界面

接着会弹出一个 New Project 窗口，在窗口的左侧选中【Java】选项，在 Project SDK 对应的选项框中，点击后边的【New...】按钮，选择 JDK 的安装位置，勾选上【Kotlin/JVM】复选框，单击【Next】按钮进入下一步，如图 1-7 所示。

最后设置该项目的名称（Project name）为 Chapter01，项目存放的位置（Project location）可自行设置，单击【Finish】按钮完成 Chapter01 项目的创建，如图 1-8 所示。

项目创建完成了，此时在 IntelliJ IDEA 中会显示创建好的 Chapter01 程序，右键单击【src】，选择【New】→【Package】选项，创建 com.itheima.chapter01 包，如图 1-9 所示。

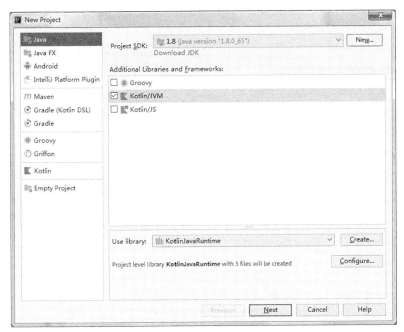

图1-7　New Project窗口

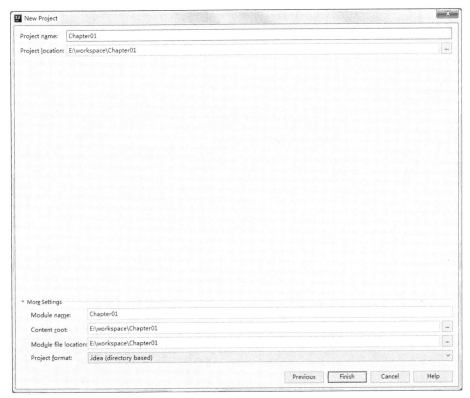

图1-8　设置项目名称与位置

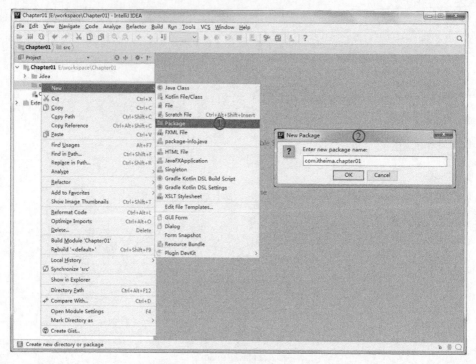

图1-9　创建包名

包创建完成后，右键单击 com.itheima.chapter01 包名，选择【New】→【Kotlin File/Class】
选项，创建 HelloWorld.kt 文件，如图 1-10 所示。

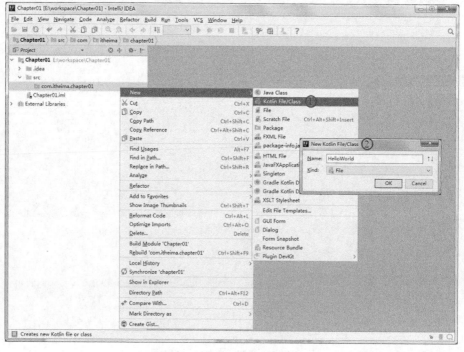

图1-10　创建HelloWorld.kt文件

HelloWorld.kt 文件创建完后，接着需要创建程序的入口函数 main()，IntelliJ IDEA 提供了一个快速完成此操作的模板，只需在 HelloWorld.kt 文件中写入 "main"，然后按【 Tab 】键或【 Enter 】键即可自动创建一个 main()函数，如图 1–11 所示。

图1–11　创建main( )函数

在 main()函数中，添加一行输出语句 "println("Hello World")"，然后单击 ▇ 图标或在 HelloWorld.kt 文件中右击，选择 "Run 'HelloWorldKt'" 选项运行该程序，即可输出 "Hello World"，如图 1–12 所示。

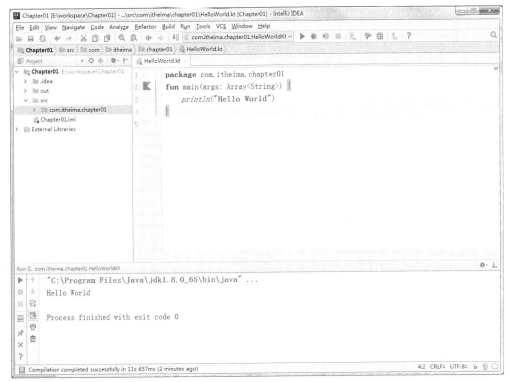

图1–12　输出HelloWorld

至此，HelloWorld 程序已经开发完成。接下来针对程序中的语句进行简单介绍，具体如下。

- fun：函数的声明。
- main(args:Array<String>)：main()函数是 Kotlin 程序的入口函数，即程序启动时运行的第一个函数。args 是该函数接收的参数名，该参数的数据类型是字符串数组类型。
- println()：用于向控制台输出 HelloWorld 字符串。

多学一招：将项目导入 IDEA 工具中

由于 IDEA 工具没有专门针对不同项目做特殊的优化，只识别一些 Gradle 或 Maven 项目，因此如果后续需要将项目 Chapter01 导入到 IDEA 工具中，则必须选择【File】→【Open】选项来打开该项目而不是选择【File】→【New】→【Project from Existing Sources...】选项，这是因为选择【Project from Existing Sources...】时，会覆盖项目中的 Chapter01.iml 文件，覆盖后该文件中就没有 Kotlin 的 Jar 包依赖信息了，此时程序会运行不了，因此，为了方便后续成功导入之前创建的项目，选择【Open】选项即可，如图 1-13 所示。

图1-13 将项目导入IDEA工具中

 注 意

本书以章节名称作为项目名，例如 Chapter01、Chapter02...以此类推。项目包名以"com.itheima.+章节名"来命名，例如 com.itheima.chapter01。

1.4 本章小结

本章主要讲解了 Kotlin 语言的前景、特性以及开发环境的搭建，最后通过一个 HelloWorld 程序来讲解如何开发 Kotlin 程序。本章所讲解的内容是 Kotlin 中最基础的知识，要求初学者必须熟练掌握，为后面学习 Kotlin 语言的其他知识打下坚实的基础。

【思考题】

1. 请思考 Kotlin 语言有哪些特性。
2. 请思考如何通过 Kotlin 语言编写一个 HelloWorld 程序。

第 2 章
Kotlin 编程基础

学习目标

- 记住 Kotlin 的基本语法格式
- 记住 Kotlin 中的变量
- 记住 Kotlin 中的运算符、字符串
- 掌握 Kotlin 中选择结构语句、循环结构语句的用法
- 掌握 Kotlin 中变量类型转换、空值处理的操作方法

　　无论学习哪一门编程语言，基础知识都是至关重要的。Kotlin 语言也不例外，同样需要先掌握 Kotlin 语言的基础知识，才能熟练使用 Kotlin 语言。本章将针对 Kotlin 的基本语法、变量、运算符、字符串、选择结构语句、循环结构语句、区间、数组、变量的类转换以及空值处理进行详细的讲解。

2.1　Kotlin 的基本语法

2.1.1　Kotlin 代码的基本格式

　　在 Kotlin 中，程序都会包含一个 main()函数，作为程序的入口。该函数中会包含一些输出语句以及返回值等信息。main()函数的语法格式如下：

```
fun main(args: Array<String>) {
    println("Hello World")
}
```

　　在上述语法格式中，"fun"表示函数声明，"main()"表示函数入口，其中的 args 是函数接收的参数名，Array<String>是参数的数据类型（字符串数组类型），"println("Hello World")"为函数的输出语句。在实际开发中，可以根据 main()函数的语法格式自定义函数。

　　需要注意的是，在 Kotlin 中程序代码可分为结构定义语句和功能执行语句，其中，结构定义语句用于声明一个类或函数，功能执行语句用于实现具体的功能。每条单行的功能执行语句后面可以省略英文半角分号（ ; ）。如果一行代码中有两条执行语句，则这两条语句中间必须用英文分

号隔开，否则编译器会提示"Unexpected tokens"（意外的标记）这样的错误信息。

在 Kotlin 中，为了方便管理 Kotlin 源文件的目录结构，防止不同的 Kotlin 源文件之间发生命名冲突，可以使用"package（包）"管理文件，如果不定义包，源文件则存放在无包名的默认包中。定义 package 的语法格式如下：

```
package com.itheima
```

Kotlin 虽然没有严格要求用什么样的风格来编写代码，但是，出于可读性的考虑，应该让自己编写的程序代码整齐美观、层次清晰。在编写代码时，需要注意以下几个方面。

（1）Kotlin 语言是严格区分大小写的。Kotlin 语言与 Java 语言类似，在定义类时，不能将 class 写成 Class，否则编译器会报错。在程序中定义一个 animal 时，也可以同时定义一个 Animal，animal 和 Animal 是两个完全不同的符号，在使用时务必注意。

（2）如果不确定 Kotlin 编码规范时，默认使用 Java 的编码规范。例如使用驼峰命名法（避免命名中有下划线），类名以大写字母开头，方法和属性以小写字母开头等。

（3）Kotlin 程序中的一个字符串不能分开在两行中书写，例如，下面这条语句在编译时会出错：

```
fun main(args: Array<String>) {
    println("Hello
            World")
}
```

如果为了便于阅读，需要将一个长字符串在两行中书写，则可以将这个长字符串分成两个短字符串，然后用加号（+）将这两个字符串连起来，在加号（+）处断行。上面的语句可以修改成如下形式：

```
fun main(args: Array<String>) {
    println("Hello" +
            "World")
}
```

2.1.2 Kotlin 中的注释

在编写程序时，为了使代码易于阅读，通常会在实现功能的同时为代码加一些注释。注释是对程序的某个功能或者某行代码的解释说明，它只在 Kotlin 源文件中有效，在编译程序时编译器会忽略这些注释信息，不会将其编译到 class 字节码文件中。

1. 单行注释

单行注释通常是对程序中的某一行代码进行解释，用符号"//"表示，"//"后面为被注释的内容，具体示例如下：

```
println("Hello World") //输出 Hello World 字符串
```

2. 多行注释

多行注释就是注释中的内容可以是多行，以符号"/*"开头，以符号"*/"结尾。多行注释的示例如下：

```
/* fun main(args: Array<String>) {
    println("Hello World")
} */
```

3. 文档注释

文档注释是以"/**"开头，并在注释内容末尾以"*/"结束，是对一段代码概括的解释说明。文档注释的示例如下：

```
/**fun main(args: Array<String>) {
    println("Hello World")
}*/
```

 注 意

> 多行注释"/*...*/"中可以嵌套单行注释"//"。与 Java 程序不同的是，Kotlin 程序中的多行注释"/*...*/"中可以嵌套多行注释"/*...*/"。

2.2 Kotlin 中的变量

2.2.1 变量的定义

在程序运行期间，随时可能产生一些临时的数据，应用程序会将这些数据保存在一些内存单元中，每个内存单元都用一个标识符来标识。这些内存单元被称为变量，定义的标识符就是变量名，内存单元中存储的数据就是变量的值。

Kotlin 中的变量分为两种类型，分别是可变变量与不可变变量（只读变量），可变变量用关键字 var 来修饰，可以进行多次修改。不可变变量用关键字 val 来修饰，只能进行一次初始化。可变变量对应的是 Java 语言中的普通变量，不可变变量对应的是 Java 语言中用 final 关键字修饰的常量。

接下来，我们通过具体的代码来学习如何声明变量以及给变量赋值。

1. 声明变量

声明一个可变变量与不可变变量的语法格式如下：

```
var 变量名：数据类型
val 变量名：数据类型
```

上述格式中，var 表示声明的是一个可变变量，val 表示声明的是一个不可变变量，变量名是自定义的，数据类型是表示该变量属于什么类型的数据。

声明一个可变变量与不可变变量的示例代码如下：

```
var a: Int       //声明一个 Int 类型的可变变量 a
val b: String //声明一个 String 类型的不可变变量 b
```

2. 给变量赋值

在 Kotlin 中给变量赋值分为两种方式，第 1 种是声明变量的同时给变量赋值，第 2 种是声明变量和变量赋值分开设置。接下来通过具体代码来演示这两种方式。

（1）声明变量的同时给变量赋值，具体示例如下：

```
var c: Int = 1
```

上述代码中，Int 类型变量 c 被赋值为 1。"="前边的部分主要是声明了一个 Int 类型的变量 c，"="后边是给声明的变量 c 赋值为 1。

值得一提的是，上述直接赋值变量的方式，可以省略变量的数据类型，Kotlin 会根据变量的值自动识别变量的数据类型，其他类型的变量也一样。具体示例如下：

```
var c = 1
```

（2）声明变量和变量赋值可以分开设置，具体示例如下：

```
var d: Int
d = 10
```

上述代码中，首先声明了一个 Int 类型的变量 *d*，接着将变量 *d* 赋值为 10。

脚下留心：声明变量与给变量赋值时遇到的问题

（1）在不赋值的情况下，只声明变量不约束具体类型时，程序会报错，具体示例如下：

```
var c    //只声明不约束具体类型会报错
```

（2）在同一方法体中，不能重复定义一个变量，否则编译器会提示命名冲突，具体示例如下：

```
fun main(args: Array<String>) {
    var a: String       //变量为 String 类型
    // var a: String=""   重复定义变量 a 会报错
}
```

（3）可变变量可以多次赋值，不可变变量不可以进行二次赋值，具体示例如下：

```
fun main(args: Array<String>) {
    var a: Int //可变变量 a
    val b: Int //不可变变量 b
    //可以多次给变量 a 赋值
    a = 1
    a = 2
    a = 3
    b = 1   //第 1 次给变量 b 赋值
    // b = 2   第 2 次给变量 b 赋值会报错
}
```

2.2.2 变量的数据类型

任何编程语言都有自己的数据类型，例如，Java 语言中的数据类型包含基本数据类型和引用数据类型，其中基本数据类型包含数值型、字符型、布尔型，引用数据类型包括类、接口、数组、枚举、注解。而 Kotlin 语言中的数据类型不区分基本数据类型和引用数据类型，分为数值型、字符型、布尔型、数组型、字符串型，接下来分别对这些数据类型进行讲解。

1. 数值类型变量

Kotlin 中的数值类型与 Java 中数值类型相似，包括 Byte（字节）、Short（短整型）、Int（整型）、Long（长整型）、Float（浮点型）、Double（双精度浮点型），只不过在 Java 中这些数值类型用小写字母表示，而在 Kotlin 中用首字母大写的形式表示。Kotlin 中数值类型变量所占存储空间的大小以及存储值的范围如表 2-1 所示。

表 2-1　内置类型

类型名	描述	占用空间	存储值范围	示例
Byte	字节	8 位（1 个字节）	$-2^7 \sim (2^7-1)$	var a: Byte = 1
Short	短整型	16 位（2 个字节）	$-2^{15} \sim (2^{15}-1)$	var b: Short = 1
Int	整型	32 位（4 个字节）	$-2^{31} \sim (2^{31}-1)$	var c: Int = 1
Long	长整型	64 位（8 个字节）	$-2^{63} \sim (2^{63}-1)$	var d: Long = 1L
Float	浮点型	32 位（4 个字节）	1.4E-45~3.4E+38， -3.4E+38~-1.4E-45	var e: Float = 1f
Double	双精度浮点型	64 位（8 个字节）	4.9E-324~1.7E+308， -1.7E+308~-4.9E-324	var f: Double = 1.0

表 2-1 中，占用空间指的是不同类型的变量占用内存的大小。例如一个 Byte 类型的变量会占用 1 个字节大小的内存空间，存储的值只能是 $-2^7 \sim (2^7-1)$ 的整数，一个 Int 类型的变量会占用 4 个字节大小的内存空间，存储值范围是 $-2^{31} \sim (2^{31}-1)$ 的整数。需要注意的是，在为 Long 类型的变量赋值时，所有赋值的后面要加上一个字母 L（只能是大写字母 L），说明赋值为 Long 类型。如果赋的值未超出 Int 的取值范围，则可以省略字母 L。

Float 与 Double 类型主要用于存储带小数的数值，在这两个类型的存储值范围中，E 表示以 10 为底的指数，E 后面的 "+" 和 "-" 代表正指数和负指数，例如 1.4E-45 表示 $1.4*10^{-45}$。在 Kotlin 中，一个 Float 类型的变量赋值时需要在值的后面加上字母 F（或小写 f），Double 类型的变量在赋值时，值的后面不允许加 D 或者 d，这点与 Java 不同。

2. 布尔类型变量

布尔类型变量用于存储布尔值，在 Kotlin 中用 Boolean 表示，该类型的变量只有两个值，分别是 true 和 false。具体示例如下：

```
var a: Boolean = true
var b = true
```

3. 字符类型变量

字符类型变量用于存储一个单一字符，在 Kotlin 中用 "Char" 表示。Kotlin 中每个字符类型变量都会占用 2 个字节。在给 Char 类型的变量赋值时，需要用一对英文半角格式的单引号' '把字符括起来，如'k'。具体示例如下：

```
var a: Char = 'a'
var b = 'b'
```

与 Java 不同的是，在 Kotlin 中 Char 类型的变量不能直接赋值为数字，必须使用单引号把数字括起来才可以进行赋值。

4. 字符串类型变量

字符串类型变量用于存储多个字符，它与 Java 中的字符类型变量非常相似。字符串类型用 "String" 表示，在给 String 类型的变量赋值时，需要用一对英文半角格式的双引号" "把字符括起来。具体示例如下：

```
var a: String = "Hello World!"
var a = "Hello World!"
```

5. 数组类型变量

在 Kotlin 中，如果想定义多个类型相同的变量，用常规的定义方式则需要定义多个变量，非常麻烦，为此 Kotlin 中提供了数组类型变量。数组是用 Array 表示，其中数值类型、布尔类型、字符类型都有数组的表现形式。这些数组类型变量的初始化有两种方式，一种是以 "数据类型 ArrayOf()" 方法进行初始化，另一种是以 arrayOf() 方法进行初始化。

接下来以 IntArray、BooleanArray、CharArray 类型数组为例来演示第 1 种方式，具体示例如下：

```
var int_array: IntArray = intArrayOf(1, 2, 3)
var boolean_array: BooleanArray = booleanArrayOf(true, false, true)
var char_array: CharArray = charArrayOf('a', 'b', 'c')
```

从数组的定义格式可以看出，数组在创建时使用的是 intArrayOf()方法，而不是 Java 中的 new 关键字。

需要注意的是，在 Kotlin 中不能使用 stringArrayOf()方法创建字符串类型数组，因为 String 不属于基本数据类型。要想在 Kotlin 中声明字符串数组，需要使用 Array<String>，并且对应的初始化数组的方法也相应变成了 arrayOf()，这种初始化方式对于其他类型的数组同样适用。接下来以第 2 种方式初始化数组类型的变量，具体示例如下：

```
var int_array1: Array<Int> = arrayOf(1, 2, 3)
var boolean_array1: Array<Boolean> = arrayOf(true, false, true)
var char_array1: Array<Char> = arrayOf('a', 'b', 'c')
var string_array: Array<String> = arrayOf("Hello", "World", "!")
```

通过上述两种方式对比可以看出，第 2 种初始化方式更加简单，在实际开发中可以根据个人喜好选择初始化方式。

值得一提的是，在初始化数组类型的变量时，变量的数据类型同样可以省略，例如 "var string_array = arrayOf("Hello", "World", "!")"。

2.3 运算符

在 Kotlin 程序中经常会出现一些特殊的符号，如+、−、*、=、>等，这些特殊符号称作运算符。运算符用于对数据进行算术运算、赋值运算和比较运算等操作。在 Kotlin 中，运算符可分为算术运算符、赋值运算符、比较运算符和逻辑运算符。

2.3.1 算术运算符

在数学运算中最常见的就是加减乘除，被称作四则运算。Kotlin 中的算术运算符就是用来处理四则运算的符号，这是最简单、最常用的运算符号。下面列举 Kotlin 中的算术运算符及其用法，如表 2-2 所示。

表 2-2 算术运算符

运算符	运算	范例	结果
+	正号	+5	5
−	负号	b=6;−b	−6
+	加	4+4	8
−	减	10−4	6
*	乘	4*5	20
/	除	6/3	2

续表

运算符	运算	范例	结果
%	取模（即算术中的求余数）	8%3	2
..	范围	a=1；b=a..2；	a=1；b=1..2
++	自增（前）	a=1；b=++a；	a=2；b=2；
++	自增（后）	a=1；b=a++；	a=2；b=1；
--	自减（前）	a=1；b=--a；	a=0；b=0；
--	自减（后）	a=1；b=a--；	a=0；b=1；

算术运算符看上去都比较简单，也很容易理解，但在实际使用时还有很多需要注意的问题，具体如下。

（1）在进行除法运算时，当除数和被除数都为整数时，得到的结果也是一个整数，如果除法运算中有小数参与，得到的结果会是一个小数。例如，3/2 属于整数之间相除，会忽略小数部分，得到的结果是 1，而 1.0/2 的结果为 0.5。

请思考一下下面表达式的结果是多少？

```
1500/1000*1000
```

结果为 1000。由于表达式的执行顺序是从左到右，所以先执行除法运算 1500/1000，得到的结果为 1，再乘以 1000，得到的结果自然就是 1000 了。

（2）在进行取模（%）运算时，运算结果的正负取决于被模数（%左边的数）的符号，与模数（%右边的数）的符号无关。例如（-1）%2=-1，而 1%（-2）=1。

（3）在进行自增"++"和自减"--"的运算时，如果运算符"++"或"--"放在操作数的前面则是先进行自增或自减运算，再进行其他运算。反之，如果运算符放在操作数的后面则是先进行其他运算再进行自增或自减运算。

请仔细阅读下面的代码块，思考运行结果。

```
var a: Int = 1
var b: Int = 2
var c: Int = a + b++
println("b=" + b)
println("c=" + c)
```

在上述代码中，定义了 3 个 Int 类型的变量 a、b、c。其中 a=1、b=2。当进行"a+b++"运算时，由于运算符"++"写在了变量 b 的后面，属于先运算再自增，因此变量 b 在参与加法运算时其值仍然为 2，c 的值应为 3。变量 b 在参与运算之后会进行自增，因此 b 的最终值为 3。

2.3.2 赋值运算符

赋值运算符的作用就是将数值、变量或表达式的值赋给某一个变量。接下来列举 Kotlin 中的赋值运算符及其用法，如表 2-3 所示。

表 2-3 赋值运算符

运算符	运算	范例	结果
=	赋值	a=6；b=5；	a=6；b=5；
+=	加等于	a=6；b=5；a+=b；	a=11；b=5；

续表

运算符	运算	范例	结果
–=	减等于	a=6；b=5；a–=b；	a=1；b=5；
*=	乘等于	a=6；b=5；a*=b；	a=30；b=5；
/=	除等于	a=6；b=5；a/=b；	a=1；b=5；
%=	模等于	a=6；b=5；a%=b；	a=1；b=5；

在赋值过程中，运算顺序从右往左，将右边表达式的结果赋值给左边的变量。在赋值运算符的使用中需要注意的是，除了 "=" 之外，其余的都是特殊的赋值运算符。以 "+=" 为例，$a+=5$ 就相当于 $a=a+5$，首先会进行加法运算 $a+5$，再将运算结果赋值给变量 a。"–=" "*=" "/=" "%=" 赋值运算符都可以以此类推。

2.3.3 比较运算符

比较运算符用于对两个数值、变量或者表达式进行比较，其结果是一个布尔值，即 true 或 false，接下来列举 Kotlin 中的比较运算符及其用法，如表 2-4 所示。

表 2-4 比较运算符

运算符	运算	翻译	范例	结果
==	等于	==	a=6；b=5；a==b；	false
!=	不等于	!=	a=6；b=5；a!=b；	true
<	小于	a.compareTo(b) < 0	a=6；b=5；a<b；	false
>	大于	a.compareTo(b) > 0	a=6；b=5；a>b；	true
<=	小于等于	a.compareTo(b) <= 0	a=6；b=6；a<=b；	true
>=	大于等于	a.compareTo(b) >= 0	a=6；b=6；a>=b；	true

需要注意的是，在使用比较运算符时，不能将比较运算符 "==" 误写成赋值运算符 "="。

2.3.4 逻辑运算符

逻辑运算符是对布尔型的数据进行操作，其结果仍是一个布尔类型数据。接下来列举 Kotlin 中的逻辑运算符及其用法，如表 2-5 所示。

表 2-5 逻辑运算符

运算符	运算	范例	结果
!	非	!true	false
		!false	true
&&	短路与	true&&true	true
		true&&false	false
		false&&false	false
		false&&true	false
||	短路或	true||true	true
		true||false	true
		false||false	false
		false||true	true

在使用逻辑运算符的过程中，需要注意以下几个细节。

（1）逻辑运算符可以针对结果为布尔值的表达式进行运算，如 $a<5$&&$b!=3$。

（2）运算符&&表示与操作，当且仅当运算符两边的表达式都为 true 时，其结果才为 true，否则结果为 false。当运算符左边的表达式为 false 时，运算符右边的表达式不会进行运算，结果为 false，因此&&被称作短路与。

（3）运算符||表示或操作，当运算符两边的操作数任何一边的值为 true 时，其结果都为 true，当两边的值都为 false 时，其结果才为 false。同与操作类似，||表示短路或，当运算符||的左边为 true 时，右边的表达式不会进行运算，结果为 true。

2.4　字符串

Kotlin 语言相对于 Java 语言在字符串上做了一些增强，字符串也是一种数据类型，在这里单独作为一个小节进行详细讲解。

2.4.1　字符串的定义

字符串表示一串连续的字符，在 Kotlin 中用 String 表示一个字符串时，需要用一对英文半角格式的双引号" "引起来。一个字符串可以包含一个或者多个字符，也可以不包含任何字符，即长度为 0。字符串的定义方式如下：

```
var str: String = "Hello World!" //第 1 种定义方式
var str = "Hello World!"         //第 2 种定义方式
```

字符串是不可变的，字符串中的元素可以使用索引的形式进行访问：即"变量名+角标"的形式，如 str[i]；也可以用 for 循环遍历字符串，具体代码如【文件 2-1】所示。

【文件 2-1】ErgodicString.kt

```
1  package com.itheima.chapter02.string
2  fun main(args: Array<String>) {
3      var str = "Hello World!"
4      //获取字符串长度
5      println(str.length)
6      //通过索引方式访问某个字符，角标从 0 开始
7      println(str[4])
8      //通过 for 循环迭代字符串
9      for (c in str) {
10         print(c)
11     }
12 }
```

运行结果：

12

o

Hello World!

值得一提的是，上述代码中 for 循环语句主要用于遍历集合中的元素，for 关键字后边()中包括了 3 部分内容，分别是循环对象、in 和循环集合，{}中的执行语句为循环体。在此只需了解即可，后面的章节会详细讲解。

2.4.2　字符串的常见操作

在 Kotlin 程序中，字符串的常见操作除了遍历以外，还有字符串查找、字符串截取、字符串替换、字符串分隔、字符串去空格、字符串字面值、字符串模板等，接下来针对这几个操作进行详细的讲解。

1．字符串查找

在 Kotlin 中，为了方便字符串的查找，提供了多个函数，如 first()、last()、get(index)，分别用于查找字符串中的第 1 个元素、最后 1 个元素以及角标为 index 的元素，具体代码如【文件 2-2】所示。

【文件 2-2】StringSearch.kt

```
1  package com.itheima.chapter02.string
2  fun main(args: Array<String>) {
3      var str = "Hello World!"
4      println(str.first())            //获取第 1 个元素
5      println(str.last())             //获取最后 1 个元素
6      println(str.get(4))             //获取第 5 个元素
7      println(str[4])                 //获取第 5 个元素
8      println(str.indexOf('o'))       //查找字符串在原字符串中第 1 次出现的角标
9      println(str.lastIndexOf('o'))   //查找字符串在原字符串中最后 1 次出现的角标
10 }
```

运行结果：

H

!

o

o

4

7

2．字符串截取

在 Kotlin 中，字符串截取主要使用的是 subString() 函数和 subSequence() 函数，这两个函数都有重载函数（函数名相同，参数不同），如表 2-6 所示。

表 2-6　字符串截取

方法声明	功能描述
substring(startIndex: Int)	startIndex 为起始索引下标，从下标位置截取到字符串末尾，返回值为 String 类型
substring(startIndex: Int, endIndex: Int)	startIndex 为起始索引下标，endIndex 为结束索引下标，字符串从 startIndex 位置截取到 endIndex-1 处的字符
substring(range: IntRange)	IntRange 表示截取范围，截取范围内的字符串
subSequence(startIndex: Int, endIndex: Int)	与 substring() 类似，字符串从 startIndex 位置截取到 endIndex-1 处的字符，只不过返回值为 CharSequence
subSequence(range: IntRange)	与 substring() 类似，截取一定范围的字符串，返回值为 CharSequence

接下来通过一段示例代码演示上述方法的使用，具体代码如【文件 2-3】所示。

【文件 2-3】SubString.kt

```
1  package com.itheima.chapter02.string
2  fun main(args: Array<String>) {
3      var str = "Hello World!"
4      println(str.substring(3))                //截取角标为 3，到角标结束的字符
5      println(str.substring(3, 7))             //截取角标为 3，到角标为 6 的字符
6      println(str.substring(IntRange(3, 7)))   //截取角标为 3，到角标为 7 的字符
7      println(str.subSequence(3, 7))           //截取角标为 3，到角标为 6 的字符
8      println(str.subSequence(IntRange(3, 7))) //截取角标为 3，到角标为 7 的字符
9  }
```

运行结果：

lo World!

lo W

lo Wo

lo W

lo Wo

3. 字符串替换

在 Kotlin 中，除了可以使用 Java 中的 replace() 函数实现字符串的替换之外，还可以使用 replaceFirst()、replaceAfter()、replaceBefore() 等函数用于字符串的替换，如表 2-7 所示。

表 2-7　字符串替换

方法声明	功能描述
replace(oldChar,newChar, ignoreCase = false)	oldChar 表示要替换的字符串，newChar 表示新字符串，ignoreCase 表示是否引用 Java 中的 replace() 方法，默认为 false
replaceFirst(oldValue, newValue)	在原始字符中查找第 1 个与 oldValue 相同的字符串，把满足条件的第 1 个字符串替换成 newValue 新的字符串。如果不满足条件，则返回原始字符串
replaceBefore(delimiter, newValue)	在原始字符串中查找第 1 个与 delimiter 相同的字符串，将满足条件的第 1 个字符串之前的所有字符替换为 newValue，如果不满足条件，则返回原始字符串
replaceAfter(delimiter, newValue)	在原始字符串中查找与 Delimiter 相同的字符串，将满足条件的第 1 个字符串之后的所有字符替换为 newValue，如果没有满足条件，则返回原始字符串

接下来通过一段示例代码演示上述方法的使用，具体代码如【文件 2-4】所示。

【文件 2-4】RepString.kt

```
1  package com.itheima.chapter02.string
2  fun main(args: Array<String>) {
3      var str = "Hello World! Hello World!"
4      println(str.replace("World", "Kotlin"))
5      println(str.replaceFirst("World", "Kotlin"))
6      println(str.replaceBefore("!", "Kotlin"))
7      println(str.replaceAfter("Hello ", "Kotlin!"))
8  }
```

运行结果：

Hello Kotlin! Hello Kotlin!

Hello Kotlin! Hello World!

Kotlin! Hello World!

Hello Kotlin!

4. 字符串分隔

与 Java 语言类似，Kotlin 语言中的字符串分隔也是调用 split()函数进行的，接下来在一个例子中通过调用 split()函数进行字符串分隔，具体代码如【文件 2-5】所示。

【文件 2-5】SplitString1.kt

```
1  package com.itheima.chapter02.string
2  fun main(args: Array<String>) {
3      val str = "hello.kotlin"      //字符串
4      val split = str.split(".")    //根据点号进行拆分
5      print(split)                  //打印拆分结果
6  }
```

运行结果：

[hello, kotlin]

从运行结果可以看出，"hello.kotlin"字符串已经被拆分为两个字符串，分别为"hello"和"kotlin"。在 Kotlin 中，split()函数还可以传入多个拆分符，多个拆分符中间只需用逗号分隔即可。具体代码如【文件 2-6】所示。

【文件 2-6】SplitString2.kt

```
1  package com.itheima.chapter02.string
2  fun main(args: Array<String>) {
3      var str="hello.kotlin/world"
4      var split=str.split(".","/")
5      println(split)
6  }
```

运行结果：

[hello, kotlin, world]

5. 字符串去空格

在实际操作中，经常需要删除字符串中的空格，为此 Kotlin 提供了 trim()、trimEnd()等多个函数，其中 trim()用于删除字符串前面的空格，trimEnd()用于删除字符串后面的字符。具体代码如【文件 2-7】所示。

【文件 2-7】TrimString.kt

```
1  package com.itheima.chapter02.string
2  fun main(args: Array<String>) {
3      var str = "      Hello World!       "
4      println(str.trim())
5      println(str.trimEnd())
6  }
```

运行结果：

Hello World!

　　　　　　　Hello World!

从运行结果可以看出，trim()函数已经将字符串前面的空格删除，trimEnd()函数已经将字符串后面的空格删除。

6. 字符串字面值

字符串的字面值是一串字符常量，字符串字面值常量是用双引号括起来" "的零个或多个字符，如"hello"。Kotlin 中有两种类型的字符串字面值，一种是转义字符串，可以包含转义字符，另一种是原生字符串，可以包含转义字符、换行和任意文本。

（1）转义字符串

转义是采用传统的反斜杠"\"方式将字符进行转义。Kotlin 中的转义字符串与 Java 中的转义字符串类似，字符串在输出时，如果想要输出一些特殊字符，则需要用到转义字符串，比如\t，\b，\n，\r，\'，\"，\\和\¥。在这里以\n（换行符）为例，具体代码如【文件 2-8】所示。

【文件 2-8】EscapeString.kt

```
1    package com.itheima.chapter02.string
2    fun main(args: Array<String>) {
3        //字符串中包含转义字符
4        val str = "您\n好"
5        println(str)
6    }
```

运行结果：

您

好

从运行结果可以看出，转义字符串在输出时，并不是保持字符串中原有内容输出，而是输出转义后的内容。

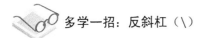 多学一招：反斜杠（\）

反斜杠（\）是一个特殊的字符，被称为转义字符，它的作用是用来转义后面的一个字符。转义后的字符通常用于表示一个不可见的字符或具有特殊含义的字符，例如换行（\n）。下面列出一些常见的转义字符。

- \r：表示回车符，将光标定位到当前行的开头，不会跳到下一行。
- \n：表示换行符，换到下一行开头。
- \t：表示制表符，将光标移动到下一个制表符的位置，类似在文档中用 Tab 键的效果。
- \b：表示退格符号，类似键盘上的 Backspace 键。
- \'：表示单引号字符，在 Kotlin 代码中单引号表示字符的开始和结束，如果直接写单引号字符（'），程序会认为前两个是一对，会报错，因此需要使用转义字符（\'）。
- \"：表示双引号字符，Kotlin 中双引号表示字符串的开始和结束，包含在字符串中的双引号需要转义，比如""。
- \\：表示反斜杠字符，由于在 Kotlin 代码中的反斜杠（\）是转义字符，因此需要表示字面意义上的\，就需要使用双反斜杠（\\）。

（2）原生字符串

原生字符串是使用 3 对引号（""" """）把所有字符括起来，原生字符串可以有效地保证字符串中原有内容的输出，即使原生字符串中包含转义字符也不会被转义，具体代码如【文件 2-9】所示。

【文件 2-9】NativeString.kt

```
1  package com.itheima.chapter02.string
2  fun main(args: Array<String>) {
3      //转义字符串
4      val str1 = "您\n好"
5      println(str1)
6      //原生字符串
7      val str2 = """您  \n  好"""
8      println(str2)
9  }
```

运行结果：

您

好

您　\n　好

从运行结果对比可以看出，在转义字符串中，会执行换行操作，而在原生字符串中，即使包含转义字符也并不执行转义操作。

7. 模板表达式

字符串可以包含模板表达式。所谓的模板表达式就是在字符串中添加占位符，字符串模板表达式由ɣ{变量名/函数/表达式}组成，也可以省略{}，例如"ɣ变量名"。接下来介绍一下字符串模板表达式的几种使用方式。

（1）在字符串中，使用模板表达式存储字符串的值，具体代码如【文件 2-10】所示。

【文件 2-10】StoresString.kt

```
1  package com.itheima.chapter02.string
2  fun main(args: Array<String>) {
3      var a = 1;
4      //语法格式${变量}
5      var s1 = "a is ${a}"
6      //可以省略大括号
7      var s2 = "a is $a"
8      println(s1)
9      println(s2)
10 }
```

运行结果：

a is 1

a is 1

（2）在字符串中，使用模板表达式调用其他方法，具体代码如【文件 2-11】所示。

【文件 2-11】StoresString.kt

```
1  package com.itheima.chapter02.string
2  fun main(args: Array<String>) {
3      //语法格式${方法()}
4      println("${helloWorld()}")
```

```
5    }
6    fun helloWorld(): String {
7        return "Hello World"
8    }
```

运行结果：

```
Hello World
```

在上述代码中用关键字 fun 声明了一个方法 helloWorld()，冒号后边的 String 表示该方法的返回值类型，关键字 return 表示返回后面的字符串，"Hello World" 为该方法返回的具体信息。

（3）在字符串中，使用模板表达式执行替换操作，具体代码如【文件 2-12】所示。

【文件 2-12】CallMethods.kt

```
1    package com.itheima.chapter02.string
2    fun main(args: Array<String>) {
3        var s2 = "a is 1"
4        //语法格式${表达式}，执行表达式
5        var s3 = "${s2.replace("is", "was")}"
6        println(s3)
7    }
```

运行结果：

a was 1

在上述代码中，"s2.replace("is", "was")" 是一个表达式，表达式在后面章节中会进行详细讲解，在这里只要记住这段代码是一个表达式即可，这个表达式的含义是将字符串 s2 中的 "is" 替换成 "was"，从运行结果中可以看到已经将这个表达式执行成功。

（4）在原生字符串中，使用模板表达式输出¥需要使用¥{'¥'}，具体代码如【文件 2-13】所示。

【文件 2-13】LiteralValues.kt

```
1    package com.itheima.chapter02.string
2    fun main(args: Array<String>) {
3        val price = """${'$'}8.88"""
4        println(price)
5    }
```

运行结果：

$8.88

由于原生字符串中不支持反斜杠转义 "\¥"，因此在原生字符串中如果想要使用模板表达式输出¥字符只能使用¥{'¥'}。

2.5　选择结构语句

在实际生活中经常会遇到一些需要判断的问题，比如要判断一个学生的考试分数是否及格。如果分数大于等于 60 分，则该考生及格；如果分数小于 60 分，则该考生不及格。Kotlin 中有一种特殊的语句叫做选择结构语句，它需要对一些条件做出判断，从而决定执行哪一段代码。选择结构语句分为 if 条件语句和 when 条件语句。接下来我们针对选择结构语句进行详细地讲解。

2.5.1 if 条件语句

if 条件语句分为 3 种语法格式，每一种格式都有其自身的特点，接下来我们来分别介绍这 3 种语法格式。

1. if 语句

if 语句是指如果满足某种条件，则进行该条件下的某种处理。例如，小明老板对小明说"如果这个月的工作业绩好，则会给小明一些奖励"。这段话可以通过下面的一段伪代码来描述：

```
如果小明这个月工作业绩好
    老板会给小明一些奖励
```

上述伪代码中，"如果"相当于 Kotlin 中的关键字 if，"小明这个月工作业绩好"是判断条件，需要用( )括起来，"老板会给小明一些奖励"是执行语句，需要放在{}中。修改后的伪代码如下：

```
if(如果小明这个月工作业绩好){
    老板会给小明一些奖励
}
```

上面的例子描述了 if 条件语句的用法，在 Kotlin 中，if 语句的具体语法格式如下：

```
if(条件语句){
    代码块
}
```

上述格式中，判断条件是一个布尔值，当判断条件为 true 时，{}中的执行语句才会执行。if 条件语句的执行流程如图 2-1 所示。

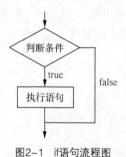

图2-1　if语句流程图

接下来通过一个案例来学习一下 if 条件语句的用法，具体代码如【文件 2-14】所示。

【文件 2-14】Max1.kt

```
1  package com.itheima.chapter02.choice
2  fun main(args: Array<String>) {
3      var max: Int = 0
4      var a: Int = 5
5      var b: Int = 6
6      if (a < b) {
7          max = b
8          print("max=" + max)
9      }
10 }
```

运行结果：

max = 6

上述代码中定义了 3 个变量，分别是 *max*、*a*、*b*，它们的初始值分别为 0、5、6。在 if 语句的判断条件中判断 *a* 的值是否小于 *b* 的值，很明显条件成立，{}中的语句会被执行，变量 *b* 的值将赋给变量 *max*，同时打印变量 *max* 的值。从上述代码中的运行结果可以看出，*max* 的值已有原来的 0 变为 6。

2. if…else 语句

if…else 语句是指如果满足某种条件，就进行该条件下的某种处理，否则就进行另一种处理。例如，要判断一个整数 *a* 是否大于另一个整数 *b*。如果 *a* 大于 *b*，则最大值为整数 *a*；否则最大值为另一个整数 *b*。if…else 语句的具体语法格式如下：

```
if(判断条件){
    执行语句 1
    …
}else{
    执行语句 2
    …
}
```

上述格式中，判断条件是一个布尔值。当判断条件为 true 时，if 后面{}中的执行语句 1 会执行。当判断条件为 false 时，else 后面{}中的执行语句 2 会执行。if…else 语句的执行流程如图 2-2 所示。

接下来我们通过一个案例判断两个整数大小的程序，具体代码如【文件 2-15】所示。

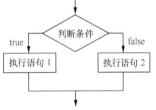

图2-2　if…else语句流程图

【文件 2-15】Max2.kt

```
1  package com.itheima.chapter02.choice
2  fun main(args: Array<String>) {
3      var max: Int = 0
4      var a: Int = 5
5      var b: Int = 6
6      if (a > b) {
7          max = a
8      } else {
9          max = b
10     }
11     print("max=" + max)
12 }
```

运行结果：

max = 6

上述代码中变量 *a* 的值为 5，变量 *b* 的值为 6，判断条件 "*a*>*b*" 不成立，因此会执行 else 后面的{}中的语句，运行结果为 6。

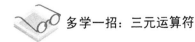 多学一招：三元运算符

大家都知道，在 Java 中有一种运算符叫三元运算符。它和 if…else 语句类似，通常用于对

某个变量进行赋值。当判断条件为 true 时，运算结果为表达式 1 的值；否则结果为表达式 2 的值。其语法格式如下：

```
判断条件 ? 表达式 1 : 表达式 2
例
int max = a > b ? a : b;
```

在 Kotlin 中，同样也有三元运算符，只不过语法格式式稍有差别，其语法格式如下：

```
判断条件 ? 表达式 1 : 表达式 2
例
int max = if(a>b) ? a else b;
```

接下来对 if…else 条件判断的程序进行改写，使用三元运算符实现同样的功能，具体代码如【文件 2-16】所示。

【文件 2-16】Max3.kt

```
1  package com.itheima.chapter02.choice
2  fun main(args: Array<String>) {
3      var max: Int = 0
4      var a: Int = 5
5      var b: Int = 6
6      max = if (a > b)? a else b
7      print("max=" + max)
8  }
```

运行结果：

max = 6

从运行结果可以看出，程序输出的最大值为 6，说明三元运算符实现了同样的功能，并且相比 if…else 语句更加简洁。

3. if…else if…else 语句

if…else if…else 语句用于对多个条件进行判断，进行多种不同的处理。例如对一个人的年龄进行划分，如果年龄大于 66 岁，则属于老年时期，否则，如果年龄大于 41 岁，则属于中年时期，否则，如果年龄大于 18 岁，则属于青年时期，否则，如果年龄大于 7 岁，则属于少年时期，否则，属于童年时期。if…else if…else 语句的具体语法如下：

```
if(判断条件 1){
    执行语句 1
}else if(判断条件 2){
    执行语句 2
}
…
else if(判断条件 n){
    执行语句 n
}else{
    执行语句 n+1
}
```

上述格式中，判断条件是一个布尔值。当判断条件 1 为 true 时，if 后面{}中的执行语句 1 会执行。当判断条件 1 为 false 时，会继续执行判断条件 2，如果为 true 则执行语句 2，以此类推，

如果所有的条件判断均为 false 时，则意味着所有条件均未满足，else 后边{}中的执行语句 *n*+1
会执行。if…else if…else 语句的执行流程如图 2-3 所示。

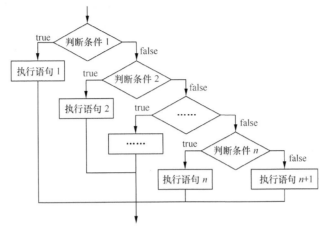

图2-3　if…else if…else语句的流程图

接下来我们通过一个案例来熟悉对个同年龄段的人进行划分的程序，具体代码如【文件
2-17】所示。

【文件 2-17】Age.kt

```
1  package com.itheima.chapter02.choice
2  fun main(args: Array<String>) {
3     var age: Int = 22  //定义一个人的年龄
4     if (age > 66) {
5        //满足条件 age>66
6        print("这个人的年龄阶段为老年")
7     } else if (age > 41) {
8        //不满足条件 age>66，但满足条件 age>41
9        print("这个人的年龄阶段为中年")
10    } else if (age > 18) {
11       //不满足条件 age>41，但满足条件 age>18
12       print("这个人的年龄阶段为青年")
13    } else if (age > 7) {
14       //不满足条件 age>18，但满足条件 age>7
15       print("这个人的年龄阶段为少年")
16    } else {
17       //不满足条件 age>7
18       print("这个人的年龄阶段为童年")
19    }
20 }
```

运行结果：

这个人的年龄阶段为青年

上述代码中，定义了一个人的年龄 age 为 22，不满足第 1 个判断条件 age>66，也不满足
第 2 个判断条件 age>41，会执行第 3 个判断条件 age>18，条件成立，因此程序会输出"这个
人的年龄阶段为青年"，之后的判断条件都不会执行。

2.5.2　when 条件语句

when 条件语句是一种很常用的选择语句。和 if 条件语句不同，它只能针对某个表达式的值做出判断，从而决定程序执行哪一段代码。例如，在程序中使用数字 1~7 来表示星期一到星期日，如果想根据某个输入的数字来输出对应的中文格式的星期值，可以通过下面一段伪代码来描述：

```
用于表示星期的数字
    如果等于 1，则输出星期一
    如果等于 2，则输出星期二
    如果等于 3，则输出星期三
    如果等于 4，则输出星期四
    如果等于 5，则输出星期五
    如果等于 6，则输出星期六
    如果等于 7，则输出星期日
```

对于上面的伪代码的描述，大家可能会想到用刚学过的 if…else if…else 语句来实现，但是由于判断条件比较多，实现起来代码过长，不便于阅读。Kotlin 中提供了一种 when 语句来实现这种需求，在 when 语句中使用 when 关键字来描述一个表达式，当表达式的值和某个目标值匹配时，会执行 "->" 后面的语句。具体实现的伪代码如下：

```
when(用于表示星期的数字){
    1 -> 输出星期一
    2 -> 输出星期二
    3 -> 输出星期三
    4 -> 输出星期四
    5 -> 输出星期五
    6 -> 输出星期六
    7 -> 输出星期日
    else -> {
        输出输入的数字不正确
    }
}
```

上面改写后的伪代码描述了 when 语句的基本语法格式，具体如下：

```
when(表达式/语句){
    目标值 1 -> 执行语句 1
    目标值 2 -> 执行语句 2
    目标值 3 -> 执行语句 3
    ...
    目标值 n -> 执行语句 n
    else -> {
        执行语句 n+1
    }
}
```

在上面的格式中，when 语句将表达式的值与每个目标值进行匹配，如果找到了匹配的值，会执行对应 "->" 后面的语句，如果没找到任何匹配的值，就会执行 else 后面的语句。

在 when 语句中，使用 when 关键字描述的不仅可以是一个表达式也可以是一条语句，如果它被当作表达式，则符合条件的目标值就是整个表达式的值，如果它被当作语句时，则忽略个别目标值，每一个分支可以是一个代码块，它的值是代码块中最后的表达式的值。如果其他目标值都不满足条件，则会求 else 分支中的值。如果 when 作为一个表达式使用时，则必须有 else 分支，除非编译器能够检测出的所有可能情况都已经覆盖了。接下来我们通过一个案例演示根据数字输出中文格式的星期，具体代码如【文件 2-18】所示。

【文件 2-18】Week.kt

```
1  package com.itheima.chapter02.choice
2  fun main(args: Array<String>) {
3      var week: Int = 3
4      when (week) {
5          1 -> print("星期一")
6          2 -> print("星期二")
7          3 -> print("星期三")
8          4 -> print("星期四")
9          5 -> print("星期五")
10         6 -> print("星期六")
11         7 -> print("星期日")
12         else -> {
13             print("输入的数字不正确……")
14         }
15     }
16 }
```

运行结果：

星期三

上述代码中，由于变量 week 的值为 3，整个 when 语句判断的结果满足第 7 行的条件，因此输出"星期三"，上述代码中的 else 语句用于处理与前面的目标值都不匹配的情况，将第 3 行的代码替换为"var week: Int = 10"，再次运行程序，则会输出"输入的数字不正确……"。

在使用 when 语句的过程中，如果多个目标值后面的执行语句是一样的，则可以把多个目标值放在一起，用逗号隔开。例如要判断一年中某个月份为什么季节，使用数字 1～12 来表示一年中的 12 个月份，当输入的数字为 12、1、2 时就视为冬季，当输入的数字为 3、4、5 时就视为春季，当输入的数字为 6、7、8 时就视为夏季，当输入的数字为 9、10、11 时就视为秋季，否则就提示"没有这个月份，请重新输入……"。接下来我们通过一个案例来实现上面的描述情况，具体代码如【文件 2-19】所示。

【文件 2-19】Seasons.kt

```
1  package com.itheima.chapter02.choice
2  fun main(args: Array<String>) {
3      var month: Int = 7
4      when (month) {
5          12, 1, 2 -> print("冬季")
6          3, 4, 5 -> print("春季")
7          6, 7, 8 -> print("夏季")
8          9, 10, 11 -> print("秋季")
9          else -> {
10             print("没有这个月份，请重新输入……")
11         }
```

```
12      }
13 }
```

运行结果：

夏季

在上述代码中，定义的月份为 7 月，符合条件"6, 7, 8 -> print("夏季")"，因此输出夏季。

when 语句也可以用来取代 if…else if…else 语句，如果 when 语句中不提供参数，所有的分支条件都是简单的布尔表达式，则当一个分支条件为真时可执行该分支后面的执行语句，具体代码如【文件 2-20】所示。

【文件 2-20】Compare.kt

```
1  package com.itheima.chapter02.choice
2  fun main(args: Array<String>) {
3      var a: Int = 7
4      var b: Int = 8
5      when {
6          a > b -> print("a 大于 b")
7          a < b -> print("a 小于 b")
8          else -> print("a 等于 b")
9      }
10 }
```

运行结果：

a 小于 b

在上述代码中可以看到，定义了两个整型变量分别是 a、b，变量 a 的初始值为 7，变量 b 的初始值为 8，在 when 语句中，当 a>b 为 true 时，会执行"a>b"后面的语句，当 a<b 为 true 时，会执行"a<b"后面的语句，否则会执行 else 后面的语句。

2.6 循环结构语句

在实际生活中有许多有规律性的重复操作。比如工厂里的一些流水线工作，每个工人每天都在重复地做着同一件事情。在 Kotlin 程序中有一种特殊的语句来表达这些重复操作的过程——循环语句，它可以实现一段代码重复执行，例如循环打印工厂中 50 个工人的工资。循环语句分为 while 循环语句、do…while 循环语句、for 循环语句和 forEach 循环语句 4 种，接下来我们针对这 4 种循环语句进行详细的讲解。

2.6.1 while 循环语句

while 循环语句与 2.5 小节中讲的条件判断语句有些相似，都是根据条件判断来决定是否执行大括号内的执行语句。区别在于 while 语句会反复地进行条件判断，只要条件成立，{}内的执行语句就会执行，直到条件不成立，while 循环结束。while 循环语句的语法结构如下：

```
while(循环条件){
    执行语句
    …
}
```

上述语法结构中，{}中的执行语句被称作循环体，循环体是否执行取决于循环条件。当循环条件为 true 时，循环体就会执行。循环体执行完毕时会继续判断循环条件，如果条件仍为 true 则会继续执行，直到循环条件为 false 时，整个循环过程才会结束。while 循环的执行流程如图 2-4 所示。

接下来的案例为打印 1~5 的自然数，具体代码如【文件 2-21】所示。

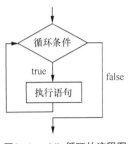

图2-4　while循环的流程图

【文件 2-21】PrintNum1.kt

```
1  package com.itheima.chapter02.cycle
2  fun main(args: Array<String>) {
3      var n: Int = 5              //定义变量 n，初始值为 5
4      while (n > 0) {             //循环条件
5          println("n=" + n)       //条件成立，打印 n 的值
6          n--                     //将 n 的值自减
7      }
8  }
```

运行结果：

n=5

n=4

n=3

n=2

n=1

上述代码中，变量 *n* 的初始值为 5，在满足循环条件 *n*>0 的情况下，循环体就会重复执行，输出 *n* 的值并让 *n* 进行自减。因此输出结果中 *n* 的值分别为 5、4、3、2、1。上述代码中的第 6 行代码用于每次循环时改变变量 *n* 的值，从而达到改变循环条件的目的。如果没有这行代码，整个循环会进入无限循环的状态，永远不会结束，这种状态叫作死循环。

2.6.2　do…while 循环语句

do…while 循环语句和 while 循环语句的功能类似，区别在于不论 do…while 中的循环条件是否成立，循环体都会执行一次，其语法结构如下：

```
do{
    执行语句
    …
}while(循环条件)
```

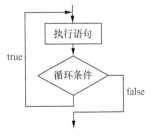

图2-5　do…while循环的执行流程图

在上面的语法结构中，关键字 do 后面{}中的执行语句是循环体。do…while 循环语句将循环条件放在了循环体的后面。这也就意味着执行语句会无条件执行一次，然后再根据循环条件来决定是否继续执行。do…while 循环的执行流程如图 2-5 所示。

接下来我们使用 do…while 循环语句将 2.6.1 小节中的案例进行改写，具体代码如【文件 2-22】所示。

【文件 2-22】ForLoop.kt

```
1  package com.itheima.chapter02.cycle
2  fun main(args: Array<String>) {
3      var n: Int = 5              //定义变量n，初始值为5
4      do {
5          println("n=" + n)      //打印 n 的值
6          n--                     //将 n 的值自减
6      } while (n > 0)            //循环条件
7  }
```

运行结果：

n=5

n=4

n=3

n=2

n=1

2.6.1 小节中的案例代码与本小节的这段案例代码运行结果一致，这就说明 do…while 循环和 while 循环能实现同样的功能。然而在程序运行的过程中，这两种语句还是有区别的。如果循环条件在循环语句开始时就不成立，那么 while 循环的循环体一次都不会执行，而 do…while 循环的循环体会执行一次。若将两个案例代码中的循环条件 $n>0$ 改为 $n>5$，则 2.6.1 小节中的案例代码什么也不会输出，而本小节的案例代码会输出 $n=5$。

2.6.3 for 循环语句

for 循环语句是最常用的循环语句，一般用在循环次数已知的情况下。for 循环语句的语法格式如下：

```
for (循环对象 in 循环条件) {
    执行语句
    ...
}
```

在上面的语法结构中，for 关键字后边()中包括了 3 部分内容：循环对象、in 和循环条件，{}中的执行语句为循环体，in 表示在某个范围内。接下来的案例是对一个字符串进行遍历，具体代码如【文件 2-23】所示。

【文件 2-23】PrintTriangle1.kt

```
1  package com.itheima.chapter02.cycle
2  fun main(args: Array<String>) {
3      // 循环 4 次，且步长为 1 的递增，0..3 表示[0,3]之间的数字
4      for (i in 0..3) {   //i 的值会在 0～3 变化
5          println("i => $i \t")
6      }
7  }
```

运行结果：

i => 0

i => 1

i => 2

i => 3

在上述代码中可以看到，循环条件是 "0..3"，这个循环条件的意思是 $0<=i<=3$，当变量 i 的值在[0,3]这个范围内时，会执行循环体输出 i 的值，变量 i 的值是从 0 开始的，每次执行完循环体后变量 i 的值会自增 1（即步长默认为 1），直到变量 $i=4$ 时，不符合条件 "0..3"，结束循环。

为了让初学者能熟悉整个 for 循环的执行过程，我们将上述代码运行期间每次循环中变量 i 的值通过表 2-8 显示出来。

表 2-8　i 在循环中的值

循环次数	第 1 次	第 2 次	第 3 次	第 4 次
i	0	1	2	3

 多学一招：for 循环简写

在使用 for 循环语句的过程中，如果 for 循环中只有一条执行语句，则可以去掉循环体的{}，简写为如下形式：

```kotlin
fun main(args: Array<String>) {
    //循环语句只有一条时，可以进行简写
    for (i in 0..3) println("i => $i \t")
}
```

2.6.4　循环嵌套

循环嵌套是指在一个循环语句的循环体中再定义一个循环语句的语法结构，while、do…while、for 循环语句都可以进行嵌套，并且它们之间也可以相互嵌套，如最常见的 for 循环中嵌套 for 循环，格式如下：

```
for (循环对象 in 循环条件) {
    for (循环对象 in 循环条件) {
        执行语句
        …
    }
    …
}
```

接下来的案例为使用 "*" 打印直角三角形，具体代码如【文件 2-24】所示。

【文件 2-24】PrintTriangle1.kt

```kotlin
1  package com.itheima.chapter02.cycle
2  fun main(args: Array<String>) {
3      // 循环 6 次，且步长为 1 的递增，0..5 表示[0,5]之间
4      for (i in 0..5) {          //外层循环
5          for (j in 0..i) {      //内层循环
6              print("*")         //打印*
7          }
8          print("\n")            //换行
9      }
10 }
```

运行结果：

```
*
**
***
****
*****
******
```

上述代码中定义了两层 for 循环，分别为外层循环和内层循环，外层循环用于控制打印的行数，内层循环用于打印"*"，每一行的"*"个数逐行增加，最后输出一个直角三角形，由于嵌套循环程序比较复杂，下面我们来分步骤地进行详细地讲解，具体如下。

第 1 步：在第 4 行代码将循环条件定为 0..5，表示 [0, 5] 之间，变量 i 的值是从 0 开始的，循环条件是 i 的值在 [0, 5] 之间，程序首次进入外层循环的循环体。

第 2 步：在第 5 行代码将内层循环的循环条件定为 0..i，而此时 i 的值为 0，j 的初始值为 0，内层的循环条件为 [0, 0]，j 的值符合内层的循环条件，程序首次进入内层循环的循环体，打印一个"*"。

第 3 步：执行完第 6 行代码之后，变量 j 的值自增 1，此时变量 j 的值为 1。

第 4 步：执行第 5 行代码，此时 j 的值为 1，而内层的循环条件为 [0, 0]，此时 j 的值不符合内层的循环条件，内层循环结束。执行后面的代码，打印换行符。

第 5 步：执行完第 8 行代码打印换行符之后，变量 i 的值自增 1，此时变量 i 的值为 1。

第 6 步：执行第 4 行代码，循环条件 i 的值的范围为 [0, 5]，而此时 i 的值为 1，符合循环条件，进入外层循环的循环体，继续执行内层循环。

第 7 步：由于 i 的值为 1，内层循环会执行两次，即在运行结果的第 2 行打印两个"*"。在内层循环结束时会打印换行符。

第 8 步：以此类推，在运行结果的第 3 行会打印 3 个"*"，逐行递增，直到 $i = 6$ 时，外层循环的判断条件 i 的值在 [0, 5] 之间，i 的值不符合循环条件，整个程序结束。

2.6.5 forEach 循环语句

在 Kotlin 中，除了前面介绍的循环语句之外，还有一个 forEach 循环语句，这个循环语句在遍历数组和集合方面（后面会详细讲解，此处了解即可）为开发人员提供了极大的方便。接下来，我们针对普通的 forEach 循环语句与带角标的 forEachIndexed 循环语句进行讲解。

1. 普通的 forEach 语句

普通的 forEach 语句的格式如下：

```
调用者.forEach() {
    println("it=${it}")
}
```

上述语法格式中，调用者可以是数组或集合，it 表示数组中的元素。接下来我们通过一段代码来演示 forEach 遍历数组中的元素，具体代码如【文件 2-25】所示。

【文件 2-25】Arr.kt

```
1  package com.itheima.chapter02.cycle
2  fun main(args: Array<String>) {
3      var arr: IntArray = intArrayOf(1, 2, 3, 4)    //定义数组 arr 并初始化
```

```
4       arr.forEach() {
5           print(it.toString() + "\t")
6       }
7   }
```

运行结果：

1　　2　　3　　4

上述代码中，定义了一个 Int 类型的数组，并存储了 4 个元素，接着通过 forEach() 对集合中的元素进行遍历并输出，其中 it 表示数组中对应的元素对象。

2. 带角标的 forEachIndexed 语句

带角标的 forEachIndexed 语句的格式如下：

```
调用者.forEachIndexed() { index, it ->
    println("角标=$index 元素=${it}")
}
```

上述语法格式中，index 表示数组角标或者是集合的索引，it 表示数组角标或者是集合索引中对应的元素。接下来我们通过一段代码来演示 forEachIndexed 遍历数组中的元素以及角标，具体代码如【文件 2-26】所示。

【文件 2-26】ForEachIndexed.kt

```
1   package com.itheima.chapter02.cycle
2   fun main(args: Array<String>) {
3       var arr: IntArray = intArrayOf(1, 2, 3, 4)    //定义数组 arr 并初始化
4       arr.forEachIndexed() { index, it ->
5           println("角标=$index 元素=${it}")
6       }
7   }
```

运行结果：

角标=0 元素=1

角标=1 元素=2

角标=2 元素=3

角标=3 元素=4

角标=4 元素=5

2.6.6　跳转语句（continue、break）

跳转语句用于实现循环执行过程中程序流程的跳转，在 Kotlin 中的跳转语句有 break 语句和 continue 语句。接下来我们针对这两个跳转语句进行详细讲解。

1. break 语句

在循环语句中可以使用 break 语句。当它出现在 while 循环语句中时，作用是跳出循环语句。接下来我们通过对 2.6.1 小节中的案例进行修改来讲解 break 语句在 while 循环语句中的使用。当变量 n 为 3 时使用 break 语句跳出循环，修改后的代码如【文件 2-27】所示。

【文件 2-27】PrintNum3.kt

```
1   package com.itheima.chapter02.cycle
2   fun main(args: Array<String>) {
```

```
3      var n: Int = 5              //定义变量n，初始值为5
4      while (n > 0) {             //循环条件
5          println("n=" + n)       //条件成立，打印 n 的值
6          if (n == 3) {
7              break
8          }
9          n--                     //将 n 的值自减
10     }
11 }
```

运行结果：

n=5

n=4

n=3

上述代码中，通过 while 循环打印 *n* 的值，当 *n* 的值为 3 时使用 break 语句跳出循环。因此运行结果中没有出现"*n*=2"和"*n*=1"。

当 break 语句出现在嵌套循环中的内层循环时，它只能跳出内层循环，如果想使用 break语句跳出外层循环则需要对外层循环添加标记 loop@。接下来我们对 2.6.4 小节中的案例稍做修改，具体代码如【文件 2-28】所示。

【文件 2-28】PrintTriangle2.kt

```
1  package com.itheima.chapter02.cycle
2  fun main(args: Array<String>) {
3      // 循环 9 次，且步长为 1 的递增，0..9 表示 0～9，其中不包含数字 9
4      loop@ for (i in 0..9) {        //外层循环
5          for (j in 0..i) {          //内层循环
6              if (i > 4) {           //判断 i 的值是否大于 4
7                  break@loop          //跳出外层循环
8              }
9              print("*")             //打印*
10          }
11         print("\n")                //换行
12     }
13 }
```

运行结果：

*

**

***

****

*****

上述代码与 2.6.4 小节中的案例代码实现原理类似，只是在外层 for 循环前面增加了标记"loop@"。当 i>4 时，使用"break@loop"语句跳出外层循环。因此程序只打印了 5 行"*"。

2. continue 语句

continue 语句用在循环语句中，它的作用是终止本次循环，执行下一次循环。接下来的案例为对 1～100 的奇数求和，具体代码如【文件 2-29】所示。

【文件 2-29】Sum.kt

```
1   package com.itheima.chapter02.cycle
2   fun main(args: Array<String>) {
3       var sum: Int = 0              //定义一个变量 sum，用于记录奇数的和
4       // 循环 100 次，且步长为 1 的递增，1 until 101 表示[1,101]，其中不包含数字 101
5       for (i in 1 until 101) {
6           if (i % 2 == 0) {         //判断 i 是一个偶数时，不累加
7               continue              //结束本次循环
8           }
9           sum += i                  //实现 sum 和 i 的累加
10      }
11      print("sum=" + sum)           //打印奇数的和
12  }
```

运行结果：

sum=2500

上述代码中，使用 for 循环让变量 *i* 的值在［1，100］之间循环，在循环过程中，当 *i* 的值为偶数时，将执行第 7 行的 continue 语句结束本次循环，进入下一次循环。当 *i* 的值为奇数时，sum 和 i 进行累加，最终得到［1，100］之间所有奇数的和，打印"sum=2500"。

在嵌套循环语句中，continue 语句后面也可以通过使用标记的方式结束本次外层循环，用法与 break 语句一样，在这里就不举例说明了。

2.7 区间

2.7.1 正向区间

区间通常是指一类数据的集合，例如，由符合 $0 \leqslant a \leqslant 1$ 的实数组成的一个集合便是一个区间，它包含了 0~1 的所有实数。在 Kotlin 中，区间是通过 rangeTo(other: Int)函数构成的区间表达式，也可以用".."形式的操作符来表示。接下来我们通过两个案例来讲解一下整型类型的区间。整型类型区间的具体代码如【文件 2-30】所示。

【文件 2-30】IntInterval.kt

```
1   package com.itheima.chapter02.range
2   fun main(args: Array<String>) {
3       for (i in 1.rangeTo(4)) {  // 与 1 <= i <= 4 相同
4           print(i.toString() + "\t")
5       }
6       print("\n")
7       for (i in 1..4) {          // 与 1 <= i <= 4 相同
8           print(i.toString() + "\t")
9       }
10  }
```

运行结果：

```
1    2    3    4
1    2    3    4
```

上述代码中，通过 rangeTo(other: Int)和 ".." 两种定义区间的形式定义了一个 [1，4] 的区间，并使用 for 循环输出区间 [1，4] 之间的值。从运行结果可以看出，两种方式都可以输出 [1，4] 之间的值。

在 Kotlin 中，还有一个函数 until(to: Int)，该函数与 rangeTo()非常相似，只不过使用该函数输出的区间不包含结尾元素，并且该函数在使用时可以省略()，在 until 后面加上空格符，空格符后面加上范围值即可，具体代码如【文件 2-31】所示。

【文件 2-31】Until.kt

```
1  package com.itheima.chapter02.range
2  fun main(args: Array<String>) {
3      for (i in 1 until 4) {
4          print(i.toString() + "\t")
5      }
6  }
```

运行结果：

1   2   3

上述代码中，1 until 4 表示 [1，4）之间的数字，该区间包含数字 1，不包含数字 4，因此上述代码的运行结果为"1   2   3"。

2.7.2 逆向区间

上一小节讲解的区间，是一个按照正向顺序执行的区间，其实在 Kotlin 中，也可以按照逆向顺序输出区间中的内容，要想实现这样的操作需要使用 downTo(to: Int)函数，该函数可以省略()并且在 downTo 后加上空格符，空格符后加上范围值即可。接下来通过具体的代码进行演示，具体代码如【文件 2-32】所示。

【文件 2-32】ReverseRange.kt

```
1  package com.itheima.chapter02.range
2  fun main(args: Array<String>) {
3      for (i in 4 downTo 1) {
4          print(i.toString() + "\t")
5      }
6  }
```

运行结果：

4   3   2   1

上述代码中，4 downTo 1 的意思是从 4 开始到 1 之间的数字，通过一个 for 循环将从 4 到 1 之间的数字打印出来，打印结果为"4   3   2   1"。

2.7.3 步长

前面讲解区间时，使用的都是默认的步长 1，即每次递增或递减的差值为 1，如果想要在循环中指定步长，则需要使用 step(step: Int)函数来实现，step 中的()也可以省略，书写时在 step 后面加上空格符，空格符后面加上步长即可。接下来我们通过具体的代码进行演示，具体代码如【文件 2-33】所示。

【文件 2–33】StepLength.kt

```
1  package com.itheima.chapter02.range
2  fun main(args: Array<String>) {
3      for (i in 1..4 step 2) {  // i in [4 , 1]
4          print(i.toString() + "\t")
5      }
6      print("\n")
7      for (i in 4 downTo 1 step 2) { // i in [4 , 1]
8          print(i.toString() + "\t")
9      }
10 }
```

运行结果：

```
1   3
4   2
```

在上述代码中，分别使用正向区间和逆向区间输出［1，4］之间的值，并指定步长为 2。当循环遍历正向区间 $i = 1$ 时，符合条件在区间范围内，增加步长 2，此时 $i = 3$，也符合条件在区间范围内，再次增加步长，此时 $i = 5$，不符合条件在区间范围内，因此运行结果只输出 1 和 3。逆向区间是一样的道理，以此类推即可。

为了让初学者能够掌握 for 循环中 i 的变化过程，接下来我们通过一个表格将 i 的值展示出来，如表 2–9 所示。

表 2-9　i 在循环中的值

区间方向	第 1 次	第 2 次	第 3 次
正向区间 i 的值	1	3	5
逆向区间 i 的值	4	2	0
是否输出	是	是	否

2.8　数组

现在需要统计一个班级所有学生的考试成绩，例如计算全班学生的平均成绩，最高成绩等。如果该班中有 80 个学生，用前面所学的知识，程序首先需要声明 80 个变量来分别记住每位学生的成绩，这样做会比较麻烦。在 Kotlin 中，可以使用一个数组来记录这 80 名学生的成绩。数组是指一组数据的集合，数组中的每个数据被称作元素。在数组中可以存放任意类型的元素，但同一个数组中存放的元素类型必须一致。数组可分为一维数组和多维数组，本节我们将针对数组进行详细的讲解。

2.8.1　数组的定义

在 Kotlin 中，数组使用 Array 表示，其中数值类型、布尔类型、字符类型、字符串类型都可以定义为数组。数组的定义格式有两种，具体如下：

```
//第 1 种定义格式
var int_array: IntArray = intArrayOf(1, 2, 3)
//第 2 种定义格式
var int_array: Array<Int> = arrayOf(1, 2, 3)
var string_array: Array<String> = arrayOf("a", "b")//String 数组的定义方式
```

下面我们以定义 Int 类型数组为例进行分析，上述语句中就相当于在内存中定义了 3 个 Int 类型的变量，第 1 个变量的名称为 int_array[0]，第 2 个变量的名称为 int_array[1]，以此类推，第 3 个变量的名称为 int_array[2]，这些变量的初始值分别为 1、2、3。为了更好地理解数组的这种定义方式，可以将上面的一句代码分成两句来写，具体如下：

```
var int_array: IntArray                //声明 IntArray 类型的变量
int_array = intArrayOf(1, 2, 3)   //创建长度为 3，初始值分别为 1、2、3 的数组
```

接下来，通过两张内存图来详细地说明数组在创建过程中内存的分配情况。

第 1 行代码 var int_array: IntArray 声明了一个 IntArray 类型的变量 int_array，即一个 Int 类型的数组。变量 int_array 会占用一块内存单元，它没有被分配初始值。内存中的状态如图 2-6 所示。

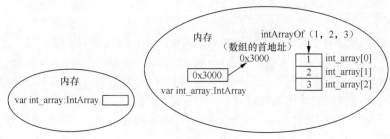

图2-6 内存状态图

在图 2-6 中描述了变量 int_array 引用数组的情况。该数组中有 3 个元素，初始值分别是 1、2、3。数组中每个元素都有一个索引（也可称为角标），要想访问数组中的元素可以通过 int_array[0]、int_array[1]、int_array[2]的形式。

需要注意的是，数组中最小的索引是 0，最大的索引是"数组的长度–1"。在 Kotlin 中，为了方便获取数组的长度，提供了一个 size 属性，在程序中可以通过"数组名.size"的方式来获取数组的长度，即元素的个数。

接下来，我们通过一个案例来熟悉如何定义数组以及访问数组中的元素，具体代码如【文件2-34】所示。

【文件2-34】IntArr.kt

```
1  fun main(args: Array<String>) {
2      var int_arr: IntArray                //声明变量
3      int_arr = intArrayOf(1, 2, 3)        //初始化数组
4      println("int_arr[0]=" + int_arr[0])  //访问数组中的第 1 个元素
5      println("int_arr[1]=" + int_arr[1])  //访问数组中的第 2 个元素
6      println("int_arr[2]=" + int_arr[2])  //访问数组中的第 3 个元素
7      println("数组的长度是: " + int_arr.size) //打印数组长度
8  }
```

运行结果：

int_arr[0]=1

int_arr[1]=2

int_arr[2]=3

数组的长度是: 3

在上述代码中声明了一个 IntArray 类型的变量 int_arr，并将数组在内存中的地址赋给它，在

4~6 行代码中通过角标来访问数组中的元素，在第 7 行代码中通过 size 属性访问数组中元素的个数。从运行的结果可以看出，数组中的 3 个元素初始值分别为 1、2、3。在 Kotlin 中，如果创建的数组对象没有被初始化，则当访问数组中的元素时，程序会报错并提示数组对象必须初始化。

脚下留心：数组中的索引不能超出索引的范围

每个数组的索引都有一个范围，即 0~size-1。在访问数组的元素时，索引不能超出这个范围，否则程序会报错。具体示例代码如下：

```
1  fun main(args: Array<String>) {
2      var int_arr: IntArray
3      int_arr = intArrayOf(1, 2, 3)
4      println("int_arr[0]=" + int_arr[3])
5  }
```

运行结果：

Exception in thread "main" java.lang.ArrayIndexOutOfBoundsException: 3

　　at com.hello.IntelligentConversionKt.main(IntelligentConversion.kt:4)

上述代码的运行结果中所提示的错误信息是数组越界异常 ArrayIndexOutOfBoundsException。出现这个异常的原因是数组的长度为 3，其索引的范围为 0~2，第 4 行代码使用索引 3 来访问元素时，该索引超出了数组的索引范围。

所谓异常是指程序中出现的错误，程序会报告出错的异常类型、出错的行号以及出错的原因，关于异常在后面的章节中会进行详细的讲解。

2.8.2　数组的常见操作

在编写程序时数组比较常用，灵活地使用数组对实现程序中特殊的功能很重要。在本节我们将针对数组的常见操作进行详细地讲解，如数组的遍历、数组元素修改、查找数组元素角标等。

1. 数组遍历

（1）for 循环遍历数组

在操作数组时，经常需要依次访问数组中的每个元素，这种操作称作数组的遍历。接下来我们通过一个案例来学习如何使用 for 循环来遍历数组，具体代码如【文件 2-35】所示。

【文件 2-35】ThroughArray.kt

```
1  package com.itheima.chapter02.array
2  fun main(args: Array<String>) {
3      var int_arr: IntArray
4      int_arr = intArrayOf(1, 2, 3, 4)
5      for (i in int_arr) {
6          println(i)
7      }
8  }
```

运行结果：

1

2

3

4

上述代码中，定义了一个长度为 4 的数组 int_arr，数组的角标范围为 0~3。由于 for 循环中变量 *i* 的值在循环过程中为数组的元素，因此直接打印变量 *i* 的值。

（2）for 循环遍历数组中的元素以及角标

通过 for 循环遍历数组中的元素以及角标，具体代码如【文件 2-36】所示。

【文件 2-36】ThroughElements.kt

```
1  package com.itheima.chapter02.array
2  fun main(args: Array<String>) {
3      var arr: IntArray = intArrayOf(1, 2, 3, 4)    //定义数组 arr 并初始化
4      for ((index, i) in arr.withIndex()) {
5          println("角标=$index 元素=$i")
6      }
7  }
```

运行结果：

角标=0 元素=1

角标=1 元素=2

角标=2 元素=3

角标=3 元素=4

上述代码中，定义了一个长度为 4 的数组 arr，数组的角标范围为 0~3。在第 3 行代码中，index 表示数组中元素对应的角标，*i* 表示数组中的元素，接着通过数组的 withIndex() 方法来遍历并打印数组中元素对应的角标和元素。

2. 数组最值

在操作数组时，经常需要获取数组中元素的最值。接下来我们通过一个案例来学习一下如何获取数组中元素的最大值，具体代码如【文件 2-37】所示。

【文件 2-37】MostValue.kt

```
1  package com.itheima.chapter02.array
2  fun main(args: Array<String>) {
3      var arr: IntArray = intArrayOf(1, 2, 3, 4)    //定义数组 arr 并初始化
4      var max: Int = 0           //定义一个整型变量 max 存放最大值
5      max = arr[0]               //首先假设数组中第 1 个元素为最大值
6      for (i in arr) {           //通过一个 for 循环遍历数组中的元素
7          if (i > max) {         //比较数组中的元素 i 是否大于 max
8              max = i            //条件成立，则将 i 赋给 max
9          }
10     }
11     println("max=" + max)     //打印最大值 max
12 }
```

运行结果：

max=4

在上述代码中，定义了一个 IntArray 类型的数组 arr，并初始化该数组。定义了一个整型变量 *max*，用于记录数组的最大值。首先假设数组中第 1 个元素 arr[0] 为最大值并将该值赋给变量 *max*，接着使用 for 循环对数组进行遍历，在遍历的过程中只要遇到比 *max* 值大的元素，就将该元素赋给变量 *max*。因此，变量 *max* 就可以在循环结束时记录数组中的最大值。需要注意的是 for 循环中的 *i* 对应的是数组中的元素。

3. 数组元素修改

在操作数组时，如果想修改数组中某一个角标对应的元素，该如何修改呢？接下来我们通过一个案例来学习一下如何修改数组中角标对应的元素，具体代码如【文件 2-38】所示。

【文件 2-38】ElementChanges.kt

```
1  package com.itheima.chapter02.array
2  fun main(args: Array<String>) {
3     var newArr: IntArray = intArrayOf(1, 2, 3, 4)//定义数组 newArr 并初始化
4     newArr[0] = 10        //将角标为 0 对应的元素设置为 10
5     newArr.set(3, 16)     //将角标为 3 对应的元素设置为 16
6     newArr.forEachIndexed { index, i ->
7        println("角标=$index 元素=$i")   //打印数组中的角标和元素
8     }
9  }
```

运行结果：

角标=0 元素=10

角标=1 元素=2

角标=2 元素=3

角标=3 元素=16

在上述代码中，定义了一个长度为 4，类型为 IntArray 的数组 newArr，并初始化该数组。第 4 行和 5 行分别是以两种形式来修改数组中角标对应的元素，第 4 行是以"数组[角标]=值"的形式来设置角标为 0 时的元素为 10，第 5 行是以"数组.set(角标, 值)"的形式来设置角标为 3 时的元素为 16。最后通过数组的 forEachIndexed()方法来遍历并打印数组中元素的角标和元素。

4. 查找数组元素角标

在定义数组时，数组中的元素可以是相同的，如果想查找数组中的一个元素的角标，首先需要指定查找的这个元素，进而判断查找的是元素中的第 1 个元素的角标还是最后一个元素的角标，接下来我们通过案例来学习如何查找元素对应的角标。

（1）查找数组中指定元素的第 1 个角标

查找数组中指定元素中的第 1 个元素的角标，具体代码如【文件 2-39】所示。

【文件 2-39】FirstElement1.kt

```
1  package com.itheima.chapter02.array
2  fun main(args: Array<String>) {
3     var newArr: IntArray = intArrayOf(6, 4, 3, 4, 9)
4     println("第 1 个元素 4 的角标为" + newArr.indexOf(4))
5  }
```

运行结果：

第 1 个元素 4 的角标为 1

在上述代码中，首先定义了一个 IntArray 类型的数组 newArr，同时初始化该数组。在该数组中可以看到有两个元素 4，接下来查找这两个元素 4 中第 1 个元素 4 的角标，在第 4 行中通过数组的 indexOf()方法来查找，该方法中传递的参数 4 就是需要查找的元素。

除了调用数组的 indexOf()方法来查找指定元素中第 1 个元素的角标之外，还可以通过数组的 indexOfFirst()方法来查找指定元素中第 1 个元素的角标。稍微修改一下上述代码后的具体代

码如【文件 2-40】所示。

【文件 2-40】FirstElement2.kt

```
1    package com.itheima.chapter02.array
2    fun main(args: Array<String>) {
3        var newArr: IntArray = intArrayOf(6, 4, 3, 4, 9)
4        var index = newArr.indexOfFirst {     //查找数组中第1个元素为4对应的角标
5            it == 4                          //将需要查找的元素赋值给it
6        }
7        println("第1个元素4的角标为" + index)
8    }
```

运行结果：

第 1 个元素 4 的角标为 1

在上述代码中，第 4~6 行是通过调用数组的 indexOfFirst() 方法来查找数组中第 1 个元素 4 对应的角标，其中第 5 行中的 it 表示需要查找的元素，因此将需要查找的元素 4 赋值给 it。最后打印数组中查找的第 1 个元素 4 的角标。

（2）查找数组中指定元素的最后一个角标

查找数组中指定元素中的最后一个元素的角标，具体代码如【文件 2-41】所示。

【文件 2-41】LastElement1.kt

```
1    package com.itheima.chapter02.array
2    fun main(args: Array<String>) {
3        var newArr: IntArray = intArrayOf(6, 4, 3, 4, 9)
4        println("最后一个元素4的角标为" + newArr.lastIndexOf(4))
5    }
```

运行结果：

最后一个元素 4 的角标为 3

在上述代码中，首先定义了一个 IntArray 类型的数组 newArr，同时初始化该数组。在该数组中可以看到有两个元素 4，接下来查找这两个元素 4 中最后一个元素 4 的角标，在第 4 行中通过数组的 lastIndexOf() 方法来查找，该方法中传递的参数 4 就是需要查找的元素。

除了调用数组的 lastIndexOf() 方法来查找指定元素的角标之外，还可以通过数组的 indexOfLast() 方法来查找指定元素的最后一个角标。稍微修改一下上述代码，具体代码如【文件 2-42】所示。

【文件 2-42】LastElement2.kt

```
1    package com.itheima.chapter02.array
2    fun main(args: Array<String>) {
3        var newArr: IntArray = intArrayOf(6, 4, 3, 4, 9)
4        var index = newArr.indexOfLast {     //查找数组中最后一个元素为4对应的角标
5            it == 4                          //将需要查找的元素赋值给it
6        }
7        println("最后一个元素4的角标为" + index)
8    }
```

运行结果：

最后一个元素 4 的角标为 3

上述代码中，第 4 ~ 6 行是通过调用数组的 indexOfLast() 方法来查找数组中最后一个元素 4 对应的角标，其中第 5 行中的 it 表示需要查找的元素，因此将需要查找的元素 4 赋值给 it。最后打印数组中查找的最后一个元素 4 的角标。

2.9　变量的类型转换

在 Kotlin 程序中，如果将一种数据类型的值赋给另一种不同的数据类型的变量时，则需要进行数据类型转换。根据转换方式的不同，数据类型转换可分为两种：智能类型转换和强制类型转换。

2.9.1　类型检查

为了避免变量在进行类型转换时，由于类型不一致而出现类型转换异常的问题，可以使用 is 操作符或 !is 反向操作符提前检测对象是否是特定类的一个实例，基本格式如下：

```
var a:Boolean = someObj is Class
var b:Boolean = someObj !is Class
```

在上述语法格式中，someObj 为变量，Class 为数据类型。为了让初学者埋解 is 和 !is 操作符的使用，接下来我们通过一段代码进行演示，具体代码如【文件 2-43】所示。

【文件 2-43】IsOperator.kt

```
1  package com.itheima.chapter02.variable
2  fun main(args: Array<String>) {
3      var a:Any = "hello"
4      var result1 = a is String
5      var result2 = a !is String
6      println(result1)
7      println(result2)
8  }
```

运行结果：

true

false

上述代码中，定义了一个 Any 类型（类似于 Java 中的 Object 类型，表示任意类型）的变量 a，然后分别通过 is 和 !is 运算符判断 a 是否为 String 类的一个实例，通过运行结果可以看出 a 是 String 类的一个实例。

2.9.2　智能类型转换

在 Kotlin 中，同样也需要进行类型转换，不过 Kotlin 编辑器非常智能，它能识别 is 和 !is 操作符，通过这两个操作符，能判断出当前对象是否属于 is 或者 !is 后面的数据类型。如果当前对象属于 is 后面的数据类型，则在使用该对象时可以自动进行智能类型转换，具体代码如【文件 2-44】所示。

【文件 2-44】IsOperator.kt

```
1  package com.itheima.chapter02.variable
2  fun main(args: Array<String>) {
3      var a: Any = "hello"
```

```
4      if (a is String) {
5          println("a is String")
6          println("字符串长度："+a.length)   //操作时，a 自动转换为 String 类型
7      } else if (a !is Int) {
8          println("a !is Int")
9      } else {
10         println("I don't know")
11     }
12 }
```

运行结果：

a is String

字符串长度：5

在上述代码中，定义了一个 Any 类型变量 *a*，当通过"is"操作符进行判断时，编辑器可以判断变量 *a* 中实际上存储的是一个 String 类型的数据，会自动将 *a* 转换为 String 类型，并通过 length 属性获取字符串的长度。

2.9.3　强制类型转换

在 Kotlin 程序中，当在某些特殊情况下无法进行智能类型转换时，还可以进行强制类型转换。强制类型转换主要是通过 as 与 as?操作符进行的。

1.　as 操作符

通过 as 操作符进行强制类型转换，具体代码如【文件 2-45】所示。

【文件 2-45】AsOperator.kt

```
1  package com.itheima.chapter02.variable
2  fun main(args: Array<String>) {
3      var a = "1"
4      var b: String = a as String   //将字符串类型变量 a 强制转换为 String 类型
5      print(b.length)
6  }
```

运行结果：

1

在上述代码中，定义了一个变量 *a*，赋值为一个字符串"1"，没有指定变量 *a* 的具体数据类型，接着通过 as 操作符把变量 *a* 强制转换为 String 类型，并将变量 *a* 赋值给一个 String 类型的变量 *b*，最后通过 print()方法输出字符串的长度。我们会发现程序可以运行成功，说明强制类型转换成功。

接下来我们再来演示一下 Int 类型强制转换为 String 类型的情况。将上述代码中变量 *a* 的值设置为 1，其余代码不做修改，具体代码如下所示。

```
1  fun main(args: Array<String>) {
2      var a = 1
3      var b: String = a as String   //将变量 a 强制转换为 String 类型
4      print(b.length)
5  }
```

运行结果：

Exception in thread "main" java.lang.ClassCastException: java.lang.Integer cannot be cast to java.lang.String

　　at HelloWorldKt.main(HelloWorld.kt:4)

上述代码，在编译器中并不会报错，但是在程序运行时却抛出了一个类型转换的异常信息 "java.lang.Integer cannot be cast to java.lang.String"，这个信息的意思是不能把 Integer 类型的变量强制转换为 String 类型。把鼠标光标放在这段代码中的 as 操作符处，编译器会提示 "This cast can never succeed"，即这个类型转换不会成功。

根据上述代码运行时出现的错误可知，在 Kotlin 程序中，Integer 类型的变量不能使用 as 操作符强制转换为 String 类型。

2. as?操作符

根据前面的案例可知，使用 as 操作符进行强制类型转换时，如果转换错误，程序会报错并抛出异常。为了避免这种情况出现，Kotlin 语言提供了安全转换类型的操作符 "as?"。使用 "as?" 操作符进行类型转换时，如果转换失败，则会返回 null，不会抛出异常。

接下来我们通过一个案例来演示使用 as? 操作符进行强制类型转换，具体代码如【文件 2-46】所示。

【文件 2-46】TypeCast.kt

```
1  package com.itheima.chapter02.variable
2  fun main(args: Array<String>) {
3      var a = 1
4      var b: String? = a as? String //将变量 a 强制转换为 String 类型
5      print(b?.length)
6  }
```

运行结果：

null

上述代码中，"var b: String?" 的意思是声明了一个可以为空值的变量 b，接着通过 as?操作符将变量 a 强制转换为 String 类型，最后通过 print()方法输出字符串的长度。根据这段代码的运行结果为 null 可知，Integer 类型的变量不能通过操作符 as?强制转换为 String 类型。

2.10　空值处理

在程序开发过程中，经常会遇到空指针异常的问题，如果对这个问题处理不当，还可能会引起程序的崩溃（crash），因此在 Kotlin 中，为了避免出现空指针异常的问题，引入了 Null 机制，本节就来详细讲解一下 Kotlin 程序中的 Null 机制。

2.10.1　可空类型变量（？）

Kotlin 把变量分成两种类型，一种是可空类型的变量，一种是非空类型的变量。一般情况下，一个变量默认是非空类型。当某个变量的值可以为空时，必须在声明处的数据类型后添加 "?" 来标识该引用可为空。具体示例如下：

```
var name: String    //声明非空变量
var age: Int?       //声明可空变量
```

上述代码中，name 为非空变量，age 为可空变量。如果给上述两个变量都赋值为 null，则当给变量 name 赋值为 null 时，编译器会提示 "Null can not be a value of a non-null type String" 错误信息。引起这个错误的原因是 Kotlin 官方约定变量默认为非空类型时，该变量不能赋值为 null，age 为 null 时，编译可以通过。

在使用可空变量时，如果不知道该变量的初始值，则需要将其赋值为 null，否则会报 "variable 'age' must be initialized" 异常。接下来我们通过一段代码来学习如何判断变量是否为空，以及如何使用可空变量，具体代码如【文件 2-47】所示。

【文件 2-47】NullableVar.kt

```
1  package com.itheima.chapter02.variable
2  fun main(args: Array<String>) {
3     var name: String = "Tom"        //非空变量
4     var telephone: String? = null   //可空变量
5     if (telephone != null) {
6        print(telephone.length)
7     } else {
8        telephone = "18800008888"
9        print("telephone =" + telephone)
10    }
11 }
```

运行结果：

telephone =18800008888

上述代码中，定义了一个非空变量 name，一个可空变量 telephone。在使用可空变量时，常规的方式就是对可空变量进行判断，如果 telephone 不为空则输出电话号码的长度，否则将 telephone 赋值为 18800008888 并输出。

2.10.2　安全调用符（?.）

上一小节，我们讲解了可空变量在使用时需要通过 if…else 语句进行判断，然后再进行相应的操作。这样的使用方式还是比较复杂，为此 Kotlin 提供了一个安全调用符 "?."，专门用于调用可空类型变量中的成员方法或属性，其语法格式为 "变量?.成员"。其作用是判断变量是否为 null，如果不为 null 才调用变量的成员方法或者属性。接下来我们通过一段代码进行演示，具体代码如【文件 2-48】所示。

【文件 2-48】SecureInvocation.kt

```
1  package com.itheima.chapter02.variable
2  fun main(args: Array<String>) {
3     var name: String = "Tom"
4     var telephone: String? = null
5     var result = telephone?.length
6     println(result)
7  }
```

运行结果：

null

从运行结果可以看出，在使用 "?." 调用可空变量的属性时，如果当前变量为空，则程序编译也不会报错，而是返回一个 null 值。

2.10.3　Elvis 操作符（?:）

在使用安全调用符调用可空变量中的成员方法或属性时，如果当前变量为空，则会返回一个

null 值，但有时即使当前变量为 null，也不想返回一个 null 值而是指定一个默认值，此时该如何处理呢？为了解决这样的问题，Kotlin 中提供了一个 Elvis 操作符（?:），通过 Elvis 操作符（?:）可以指定可空变量为 null 时，调用该变量中的成员方法或属性的返回值，其语法格式为"表达式?:表达式"。如果左侧表达式非空，则返回左侧表达式的值，否则返回右侧表达式的值。当且仅当左侧为空时，才会对右侧表达式求值。接下来我们通过一段代码进行演示，具体代码如【文件2-49】所示。

【文件 2-49】ElvisOperator.kt

```
1  package com.itheima.chapter02.variable
2  fun main(args: Array<String>) {
3      var name: String = "Tom"
4      var telephone: String? = null
5      var result = telephone?.length ?: "18800008888"
6      println(result)
7  }
```

运行结果：

18800008888

从运行结果可以看出，当变量 telephone 为空时，使用 "?:" 操作符会返回指定的默认值 "18800008888"，而非 null 值。

2.10.4　非空断言（!!.）

除了通过使用安全调用符（?.）来使用可空类型的变量之外，还可以通过非空断言（!!.）来调用可空类型变量的成员方法或属性。使用非空断言时，调用变量成员方法或属性的语法结构为"变量!!.成员"。非空断言（!!.）会将任何变量（可空类型变量或者非空类型变量）转换为非空类型的变量，若该变量为空则抛出异常。接下来我们通过一个例子来演示非空断言（!!.）的使用，具体代码如【文件2-50】所示。

【文件 2-50】NoEmptyAssertion.kt

```
1  package com.itheima.chapter02.variable
2  fun main(args: Array<String>) {
3      var telephone: String? = null     //声明可空类型变量
4      var result = telephone!!.length //使用非空断言
5      println(result)
6  }
```

运行结果：

Exception in thread "main" kotlin.KotlinNullPointerException
　　　at com.itheima.chapter02.variable.NoEmptyAssertionKt.main
　　　(NoEmptyAssertion.kt:4)

从运行结果可以看出，程序抛出了空指针异常，如果变量 telephone 赋值不为空，则程序可以正常运行。

安全调用符与非空断言运算符都可以调用可空变量的方法，但是在使用时有一定的差别，如表 2-10 所示。

表 2-10　?.与!!.使用对比

操作符	安全	推荐
安全调用符（?.）	当变量值为 null 时，不会抛出异常，更安全	推荐使用
非空断言（!!.）	当变量值为 null 时，会抛出异常，不安全	可空类型变量经过非空断言后，这个变量变为非空变量，非空变量为 null 时，不能调用该变量中的成员方法或属性。不推荐

2.11　本章小结

本章主要介绍了 Kotlin 的基本语法、变量、运算符、字符串、选择结构语句、循环结构语句、区间、数组、变量的类型转换以及空值处理。通过对本章的学习，读者可以掌握 Kotlin 的基础知识，要求读者必须掌握这些知识，便于后续开发 Kotlin 程序。

【思考题】

1. 请思考 Kotlin 变量的类型转换有哪几种。
2. 请思考 Kotlin 程序是如何进行空值处理的。

3

Chapter

第 3 章

函数

学习目标
● 掌握 Kotlin 中函数的使用方法
● 理解 Kotlin 中函数的分类

在 Kotlin 程序中，会经常用到函数来实现不同的功能。函数分为多种类型，我们应根据不同的需求来使用不同的函数，例如，使用尾递归函数实现 1~100 的和，使用单表达式函数实现函数中只有一行代码的需求。本章将针对函数与函数的分类进行详细讲解。

3.1 函数的介绍

3.1.1 函数的定义

函数又称为方法，是具有特定功能的一段独立程序。函数可以将功能代码进行封装，在使用时直接调用即可，这样程序代码不仅看起来简洁，而且还减少了代码量。在 Kotlin 中函数是通过 fun 关键字来声明的，函数的语法格式具体如下：

```
函数声明 函数名称（[参数名称：参数类型，参数名称：参数类型]）：返回值类型{
    执行语句
    …
    return 返回值
}
```

接下来对上述语法格式进行说明，具体如下。
● 函数声明：Kotlin 中的函数声明使用关键字 fun。
● 函数名称：每一个函数都有函数名称，方便在函数调用时使用。
● 参数类型：用于限定调用函数时传入参数的数据类型。
● 参数名称：是一个变量，用于接收调用函数时传入的数据。
● 返回值类型：用于限定函数返回值的数据类型。
● 返回值：被 return 语句返回的值，该值会返回给调用者。

> **注意**
>
> 　　如果一个函数不返回任何类型的值，则它的返回值类型实际上是 Unit（无类型），类似于 Java 中的 void。当函数的返回值类型为 Unit 时，可以省略不写 Unit。

　　接下来我们通过一个案例来创建一个函数，具体代码如【文件 3-1】所示。

【文件 3-1】DoubleValue.kt

```
1  package com.itheima.chapter03
2  //定义一个 doubleValue()函数，参数为 x，参数为 Int 类型，返回值为 Int 类型
3  fun doubleValue(x: Int): Int {
4      return 2 * x                    //返回值是传递过来的参数*2 的值
5  }
6  fun main(args: Array<String>) {
7      var result = doubleValue(2)   //result 变量存放 doubleValue()的返回值
8      println("doubleValue()的返回值为" + result) //打印 doubleValue()的返回值
9  }
```

运行结果：

doubleValue()的返回值为 4

　　上述代码中，定义了一个函数 doubleValue(x: Int): Int{return 2*x}，其中 doubleValue()是函数名称，x 是传递的参数名称，x 后面的 Int 为参数类型，()后面的 Int 是返回值类型，{}表示函数体，函数体中的 return 2*x 表示函数的返回值。

3.1.2　函数的类型

　　Kotlin 中的函数根据不同的角度可分为 4 种类型，从参数的角度可分为有参函数和无参函数，从返回值的角度可分为有返回值的函数和无返回值的函数。即无参无返回值、无参有返回值、有参无返回值、有参有返回值。接下来我们将通过一些案例来详细讲解这 4 种类型的函数。

　　（1）无参无返回值函数，具体示例代码如下：

```
fun argValue() {
    println("这是一个无参无返回值的函数")
}
```

　　上述代码中，通过一个 fun 关键字声明了一个函数 argValue()，该函数中没有传递参数，也没有设置返回值类型以及通过 return 来返回一个值，这个函数就是无参无返回值函数。

　　除了上述表示方式之外，无参无返回值的函数还有另外一种表示方式，就是明确指定返回值类型为 Unit，即该函数无返回值，这个返回值类型类似 Java 中的 void，修改之后的代码如下：

```
fun argValue(): Unit {
    println("这是一个无参无返回值的函数")
}
```

　　上述代码中，主要是在函数 argValue()后面添加了一个返回值类型 Unit，当函数没有返回值时，这个返回值类型也可以忽略不写。同样在有参无返回值的函数中也可以添加一个返回值类型 Unit。

（2）无参有返回值函数，具体示例代码如下：

```
fun argValue(): String {
    return "这是一个无参有返回值的函数"
}
```

上述代码中，argValue()函数虽然没有传递参数，但是设置了返回值类型为 String，并在函数体中通过 return 关键字返回了一个 String 类型的数据。

（3）有参无返回值函数，具体示例代码如下：

```
fun argValue(content: String) {
    println("该函数传递的参数为" + content)
}
```

上述代码中，argValue()函数中的 content 表示传递的参数名称，String 表示传递的参数类型，最后通过 println()函数打印传递的参数 content。

（4）有参有返回值函数，具体示例代码如下：

```
fun argValue(content: String): String {
    return content
}
```

上述代码中，argValue()函数中的 content 表示传递的参数名称，String 表示传递的参数类型，()后面的 String 表示返回值的类型，函数体中 return 关键字后面的 content 表示该函数的返回值。

3.1.3　单表达式函数

如果函数体中只有一行代码，则可以把包裹函数体的花括号{}替换为等号"="，把函数体放在等号"="的后面，这样的函数称为单表达式函数。如果函数体中的代码不止一行就不能转换为单表达式函数。接下来我们通过一个例子将一个普通的函数转化为单表达式函数。

对于一个普通的函数，可以直接如下表示：

```
fun add(a: Int, b: Int): Int {
    return a + b
}
```

上述代码中，通过一个 fun 关键字声明了一个 add()函数，该函数传递的参数分别为 a 和 b，其参数类型均为 Int 类型，括号()后面的 Int 表示该函数的返回值类型。在函数体中通过 return 关键字返回了一个表达式"$a+b$"。

由于上述函数的返回值是一个表达式，并且函数体中只有一行代码，因此可以将上述的普通函数转化为单表达式函数。稍微修改上述代码之后的代码如下：

```
fun add(a: Int, b: Int): Int = a + b
```

上述代码中，该函数返回的值是表达式 $a+b$ 的值。

在上述语法格式的基础上，单表达式还可以省略函数的返回值类型，使代码更加简洁。具体示例代码如下：

```
fun add(a: Int, b: Int) = a + b
```

在上述代码中可以看到，该函数并没有写返回值类型，而是直接在括号()后边通过"="指定函数体。对于这样没有指定返回值类型的函数，编辑器会根据函数的返回值进行推断。

3.1.4 函数的参数

函数的参数分为具名参数、默认参数以及可变参数 3 种，接下来我们通过一些案例来分别解释这 3 种参数。

1. 具名参数

具名参数，顾名思义就是指在调用函数时显示指定形参的名称，这样即使形参和实参的顺序不一致也不会有任何影响，因为已经明确指定了每个形参对应的实参，这样有助于提高代码的可读性。具名参数的语法格式如下：

函数名称(形参 1=实参 1,形参 2=实参 2,形参 3=实参 3…)

- 形参：全称为"形式参数"，由于它不是实际存在的变量，因此又称虚拟变量，是在定义函数名和函数体时使用的参数，目的是用于接收调用该函数时传入的参数。在调用函数时，实参将赋值给形参。
- 实参：全称为"实际参数"，是在调用时传递给函数的参数。实参可以是常量、变量、表达式、函数等，无论实参是什么类型，在进行函数调用时，实参必须具有确定的值，以便把该值传递给形参，因此可提前用赋值、输入等方法使实参获取确定的值。

接下来我们通过一个例子来解释具名参数，具体代码如【文件 3-2】所示。

【文件 3-2】Info1.kt

```
1  package com.itheima.chapter03
2  fun info(name: String, age: Int) {
3      println("姓名: $name")              //打印传递的姓名
4      println("年龄: $age")               //打印传递的年龄
5  }
6  fun main(args: Array<String>) {
7      info(name = "江小白", age = 20)  //调用 info()函数，指定函数中的形参与实参
8  }
```

运行结果：

姓名：江小白

年龄：20

上述代码中，通过 fun 关键字声明了一个函数 info()，在该函数中传递了两个参数，分别为 String 类型的 name 和 Int 类型的 age，在该函数的函数体中通过 println()语句打印了参数 name 和 age 的值。

在 main()函数中调用了 info()函数，在调用的同时指定了该函数的形参和实参，其中形参是 name 和 age，实参是"江小白"与 20，将实参"江小白"赋值给形参 name，将实参 20 赋值给形参 age。在调用函数 info()时，传递的两个参数的顺序可以不固定，可写为 info(name = "江小白", age = 20)，也可写为 info(age = 20, name = "江小白")，但是在实际开发中会按照形参顺序传递对应的实参，这样更利于代码的阅读和理解。

2. 默认参数

默认参数，是指在定义函数时，可以给函数中的每一个形参指定一个默认的实参，默认参数的语法格式具体如下：

```
fun 函数名(形参 1: 类型,形参 2: 类型= 默认值…) {
    函数体
```

```
    ...
    }
```

上述语法格式中，给形参 2 指定了一个默认的实参，这个实参是一个确定的值。

接下来我们通过一个案例来讲解如何设置默认参数，具体代码如【文件 3-3】所示。

【文件 3-3】Info2.kt

```
1  package com.itheima.chapter03
2  fun introduce(name: String = "江小白", age: Int) {
3      println("姓名：$name")    //打印传递的姓名
4      println("年龄：$age")     //打印传递的年龄
5  }
6  fun main(args: Array<String>) {
7      introduce(age = 20)      //调用 introduce()函数，并指定函数中的形参与实参
8  }
```

运行结果：

姓名：江小白

年龄：20

在上述代码中，将 introduce()函数传递的形参 name 赋了一个默认的值"江小白"。此时在 main()函数中调用 introduce()函数时，可以不用指定形参 name 的实参，直接传递形参 age 的实参即可。如果在调用 introduce()函数时，显示指定了形参 name 的实参，则程序的运行结果中的姓名是在调用该函数时传递的 name 对应的实参。

 总 结

当定义一个函数时，如果没有设置该函数的默认参数，则调用该函数时必须传递具体的实参。如果定义一个函数时，函数中设置有默认的参数，则调用该函数时可以不用传递具体实参，不传递实参的情况下，函数会使用默认参数。

3. 可变参数

可变参数，是指参数类型确定但个数不确定的参数，可变参数通过 vararg 关键字标识，我们可以将其理解为数组。可变参数通常声明在形参列表中的最后位置，如果不声明在最后位置，那么可变参数后面的其他参数都需要通过命名参数的形式进行传递。接下来我们通过一个案例来认识可变参数，具体代码如【文件 3-4】所示。

【文件 3-4】TotalGrade1.kt

```
1  package com.itheima.chapter03
2  fun sum(name: String, vararg scores: Int) {
3      var result = 0
4      scores.forEach {
5          result += it
6      }
7      println("江小白的总成绩：" + result)
8  }
9  fun main(args: Array<String>) {
10     sum("江小白", 100, 99, 98, 100, 96)
11 }
```

运行结果：

江小白的总成绩：493

在上述代码中，声明了一个 sum()函数用于求总成绩，在该函数中传递了一个 String 类型的参数 name 与一个可变参数 scores。由于可变参数可以当作数组处理，因此可以使用 forEach 循环遍历 scores 中的值，循环中的 it 表示每次遍历 scores 中的元素，然后将这些元素累加并赋值给 result，输出总成绩。当在 main()方法中调用 sum()函数时，需要传递一个 String 类型的实参，以及任意多个 Int 类型数据，即可得出某人的总成绩。

由于可变参数实质上就是数组，因此，可以直接使用数组存放可变参数，在传递时使用数组即可，这样更加直观方便。具体示例代码如下：

```
var scores: IntArray = intArrayOf(100, 99, 98, 100, 96)
sum("江小白", *scores)
```

需要注意的是，在实参中传递数组时，需要使用"*"前缀操作符，意思是将数组展开，它只能展开数组，不能展开集合。

可变参数相对来说比较复杂，当可变参数不在形参列表中的最后位置时，其他形参该如何通过命名参数进行传递呢？接下来我们再通过一个案例演示一下，具体代码如【文件 3-5】所示。

【文件 3-5】TotalGrade2.kt

```
1  package com.itheima.chapter03
2  fun sum(vararg scores: Int, name: String) {
3      var result = 0
4      scores.forEach {
5          result += it
6      }
7      println("江小白的总成绩：" + result)
8  }
9  fun main(args: Array<String>) {
10     sum(100, 99, 98, 100, 96, name = "江小白")
11 }
```

运行结果：

江小白的总成绩：493

 总结

Kotlin 中的可变参数与 Java 中的可变参数的对比

Kotlin 中可变参数规则：

- 可变参数可以出现在参数列表的任意位置；
- 可变参数是通过关键字 vararg 来修饰；
- 可以以数组的形式使用可变参数的形参变量，实参中传递数组时，需要使用"*"前缀操作符。

Java 中可变参数规则：

- 可变参数只能出现在参数列表的最后；
- 用"…"代表可变参数，"…"位于变量类型与变量名称之间；
- 调用含有可变参数的函数时，编译器为该可变参数隐式创建一个数组，在函数体中以数组的形式访问可变参数。

可变参数的特点是参数个数不确定，类型确定的参数。Kotlin 中把可变参数当作数组处理。接下来我们通过一个案例来认识可变参数，具体代码如【文件 3-6】所示。

【文件 3-6】VarargArr.kt

```
1  package com.itheima.chapter03
2  fun add(vararg arr: Int): Int {
3      var sum = 0        //定义一个变量 sum
4      arr.forEach {      //对可变参数进行遍历
5          sum += it      //每循环一次会加上可变参数 arr 中的值
6      }
7      return sum         //循环结束，返回参数值的和
8  }
9  fun main(args: Array<String>) {
10     var result = add(1, 2, 3)    //调用 add()函数，并把该函数的返回值赋给变量 result
11     println(result)              //打印变量 result
12 }
```

运行结果：

6

在上述代码中，通过 fun 关键字声明了一个函数 add()，在这个函数中传递了一个可变参数 arr，该可变参数由关键字 vararg 来修饰，同时该可变参数的类型指定为 Int。由于可变参数本质上是一个数组，因此可变参数可以通过 forEach()循环进行遍历。在 forEach()函数中，it 表示每次遍历的可变参数 arr 中的元素，每循环一次都会加上 it 的值，加完之后将最终的值赋给变量 sum。在 main()函数中调用 add()函数，并向该函数传递 3 个 Int 类型的数据，分别是 1、2、3，这 3 个数据会以数组的形式存放在可变参数 arr 中，在这里传递的数据的个数是任意的。接着将 add()函数的返回值赋给变量 result，最后打印变量 result。

3.2　函数的分类

3.2.1　顶层函数

顶层函数又称为包级别函数，可以直接放在某一个包中，而不像 Java 一样必须将函数放在某一个类中。在 Kotlin 中，函数可以独立存在，之前写过的很多函数都是顶层函数，例如经常用的 main()函数。顶层函数在被调用时，如果在同一个包中，可直接调用，如果在不同的包中，需要导入对应的包。接下来我们通过一个案例来详细地讲解顶层函数。

1. 在 cn.itcast.chapter03 包中创建函数

创建一个 cn.itcast.chapter03 包，在该包中创建一个 StudentInfo.kt 文件，在该文件中创建一个 stuInfo()函数，该函数主要是传递两个参数，并打印这两个参数，具体代码如【文件 3-7】所示。

【文件 3-7】StudentInfo.kt

```
1  package cn.itcast.chapter03
2  fun stuInfo(name: String, age: Int) {
3      println("姓名: $name")
4      println("年龄: $age")
5  }
```

2. 在 com.itheima.chapter03 包中创建函数

在 com.itheima.chapter03 包中，创建一个 Score.kt 文件，在该文件中创建一个 sum() 函数和一个 main() 函数，其中 sum() 函数用于计算考试成绩，该函数主要传递 3 个 Int 类型的参数 math、chinese、english，在 main() 函数中调用 cn.itcast.chapter03 包中的 stuInfo() 函数以及自身包中的 sum() 函数，具体代码如【文件 3-8】所示。

【文件 3-8】Score.kt

```
1  package com.itheima.chapter03
2  import cn.itcast.chapter03.stuInfo
3  fun sum(math: Int, chinese: Int, english: Int) {
4      var result = math + chinese + english
5      println("成绩: $result")
6  }
7  fun main(args: Array<String>) {
8      stuInfo("江小白", 18)     //调用 cn.itcast.chapter03 包中的 stuInfo() 函数
9      sum(100, 9, 100)
10 }
```

运行结果：

姓名：江小白

年龄：18

成绩：209

从上述代码可以看出，在 main() 函数中调用 cn.itcast.chapter03 包中的 stuInfo() 函数时，需要使用 "import cn.itcast.chapter03.stuInfo" 导入该函数，当调用 sum() 函数时，由于该函数与 main() 函数在同一个包中，因此不需要导包，直接调用即可，最后将两个函数的结果输出。

3.2.2 成员函数

在 Kotlin 中，除了顶层函数之外，根据函数作用域还可以将函数分为成员函数、局部函数。成员函数是在类或对象内部定义的函数，成员函数的语法格式如下：

```
class 类名{
    fun 函数名(){
        执行语句
        ...
    }
}
```

在上述语法格式中，class 是定义类的一个关键字。当在 main() 函数中调用成员函数时，需要使用 "类的实例.成员函数()" 的形式。接下来我们通过一个案例来创建一个成员函数并调用该函数，具体代码如【文件 3-9】所示。

【文件 3-9】Person.kt

```
1  package com.itheima.chapter03
2  class Person {              //创建一个 Person 类
3      fun hello() {           //定义一个成员函数
4          print("Hello")
5      }
6  }
```

```
7   fun main(args: Array<String>) {
8       var person: Person = Person()    //创建 Person 类的实例
9       person.hello()                   //调用 Person 类中的成员函数 hello()
10  }
```

运行结果：

Hello

在上述代码中，创建了一个名为 Person 的类，在该类中创建了一个成员函数 hello()，在该函数中通过 print()语句打印"Hello"字符串。在 main()函数中，创建一个 Person 类的实例 person，接着通过"."调用成员函数 hello()。

3.2.3　局部函数

局部函数又称嵌套函数，主要是在一个函数的内部定义另一个函数。局部函数的语法格式如下：

```
fun 函数名(){
    fun 函数名(){
        执行语句
        ...
    }
    执行语句
    ...
}
```

下面我们根据上述格式，来创建一个局部函数，具体代码如【文件 3-10】所示。

【文件 3-10】Sum.kt

```
1   package com.itheima.chapter03
2   fun total(a: Int) {      //定义一个函数 total()
3       var b: Int = 5       //定义一个变量 b，并将其初始值设置为 5
4       fun add(): Int {     //定义个局部函数 add()
5           return a + b     //返回变量 a 与 b 的和
6       }
7       println(add())
8   }
9   fun main(args: Array<String>) {
10      total(3)             //调用 total()函数，传递实参为 3
11  }
```

运行结果：

8

在上述代码中，定义了一个 total()函数，在该函数中传递了一个 Int 类型的参数 *a*，并定义了一个变量 *b* 与一个局部函数 add()。由于 add()函数的返回值是变量 *a* 与 *b* 的和，说明局部函数 add()可以访问外部函数 total()中的局部变量 *a* 与 *b*。在第 7 行代码中，调用局部函数 add()并输出该函数的返回值，说明在外部函数 total()中可以调用其内部的局部函数 add()。最后在 main()函数中调用 total()函数，并向该函数传递一个实参 3。

由上述代码可知，局部函数可以访问外部函数的局部变量，并且在外部函数中可以调用其内部的局部函数。

3.2.4　递归函数

递归函数指的是在函数体内部调用函数本身。递归函数可以用少量的代码实现需要多次重复计算的程序。接下来我们通过一个递归函数求 1~100 的和，具体代码如【文件 3-11】所示。

【文件 3-11】Recursive.kt

```
1   package com.itheima.chapter03
2   fun sum(num: Int): Int {                 //定义一个 sum() 函数
3       if (num == 1) {                      //num 为 1 时，则指定返回值为 1
4           return 1
5       } else {
6           return num + sum(num - 1)        //num 不为 1 时，返回 num 与 sum() 返回值之和
7       }
8   }
9   fun main(args: Array<String>) {
10      println(sum(4))                      //调用递归函数
11  }
```

运行结果：

10

在上述代码中，首先定义了一个 sum() 函数，该函数是用于求 1~4 的数字之和，如果传递到该函数中的参数为 1 时，该函数会返回 1，如果传递到该函数中的参数不为 1 时，则返回参数 num 与函数 sum() 返回值之和。由于在第 6 行代码中调用了函数本身，因此这个 sum() 函数是一个普通的递归函数。由于方法的递归调用过程比较复杂，接下来我们通过一个图例来分析整个调用过程，如图 3-1 所示。

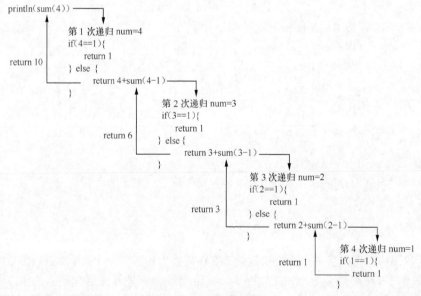

图3-1　递归调用过程

3.2.5　尾递归函数

1．尾递归函数的定义

如果一个函数中所有递归调用都出现在函数的末尾，我们称这个递归函数是尾递归函数。尾

递归函数的特点是在递归过程中不用做任何操作，当编译器检测到一个函数调用是尾递归函数时，它就覆盖当前的活动记录而不是在栈中去创建一个新的。因为递归调用是当前活跃期内最后一条待执行语句，于是当调用返回时栈中没有其他事情可做，因此也就没有保存的必要。这样可以大大缩减所使用的栈空间，使得程序运行效率变得更高。虽然编译器能够优化尾递归造成的栈溢出问题，但是在编程中还是应该尽量避免尾递归的使用。

尾递归函数是一种特殊的递归函数，特殊之处在于该函数的调用出现在函数的末尾。通常情况下，尾递归函数一般用在连续求和、连续求差等程序中。接下来我们将 3.2.4 小节中的【文件 3-11】普通递归函数修改成尾递归函数，具体代码如【文件 3-12】所示。

【文件 3-12】Recursive.kt

```
1  package com.itheima.chapter03
2  fun sum(num: Int, total: Int = 0): Int { //尾递归函数
3      if (num == 1) {
4          return 1 + total
5      } else {
6          return sum(num - 1, num + total)
7      }
8  }
9  fun main(args: Array<String>) {
10     println(sum(100))              //调用尾递归函数
11 }
```

运行结果：

5050

在上述代码中，sum() 函数比【文件 3-11】中的 sum() 函数多了一个 total 参数，这个参数主要用于累加每次传递到函数 sum() 中的 num 值，当 num 值为 1 时，则将 "1+total" 的值作为该尾递归函数的返回值。由于在第 6 行代码中，只调用了该函数本身作为整个函数的最后一条执行语句，因此 sum() 函数是一个尾递归函数。

2. 尾递归函数的优化

在 Kotlin 中，尾递归函数一般会循环调用，当调用次数过多时，程序会出现栈溢出的问题，为了解决这个问题，Kotlin 中提供了一个 tailrec 修饰符来修饰尾递归函数，此时编译器会优化该尾递归函数，将尾递归函数转化为 while 循环，程序会快速高效地运行，并且无堆栈溢出的风险。

如果将【文件 3-12】中的 sum() 函数传递的参数 num 设置为 100000，则程序在运行时会出现内存溢出的问题。这时就需要使用 tailrec 修饰符来修饰该尾递归函数，来避免出现内存溢出的问题。修改后的代码如【文件 3-13】所示。

【文件 3-13】Recursive.kt

```
1  package com.itheima.chapter03
2  tailrec fun sum(num: Int, total: Int = 0): Int {
3      if (num == 1) {
4          return 1 + total
5      } else {
6          return sum(num - 1, num + total)
7      }
8  }
9  fun main(args: Array<String>) {
```

```
10      println(sum(100000))              //调用尾递归函数
11 }
```

运行结果:

705082704

在上述代码中,在 main()函数中调用 sum()函数时,向 sum()函数中传递的参数设置为 100000,如果此时运行该程序,则会由于程序的循环次数过多而产生内存溢出的问题,为了避免出现这个问题,在 sum()函数之前添加一个 tailrec 修饰符,这个修饰符是用来优化尾递归函数 sum()的。

3.2.6 函数重载

无论是 Java 语言还是 C++语言,都会有函数重载,函数重载主要是针对不同功能业务的需求,暴露不同参数的接口,包括参数列表个数、参数类型等。这些参数不同的调整会增加多个同名函数,这样在程序中调用这些函数时容易出现调用错误。但是 Kotlin 语言就在这个方面优于 Java 语言与 C++语言,因为这门语言在语法上比较明确,并且还存在函数命名参数与默认值参数,这样就可以彻底消除函数重载时容易出现调用出错的问题。

函数重载一般是用在功能相同但参数不同的接口中,例如最简单的四则运算操作——加、减、乘、除,我们以加法为例,结合 3.2.4 小节与 3.2.5 小节的案例来讲解函数重载的使用,具体代码如【文件 3-14】所示。

【文件 3-14】OverLoad.kt

```
1  package com.itheima.chapter03
2  /**
3   * 定义一个函数 totalNum(),函数有 1 个参数,参数类型为 Int
4   */
5  fun totalNum(num: Int): Int {
6      if (num == 1) {
7          return 1
8      } else {
9          return num + totalNum(num - 1)
10     }
11 }
12 /**
13 *定义一个 totalNum()函数,函数有 1 个参数,参数类型为 Float
14 */
15 fun totalNum(num: Float): Float {   //重载函数参数类型不同
16     if (num == 1F) {
17         return 1F
18     } else {
19         return num + totalNum(num - 1F)
20     }
21 }
22 /**
23 *定义一个 totalNum()函数,函数有 2 个参数,参数类型是 Int
24 */
25 fun totalNum(num: Int, total: Int = 0): Int {  //重载函数参数个数不同
26     if (num == 1) {
```

```
27        return 1 + total
28    } else {
29        return totalNum(num - 1, num+ total)
30    }
30 }
31 fun main(args: Array<String>) {
32    var a1 = totalNum(5)
33    var a2 = totalNum(5F)
34    var a3 = totalNum(5, 0)
35    println("a1=" + a1)
36    println("a2=" + a2)
37    println("a3=" + a3)
38 }
```

运行结果：

a1=15

a2=15.0

a3=15

上述代码中，定义了 3 个同名函数 totalNum()，它们的参数个数或类型不同，从而形成了函数的重载，在 main()函数中调用 totalNum()函数时，根据传递不同的参数来确定调用的是哪个重载函数，如调用 totalNum(5)函数，根据该函数中传递的参数 5 为 Int 类型可知，此时调用的是参数为 1 个 Int 类型的 totalNum()函数，该函数主要是通过递归函数求 1~5 的数字之和。

需要注意的是，函数的重载与函数的返回值类型无关，只需要同时满足两个条件，一是函数名相同，二是参数个数或参数类型不相同即可。

3.3 本章小结

本章主要介绍了 Kotlin 中的函数，首先介绍了 Kotlin 中函数的定义、函数的类型、单表达式函数、函数的参数，接着介绍了函数的分类，函数分为顶层函数、成员函数、局部函数、递归函数、尾递归函数等。通过对本章的学习，读者可以了解 Kotlin 中的函数以及函数的分类，便于后续开发 Kotlin 程序。

【思考题】

1. 请思考在 Kotlin 中，什么是单表达式函数。
2. 请思考 Kotlin 中函数的分类。

4

Chapter

第 4 章

面向对象

学习目标
- 了解面向对象的概念
- 理解类与对象的关系
- 熟悉常用类
- 掌握委托的使用与异常的处理

面向对象（Object Oriented，OO）是一种符合人类思维习惯的编程思想。现实生活中存在各种形态不同的事物，这些事物之间存在着各种各样的联系。在程序中使用对象来映射现实中的事物，使用对象的关系来描述事物之间的联系，这种思想就是面向对象。本章将针对面向对象相关的知识进行详细讲解。

4.1 面向对象的概念

提到面向对象，自然会想到面向过程，面向过程就是分析解决问题所需要的步骤，然后用函数把这些步骤一一实现，使用的时候一个一个依次调用就可以了。面向对象则是把解决的问题按照一定规则划分为多个独立的对象，然后通过调用对象的方法来解决问题。当然，一个应用程序会包含多个对象，通过多个对象的相互配合来实现应用程序的功能，这样当应用程序功能发生变动时，只需要修改个别的对象就可以了，从而使代码更容易得到维护。

面向对象主要有 3 大特性，分别为封装性、继承性和多态性，接下来针对这 3 种特性进行简单介绍。

1．封装性

封装性是面向对象的核心思想，将对象的属性和行为封装起来，不需要让外界知道具体实现细节，这就是封装思想。例如，用户使用电脑，只需要使用手指敲键盘就可以了，无须知道电脑内部是如何工作的，即使用户可能碰巧知道电脑的工作原理，但在使用时，并不完全依赖电脑工作原理这些细节。

2．继承性

继承性主要描述的是类与类之间的关系，通过继承，可以在无须重新编写原有类的情况下，对原有类的功能进行扩展。例如，有一个汽车的类，该类中描述了汽车的普通特性和功能，而轿车的类中不仅应该包含汽车的特性和功能，还应该增加轿车特有的功能，这时，可以让轿车类继承汽车类，在轿车类中单独添加轿车特性的方法就可以了。继承不仅增强了代码的复用性，提供了开发效率，而且为程序的修改补充提供了便利。

3. 多态性

多态性指的是在程序中允许出现重名现象，它指在一个类中定义的属性和方法被其他类继承后，它们可以具有不同的数据类型或表现出不同的行为，这使得同一个属性和方法在不同的类中具有不同的语义。例如，当听到"Cut"这个单词时，理发师的行为是剪发，演员的行为表现是停止表演，不同的对象，所表现的行为是不一样的。

值得一提的是，面向对象的思想光靠上面的介绍是无法真正理解的，只有通过大量的实践和思考，才能真正领悟面向对象的思想。

4.2　类与对象

4.2.1　类的定义

在面向对象的思想中最核心的就是对象，为了在程序中创建对象，首先需要定义一个类。在定义类时需要使用"class"关键字声明。

类是对象的抽象，它用于描述一组对象的共同特征和行为。类中可以定义成员变量和成员函数，其中成员变量用于描述对象的特征，也被称作属性，成员函数用于描述对象的行为，可简称为函数或方法。接下来我们通过一个案例来学习如何定义一个 Person 类，具体代码如【文件 4-1】所示。

【文件 4-1】Person.kt

```
1  package com.itheima.chapter04
2  class Person{
3      //成员属性
4      private val name = ""
5      private val age = 0
6      //成员方法
7      private fun sayHello() {
8          println("我叫${name}，我今年${age}岁。")
9      }
10 }
```

在上述代码中，Person 是类名，name 与 age 是成员变量，sayHello() 是成员函数，在 sayHello() 中可以直接访问成员变量 name 和 age。

4.2.2　对象的创建

我们想要应用程序完成具体的功能，仅有类是远远不够的，还需要根据类创建实例对象。在 Kotlin 程序中对象是通过"类名()"的形式来直接创建的，具体格式如下：

```
var 对象名称 = 类名();
```

例如，创建 Person 类的实例对象代码如下：

```
var p = Person();
```

在上述代码中，"Person()" 用于创建 Person 类的实例对象，"var p" 则是声明了 Person 类型的变量 p。中间的等号用于将 Person 对象在内存中的地址赋值给变量 p，这样变量 p 便持有了对象的引用。接下来的章节中为了便于描述变量 p 引用的对象，通常会将该对象简称为 p 对象。在内存中变量 p 和对象之间的引用关系如图 4-1 所示。

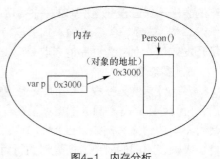

图4-1 内存分析

在创建 Person 对象后，可以通过对象的引用来访问对象所有的成员，具体格式如下：

对象引用.对象成员

接下来我们通过一个案例来学习如何访问对象的成员，具体代码如【文件 4-2】所示。

【文件 4-2】Person.kt

```
1  package com.itheima.chapter04
2  class Person {
3      //成员属性
4      var name = "朵儿"
5      var age = 18
6      //成员方法
7      fun sayHello(): Unit {
8          println("我叫$name,我今年$age 岁。")
9      }
10 }
11 fun main(args: Array<String>) {
12     var person = Person()            //创建对象
13     person.sayHello()                //调用方法
14     println("姓名:${person.name}")    //访问属性
15     person.name = "羽儿"              //修改属性
16     println("姓名:${person.name}")    //打印修改之后的结果
17 }
```

运行结果：

我叫朵儿，我今年18 岁。

姓名：朵儿

姓名：羽儿

在上述代码中，第 2～10 行代码创建了一个 Person 类，在该类中分别定义了 2 个成员属性 name 和 age，1 个成员方法 sayHello()。在 main() 函数中，第 12 行代码创建了 Person 类的一个实例对象 person，接着通过 person.sayHello()、person.name 的方式来访问 Person 类中的这些成员属性和成员方法。

4.2.3 类的封装

当一个类的成员变量可以被随意访问时，则这个成员变量的值可能被设置为不符合要求的数据，为了解决这个问题，在定义一个类时，应该对成员变量的访问做出一些限制，不允许外界随意访问，此时就需要用到类的封装。

类的封装是指在定义一个类时，将类中的属性私有化，即使用 private 关键字来修饰，私有属性只能在它所在的类中被访问。为了让外界访问这些私有属性，需要提供一些使用 public 修饰的公有方法。接下来我们通过一个案例来学习类的封装，具体代码如【文件 4-3】所示。

【文件 4-3】Student.kt

```
1  package com.itheima.chapter04
2  class Student {
3      var name: String = ""          //name 属性，默认是公有属性
4      private var age: Int = 0     //age 属性，是私有属性
5      //默认 setAge()方法为公有方法
6      fun setAge(age: Int) {
7          if (age >= 0) {
8              this.age = age
9          } else {
10             println("输入年龄有误！")
11         }
12     }
13     //默认 sayHello()方法为公有方法
14     fun sayHello() {
15         println("我叫${name}，我今年${age}岁。")
16     }
17 }
18 fun main(args: Array<String>) {
19     var stu = Student()
20     stu.name = "小雷"        //访问公有属性 name
21     stu.setAge(-4)           //访问私有属性 age
22     stu.sayHello()           //访问公有方法 sayHello()
23 }
```

运行结果：

输入年龄有误！

我叫小雷，我今年 0 岁。

在上述代码中，使用 private 关键字将 age 属性声明为私有，setAge()方法与 sayHello()方法默认为公有，其中 setAge()方法用于设置 age 属性的值，sayHello()方法用于输出学生信息。在 main()方法中创建一个 Student 的实例对象 stu，接着分别调用 stu.name、stu.setAge()设置name、age 属性值，会发现这里将 age 属性值设置为−4，明显不符合要求，由于在 setAge()方法中会对 age 属性值进行判断，传入的值小于 0，因此会打印"输入年龄有误"的信息，age属性没有被赋值，仍为默认初始值 0。

4.3　构造函数

从前面所学到的知识可以发现，实例化一个类的对象后，如果要为这个对象中的属性赋值，则必须要通过"对象.属性"的方式才可以。如果需要在实例化对象的同时就为这个对象的属性进行赋值，可以通过构造函数来实现。构造函数是类的一个特殊成员，它会在类实例化对象时被自动调用。Kotlin 中的构造函数分为两种——主构函数和次构函数。本节我们将针对 Kotlin 中的构造函数进行详细讲解。

4.3.1 主构函数

在 Kotlin 中，构造函数使用 constructor 关键字进行修饰，一个类可以有一个主构造函数和多个次构造函数。主构函数位于类头跟在类名之后，如果主构造函数没有任何注解或可见性修饰符（如 public），constructor 关键字可省略。主构函数定义的语法格式如下：

```
class 类名 constructor([形参1, 形参2, 形参3]){}
```

在上述语法格式中，通过 constructor 关键字定义了一个主构函数，当在定义一个类时，如果没有显示指定主构函数，则 Kotlin 编译器会默认为其生成一个无参主构函数，这点和 Java 是一样的。无参数的主构函数有两种写法，具体如下：

```
class 类名 constructor(){}   //第1种写法
class 类名 (){}              //第2种写法，省略 constructor，即普通类的定义形式
```

在实际开发中，经常会用到有参的主构函数，通过有参的构造函数为属性赋值。在主构函数中赋值时，通常使用 init{}初始化代码块，专门用于属性的初始化工作，接下来我们通过一个案例来学习有参主构函数的使用，具体代码如【文件 4-4】所示。

【文件 4-4】Clerk.kt

```
1  package com.itheima.chapter04
2  class Clerk constructor(username: String) {
3      var name: String
4      init {
5          name = username
6          println("我叫$name")
7      }
8  }
9  fun main(args: Array<String>) {
10     var clerk = Clerk("江小白")
11 }
```

运行结果：

我叫江小白

上述代码中，定义了一个有参数的主构函数，然后通过 init{}代码块对 name 属性进行赋值，并输出 name 的值。在 main()函数中，通过 Clerk ("江小白")构造函数在创建对象时赋值，最终输出运行结果"我叫江小白"。

4.3.2 this 关键字

在上一小节中，使用变量 name 表示姓名时，构造函数中使用的是 username，成员变量使用的是 name，这样的程序可读性很差。其实我们就会考虑是否可以将一个类中表示姓名的变量都用 name 统一命名呢？但是这样又会导致成员变量和局部变量的命名冲突的问题，为此 Kotlin 中也提供了 this 关键字，用于在函数中访问对象的其他成员，其语法格式为"this.成员名"。

接下来将为大家演示在程序中如何使用 this 关键字，具体如【文件 4-5】所示。

【文件 4-5】Employees.kt

```
1  package com.itheima.chapter04
2  class Employees constructor(name: String) {
```

```
3       var name: String
4       init {
5           this.name = name
6           println("我叫$name")
7       }
8   }
9   fun main(args: Array<String>) {
10      var employees = Employees("江小白")
11  }
```

运行结果：

我叫江小白

在上述代码中，定义了一个成员变量 name，在主构函数中传递一个同名的形参 name，当调用成员变量时，则使用"this.name"的形式，表示调用该对象中的成员变量，然后进行赋值。

4.3.3　次构函数

在 Kotlin 中，可以定义多个次构函数，次构函数同样使用 constructor 关键字定义，只不过次构函数位于类体中。其实大家一定会有这样的想法，要想实现属性的初始化，定义一个主构函数不就可以了吗？为什么还要定义次构函数呢？但实际上在赋值时，可能会有多种情况，例如有时只需要给 name 属性赋值，有时需要同时给 name 属性和 age 属性赋值，这时会发现只有一个主构函数是不够用的，因此还需要定义一个次构函数。次构造函数必须调用主构造函数或其他次构造函数，其调用方式为"次构函数:this(参数列表)"。

需要注意的是，当新定义的次构造函数调用主构造函数或次构造函数时，被调用的构造函数中参数的顺序必须与新定义的次构造函数中参数的顺序一致，并且参数个数必须小于新定义的次构造函数中参数的个数。

接下来我们通过一个案例来学习次构函数的使用，具体如【文件 4-6】所示。

【文件 4-6】Workers.kt

```
1   package com.itheima.chapter04
2   class Workers constructor(name: String) {
3       var name: String
4       init {
5           this.name = name
6           println("我叫${name}")
7       }
8       constructor(name: String, age: Int) : this(name) {
9           println("我叫${name}，我今年${age}岁。")
10      }
11      constructor(name: String, age: Int, sex: String) : this(name, age) {
12          println("我叫${name}，我今年${age}岁，我是${sex}生。")
13      }
14  }
15  fun main(args: Array<String>) {
16      var pseron = Workers("江小白", 18, "男")
17  }
```

运行结果：

我叫江小白

我叫江小白，我今年 18 岁。

我叫江小白，我今年 18 岁，我是男生。

在上述代码中，定义了 1 个主构函数和 2 个次构函数，其中主构函数传递一个参数，第 1 个次构函数传递 2 个参数，第 2 个次构函数传递 3 个参数，并且第 1 个次构函数继承自主构函数，第 2 个次构函数继承自第 1 个次构函数。在 main()函数中，使用 Workers("江小白", 18, "男")创建对象并赋值时，从运行结果可以看出，不仅第 2 个次构函数被调用，第 1 个次构函数和主构函数都会被调用。

4.4 类的继承

如果在一个类中想要使用已有类中的所有属性或方法，则可以通过将该类继承已有类来实现。类的继承是面向对象中最显著的一个特性，继承是从已有的类中派生出新的类，新的类能够重写已有类的属性和方法，并可以扩展新的功能。在程序中使用类的继承可以很容易地复用之前的代码，从而大大缩短开发周期，降低开发费用，本节我们将针对类的继承进行详细的讲解。

4.4.1 类的继承

在 Kotlin 中，类的继承是指在一个现有类的基础上去构建一个新类，构建出来的新类被称作子类，现有类被称作父类，子类会自动拥有父类所有可继承的属性和方法。在程序中如果想声明一个类继承另一个类，则需要使用英文冒号 ":"，由于 Kotlin 中的所有类都默认使用 final 关键字修饰，不能被继承，因此，当继承某个类时，需要在这个类的前面加上 open 关键字。接下来我们通过一个案例来学习类的继承，具体代码如【文件 4-7】所示。

【文件 4-7】Family.kt

```
1  package com.itheima.chapter04
2  open class Father() {
3      fun sayHello() {
4          println("Hello")
5      }
6  }
7  class Son : Father() {
8  }
9  fun main(args: Array<String>) {
10     var son =Son()
11     son.sayHello()
12 }
```

运行结果：

Hello

在上述代码中，使用 open 关键字修饰 Father 类，使其他类可以继承 Father 类。Son 类通过 ":" 继承了 Father 类，这样 Son 类便是 Father 类的子类。从运行结果可知，子类 Son 中虽然没有 sayHello()方法，但却能调用父类的这个方法打印字符串，这就说明，子类在继承父类的时候，会自动继承父类的所有方法。

总 结

继承的几种情况

（1）在 Kotlin 中，一个类只能继承一个父类，不能继承多个父类，即一个类只能有一个父类，例如下面的这种情况，在编译器中会报错的。

```
open class A{}
open class B{}
class C : A(),B(){   //C类不可以同时继承 A 类和 B 类
}
```

（2）多个类可以继承一个父类，例如下面这种情况是可以的。

```
open class A {}
class B : A() {}
class C : A() {}       //类 B 和类 C 都可以继承类 A
```

（3）在 Kotlin 中，多层继承也是可以的，即一个类的父类可以再去继承另外的父类，例如 C 类继承 B 类，而 B 类又可以去继承 A 类，这时，C 类也可称作 A 类的子类，具体示例如下所示。

```
open class A {}
open class B : A() {} //类 B 继承类 A，类 B 是类 A 的子类
class C : B() {}        //类 C 继承类 B，类 C 是类 B 的子类，同时也是类 A 的子类
```

注意：如果类 B 需要被类 C 继承，则类 B 前边必须添加关键字 open。

（4）在 Kotlin 中，子类和父类是一种相对概念，也就是说一个类是某个父类的同时，也可以是另一个类的子类。例如上面的实例中，B 类是 A 类的子类，同时又是 C 类的父类。

4.4.2　方法重写

在 Kotlin 程序中，经常会用到类的继承，子类继承父类时会自动继承父类中定义的方法或属性，但有时在子类中需要对继承的方法或属性进行一些修改，这个过程被称为方法或属性的重写。方法和属性的重写需要注意以下几点。

- 在子类中重写的方法与在父类中被重写的方法必须具有相同的方法名、参数列表以及返回值类型，并且被重写的方法前边需要使用"override"关键字标识。

- 在子类中重写的属性与在父类中被重写的属性必须具有相同的名称和类型，并且被重写的属性前边也需要使用"override"关键字标识。

- 在父类中需要被重写的属性和方法前面必须使用 open 关键字来修饰。

接下来我们通过一个案例来描述父类中的方法和属性的继承，具体代码如【文件 4-8】所示。

【文件 4-8】Family.kt

```
1  package com.itheima.chapter04
2  open class Father() {
3      open var name = "江小白"
4      open var age = 35
5      open fun sayHello() {
6          println("Hello! 我叫$name，我今年$age 岁。")
7      }
8  }
9  class Son : Father() {
```

```
10      override var name = "小小白"
11      override var age = 5
12      override fun sayHello() {
13          println("Hello! 我是江小白的儿子，我叫$name，我今年$age 岁。")
14      }
15  }
16  fun main(args: Array<String>) {
17      var father = Father()
18      father.sayHello()
19      var son = Son()
20      son.sayHello()
21  }
```

运行结果：

Hello! 我叫江小白，我今年 35 岁。

Hello! 我是江小白的儿子，我叫小小白，我今年 5 岁。

在上述代码中，定义了一个 Son 类继承 Father 类，在子类 Son 中定义了 name 和 age 属性对父类中的属性进行重写，同时还定义了一个 sayHello()方法对父类中的方法进行重写。在 main() 函数中，分别创建父类对象和子类对象，并调用各自的 sayHello()方法。根据运行结果可知，调用子类对象中的 sayHello()方法时，只会调用子类重写的这个方法，并不会调用父类的 sayHello() 方法，同时 name 和 age 的属性值也只调用的子类中重写的属性值。

4.4.3　super 关键字

在上一小节中，当子类重写父类的方法后，子类对象将无法访问父类被重写的方法，为了解决这个问题，在 Kotlin 中专门提供了一个 super 关键字用于访问父类的成员。例如访问父类的成员变量、成员函数等。

使用 super 关键字调用父类的成员变量和成员方法的语法格式如下：

```
super.成员变量
super.成员方法([形参1,形参2…])
```

接下来我们在【文件 4-8】的基础上进行改写，通过 super 关键字访问父类成员变量和成员方法，具体如【文件 4-9】所示。

【文件 4-9】Family.kt

```
1   package com.itheima.chapter04
2   open class Father() {
3       open var name = "江小白"
4       open var age = 35
5       open fun sayHello() {
6           println("Hello! 我叫${name}，我今年${age}岁。")
7       }
8   }
9   class Son : Father() {
10      override var name = "小小白"
11      override var age = 5
12      override fun sayHello() {
13          super.sayHello()
14       println("Hello! 我是${super.name}的儿子，我叫${name}，我今年${age}岁。")
```

```
15    }
16 }
17 fun main(args: Array<String>) {
18    var son = Son()
19    son.sayHello()
20 }
```

运行结果：

Hello！我叫小小白，我今年 5 岁。

Hello！我是江小白的儿子，我叫小小白，我今年 5 岁。

上述代码中，第 13 和 14 行分别是通过 super 关键字来调用父类 Father 中的成员变量 name 和成员方法 sayHello()。

 多学一招：Any 类与 Object 类

Kotlin 中所有类都继承 Any 类，它是所有类的父类，如果一个类在声明时没有指定父类，则默认父类为 Any 类，在程序运行时，Any 类会自动映射为 Java 中的 java.lang.Object 类。接下来，我们通过一个案例来演示在程序运行时 Any 类的变化，具体代码如下：

```
1 fun main(args: Array<String>) {
2    println(Any().javaClass)
3 }
```

运行结果：

class java.lang.Object

在上述代码中，javaClass 属性代表运行时对象的类型，根据程序的运行结果可知，Any 类的对象在程序运行时的类型为 "java.lang.Object"，即 Any 类会自动映射为 Java 中的 java.lang.Object 类。

在 Kotlin 中，所有类型都是引用类型，这些引用类型统一继承父类 Any，Any 类中默认提供了 3 个方法，分别是 equals()、hashCode() 和 toString()，这 3 个方法的作用如表 4-1 所示。

表 4-1　Any 类中的方法

方法名	方法作用
equals()	检测两个对象是否相等
hashCode()	返回一个对象的哈希码值
toString()	返回一个对象的字符串形式

在 Java 中，Object 类是所有引用类型的父类，但不包括基本类型 Int、Long、Double 等，Object 类中默认提供了 11 个方法，分别是 equals()、hashCode()、toString()、getClass()、clone()、finalize()、notify()、notifyAll()、wait()、wait(long)、wait(long,int)，这 11 个方法的作用如表 4-2 所示。

表 4-2　Object 类中的方法

方法名	方法作用
equals()	检测两个对象是否相等
hashCode()	返回一个对象的哈希码值

方法名	方法作用
toString()	返回一个对象的字符串形式
getClass()	返回一个 Class 类型的对象
clone()	创建并返回一个对象的副本，也就是复制该对象
finalize()	Object 类的子类可以覆盖该方法以实现资源清理工作，垃圾收集时由对象上的垃圾收集器调用该方法
notify()	唤醒一个等待该对象的线程
notifyAll()	唤醒在这个对象监视器上等待的所有线程
wait()	使当前线程等待，直到另一个线程被调用
wait(long)	使当前线程等待，直到另一个线程被调用，该方法中的参数是等待的最大时间，时间的单位是毫秒
wait(long,int)	使当前线程等待，直到另一个线程被调用，该方法中的第 1 个参数是等待的最大时间（以毫秒为单位），第 2 个参数是额外时间（以毫微秒为单位，范围是 0 ~ 999 999）

4.5 抽象类和接口

4.5.1 抽象类

当定义一个类时，通常需要定义一些方法来描述该类的行为特征，但有时这些方法的实现方式是无法确定的。因此，可以将其定义为抽象方法，抽象方法使用 abstract 关键字修饰，该方法没有方法体，在使用时需要实现其方法体，当一个类中包含了抽象方法，该类必须使用 abstract 关键字定义为抽象类。

定义抽象类和抽象方法的语法格式如下：

```
abstract class Animal{
    abstract fun eat()
}
```

在定义抽象类时需要注意，包含抽象方法的类必须声明为抽象类，但抽象类可以不包含任何抽象方法，只需使用 abstract 关键字来修饰即可。另外，抽象类是不可以被实例化的，因为抽象类中有可能包含抽象方法，抽象方法是没有方法体的，不可以被调用。如果想调用抽象类中定义的方法，则需要创建一个子类，在子类中将抽象类中的抽象方法进行实现。

接下来我们通过一个案例来学习如何实现抽象类中的方法，具体代码如【文件 4-10】所示。

【文件 4-10】Animal.kt

```
1  package com.itheima.chapter04
2  abstract class Animal(){
3      abstract fun eat()
4  }
5  class Monkey(food: String):Animal(){
6      var food = food;
7      override fun eat() {
8          println("猴子正在吃$food。")
```

```
9        }
10  }
11  fun main(args: Array<String>) {
12      var monkey = Monkey("香蕉")
13      monkey.eat()
14  }
```

运行结果：

猴子正在吃香蕉。

从运行结果可以看出，子类实现了父类的抽象方法后，可以正常进行实例化，并通过实例化对象调用实现的方法。

4.5.2　接口

如果一个抽象类中的所有方法都是抽象的，则可以将这个类用另外一种方式来定义，即接口。接口可以说是一个特殊的抽象类，在定义接口时，需要使用 interface 关键字来声明，具体示例如下：

```
interface Animal{
  fun eat() // 定义抽象方法
}
```

上面的代码中，Animal 即为一个接口。从示例中会发现抽象方法 eat()并没有使用 abstract 关键字来修饰，这是因为接口中定义的方法默认包含"abstract"修饰符，因此可以省略不写。

由于接口中的方法都是抽象方法，因此不能通过实例化对象的方式来调用接口中的方法。此时需要定义一个类实现接口中所有的方法。接下来我们通过一个案例来学习，具体代码如【文件 4-11】所示。

【文件 4-11】Animal.kt

```
1   package com.itheima.chapter04
2   interface Animal{
3       fun eat()
4   }
5   class Monkey(food: String):Animal{
6       var food = food;
7       override fun eat() {
8           println("猴子正在吃$food。")
9       }
10  }
11  fun main(args: Array<String>) {
12      var monkey = Monkey("香蕉")
13      monkey.eat()
14  }
```

运行结果：

猴子正在吃香蕉。

从运行结果可以看出，子类实现了父类接口中的抽象方法，可以正常进行实例化，并通过实例化对象调用实现的方法。

【文件 4-11】演示的是类与接口之间的实现关系，在程序中，还可以定义一个接口使用冒号（:）去继承另一个接口，接下来我们对【文件 4-11】中的代码稍加修改来演示接口之间的继承关系，修改后的代码如【文件 4-12】所示。

【文件 4-12】Animal.kt

```
1   package com.itheima.chapter04
2   interface Animal {
3       fun eat()
4   }
5   interface Monkey : Animal {
6       fun sleep()
7   }
8   class GoldenMonkey(food: String) : Monkey {
9       var food = food
10      override fun eat() {
11          println("我是金丝猴，我喜欢吃$food")
12      }
13      override fun sleep() {
14          println("我是金丝猴，我喜欢睡觉")
15      }
16  }
17  fun main(args: Array<String>) {
18      var goldenMonkey = GoldenMonkey("香蕉")
19      goldenMonkey.eat()
20      goldenMonkey.sleep()
21  }
```

运行结果：

我是金丝猴，我喜欢吃香蕉

我是金丝猴，我喜欢睡觉

上述代码中定义了 2 个接口，分别是 Animal 和 Monkey，其中 Monkey 接口继承了 Animal 接口，因此 Monkey 接口中包含了 2 个抽象方法，当 GoldenMonkey 类实现 Monkey 接口时，需要实现 2 个接口中定义的 2 个抽象方法，根据运行结果可知，程序可以通过 GoldenMonkey 类的实例对象调用该类中实现的 2 个方法。

 多学一招：接口特点的总结

为了加深初学者对接口的认识，接下来我们来对接口的特点进行归纳，具体如下。

（1）接口中的方法都是抽象的，不能实例化对象。

（2）当一个类实现接口时，如果这个类是抽象类，则实现接口中的部分方法即可，否则需要实现接口中的所有方法。

（3）一个类通过冒号（:）实现接口时，可以实现多个接口，被实现的多个接口之间要用逗号隔开。具体示例如下：

```
interface Run {
    程序代码……
}
```

```
interface Speed {
    程序代码……
}
class Car : Run, Speed {
    程序代码……
}
```

（4）一个接口可以通过冒号（:）继承多个接口，接口之间用逗号隔开。具体示例如下：

```
interface Running {
    程序代码……
}
interface Eating {
    程序代码……
}
Interface playing :Running, Eating {
    程序代码……
}
```

（5）一个类在继承另一个类的同时还可以实现接口，继承的类和实现的接口都可以放在冒号（:）后面，具体示例如下：

```
class GreatGrandson: Grandson, Son {
    程序代码……
}
```

4.6 常见类

4.6.1 嵌套类

Kotlin 中的嵌套类是指可以嵌套在其他类中的类，该类不能访问外部类的成员，内部类指的是可以用 inner 标记以便能够访问外部类的成员。Kotlin 中的内部类与嵌套类与 Java 中的类似，不同的是在没有任何修饰的情况下，定义在一个类内部的类被默认称为嵌套类，不持有外部类的引用，如果想将它声明为一个内部类，则需要加上 inner 修饰符。嵌套类的具体代码如【文件 4-13】所示。

【文件 4-13】Nested.kt

```
1  package com.itheima.chapter04
2  class Outer {
3      var name = "江小白"
4      var age =35
5      class Nested {
6          fun sayHello() {
7              //println("Hello! 我叫${name}，我今年${age}岁。")无法访问外部类字段
8          }
9      }
10 }
```

上述代码中，定义了一个外部类 Outer，在该外部类中定义了一个 String 类型的变量 name，同时在该类中定义了一个嵌套类 Nested，嵌套在 Outer 类中。在嵌套类 Nested 中创建一个

sayHello()方法，但是在该方法中无法访问外部类的变量 name，编译器会提示找不到这个变量。

4.6.2　内部类

通过上一小节的学习，我们会发现在嵌套类中是无法访问外部类中成员的，这样定义的嵌套类在实际开发中没有任何意义，为此，Kotlin 中提供了内部类，内部类只需要在嵌套类的基础上添加一个"inner"关键字即可，将其标识为内部类。接下来稍微修改上述代码来定义一个内部类，并调用内部类中的成员函数，具体代码如【文件 4-14】所示。

【文件 4-14】Nested.kt

```
1  package com.itheima.chapter04
2  class Outer {
3      var name = "江小白"
4      inner class Inner {
5          fun sayHello() {
6              println("Hello! 我叫$name。")   //调用外部类的成员变量
7          }
8      }
9  }
10 fun main(args: Array<String>) {
11     Outer().Inner().sayHello()     //调用内部类的成员函数
12 }
```

运行结果：

Hello! 我叫江小白。

在上述代码中，在 Inner 类前边添加了一个 inner 关键字之后，Inner 类就变成了一个内部类，在内部类的 sayHello()方法中就可以访问外部类中的字段 name。

当在 main()方法中访问内部类中的成员时，首先需要实例化外部类，然后再实例化内部类，最终通过内部类对象调用成员函数，即"Outer().Inner().sayHello()"。

 总结

Java 中的嵌套类和内部类与 Kotlin 中的区别

（1）在 Java 中，将一个类定义在另一个类的内部，则称这个类为成员内部类，如果成员内部类加上 static 修饰，则是称为静态内部类。Java 中成员内部类中可以访问外部类的所有成员。

（2）在 Kotlin 中，将一个类定义在另一个类的内部，不加任何修饰符，则这个类将被默认为是一个嵌套类，如果加上 inner 修饰，则是一个内部类。Kotlin 中的内部类可以访问外部类中的变量，而嵌套类却不可以访问。

4.6.3　枚举类

枚举顾名思义就是——例举，每个枚举常量都是一个对象，枚举常量用逗号分隔，枚举类的前面用 enum 关键字来修饰。接下来我们来定义一个简单的枚举类，具体代码如【文件 4-15】所示。

【文件 4-15】Week1.java

```
enum class Week1{
    星期一,星期二,星期三,星期四,星期五,星期六,星期日
}
```

由于每个枚举常量都是枚举类的实例,因此这些实例也可以初始化,同时枚举支持构造函数,因此可以使用构造函数来初始化,具体代码如【文件 4-16】所示。

【文件 4-16】Week2.java

```
1  package com.itheima.chapter04
2  enum class Week2(val what: String, val doSomeThing: String) {
3      MONDAY("星期一", "上班"),
4      TUESDAY("星期二", "聚会"),
5      WEDNEWSDAY("星期三", "上班"),
6      THURSDAY("星期四", "上班"),
7      FRIDAY("星期五", "上班"),
8      SATURDAY("星期六", "加班"),
9      SUNDAY("星期日", "休息")
10 }
```

上述代码中,每个枚举都通过构造函数进行了初始化,计划了一周中每天要干的事情。如果需要对枚举进行初始化,则枚举类后面的括号中必须传递每个枚举需要初始化的参数。

4.6.4　密封类

密封类用于表示受限制的类层次结构,当一个值只能在一个集合中取值,而不能取其他值时,此时可以使用密封类。在某种意义上,密封类是枚举类的扩展,即枚举类型的值集合。每个枚举常量只存在一个实例,而密封类的一个子类可以有可包含状态的多个实例。如果想要创建一个密封类必须满足以下两个条件。

(1)密封类必须用 sealed 关键字来修饰。

(2)由于密封类的构造函数是私有的,因此密封类的子类只能定义在密封类的内部或者同一个文件中。

接下来我们通过一个例子来学习密封类,具体示例代码如下:

```
1  sealed class Stark {
2      //罗伯·斯塔克
3      class RobStark : Stark(){}
4      //珊莎·斯塔克
5      class SansaStark : Stark(){}
6      //艾丽娅·斯塔克
7      class AryaStark : Stark(){}
8      //布兰登·斯塔克
9      class BrandonStark(){}
10 }
11 //琼恩·雪诺
12 class JonSnow : Stark(){}
```

上述代码中,定义了一个密封类 Stark,并在该类的内部定义了 3 个子类,分别是 RobStark 类、SansaStark 类以及 AryaStark 类。BrandonStark 类是该密封类的嵌套类,由于密封类的子类可以不在该密封类中,但是必须与密封类在同一个文件中,因此可知 JonSnow 类也是该密封类的子类。

需要注意的是,密封类的非直接继承子类可以声明在其他文件中。

总结

4.6.5 数据类

在 Java 程序中，一般会用一些类来保存一些数据或者对象的状态，习惯上将这些类称为 bean 类或 entity 类或 model 类。在 Kotlin 中，专门处理这些数据的类被称为数据类，用关键字 data 进行标记。数据类的语法格式如下：

```
data class 类名([形参1,形参2···])
```

上述语法格式中，"类名([形参 1,形参 2···])" 是该类的主构造函数，形参 1、形参 2···是该函数中需要传递的参数。定义一个数据类时，必须注意以下几点。

● 数据类的主构造函数至少有一个参数，如果需要一个无参的构造函数，可以将构造函数中的参数都设置为默认值。

● 数据类中的主构造函数中传递的参数必须用 val 或 var 来修饰。

● 数据类不可以用 abstract、open、sealed 或 inner 关键字来修饰。

● 在 Kotlin 1.1 版本之前数据类只能实现接口，1.1 版本之后数据类可以继承其他类。

● 编译器可以自动生成一些常用方法，如 equals()、hashCode()、toString()、componentN()、copy()等，这些方法也可以进行自定义。

在实际开发中，经常会用到数据类来存储一些数据信息，这些信息一般是通过该类的主构造函数来传递的。接下来我们通过一个案例演示如何使用数据类，具体代码如【文件 4-17】所示。

【文件 4-17】Data.kt

```
1  package com.itheima.chapter04
2  /**
3   * 数据类 Man
4   */
5  data class Man(var name: String, var age: Int) {
6  }
7  fun main(args: Array<String>) {
8      var man: Man = Man("江小白", 20) //创建 Person 类的对象并传递参数
9      println("man: $man")
10 }
```

运行结果：

man: Man(name=江小白, age=20)

上述代码中，创建了一个数据类 Man，该类的构造函数中传递了 2 个参数，分别是变量 name 和变量 age，这 2 个变量分别表示姓名和年龄。在 main()函数中通过创建 Man 类的实例对象将参数 name 和 age 的值传递到 Man 类中，并通过 println()方法打印 Man 类的实例对象。根据运行结果可知，姓名和年龄数据已经被传递到 Man 类中。

4.6.6 单例模式

在编写程序时经常会遇到一些典型的问题或某些特定的需求，设计模式就是针对这些问题和

需求的一种解决方式。单例模式就是其中的一种。所谓的单例模式就是在程序运行期间针对该类只存在一个实例。就好比这个世界只有一个太阳一样，假设现在要设计一个太阳类，则该类就只能有一个实例对象，否则就违背了事实。

在 Kotlin 中，单例模式是通过 object 关键字来完成的，通过 object 修饰的类即为单例类，单例类在程序中有且仅有一个实例。接下来我们通过一个案例来学习一下如何创建单例对象，具体代码如【文件 4-18】所示。

【文件 4-18】Singleton.kt

```
1  package com.itheima.chapter04
2  object Singleton {
3      var name = "单例模式"
4      fun sayHello() {
5          println("Hello! 我是一个$name，浑身充满正能量")
6      }
7  }
8  fun main(args: Array<String>) {
9      Singleton.name = "小太阳"
10     Singleton.sayHello()
11 }
```

运行结果：

Hello！我是一个小太阳，浑身充满正能量

上述代码中，通过 object 关键字创建了一个单例类 Singleton，在 main() 函数中，直接通过"类名.成员名"的形式调用类中的属性与函数，不需要创建该类的实例对象，这是因为通过 object 关键字创建单例类时，默认创建了该类的单例对象，因此在调用该类中的属性和函数时，不需要重新创建该类的实例对象。

4.6.7　伴生对象

由于在 Kotlin 中没有静态变量，因此它使用了伴生对象来替代 Java 中的静态变量的作用。伴生对象是在类加载时初始化，生命周期与该类的生命周期一致。在 Kotlin 中，定义伴生对象是通过"companion"关键字标识的，由于每个类中有且仅有一个伴生对象，因此也可以不指定伴生对象的名称，并且其他对象可以共享伴生对象。伴生对象的语法格式如下：

```
companion object 伴生对象名称（也可以不写） {
    程序代码……
}
```

由于伴生对象可以指定名称，也可以不指定名称，因此在调用伴生对象时分两种情况，具体如下。

（1）有名称：调用方式为"类名.伴生对象名.成员名"或"类名.成员名"。

（2）无名称：调用方式为"类名.Companion.成员名"或"类名.成员名"。

接下来我们通过一个案例来调用伴生对象中的函数，具体代码如【文件 4-19】所示。

【文件 4-19】Company.kt

```
1  package com.itheima.chapter04
2  class Company {
3      companion object Factory {
```

```
4         fun sayHello() {
5             println("我是一个伴生对象，与类相生相伴")
6         }
7     }
8 }
9 fun main(args: Array<String>) {
10    //调用伴生对象中的函数
11    Company.Factory.sayHello()    //第1种调用方式：类名.伴生对象名.成员函数名
12    Company.sayHello()            //第2种调用方式：类名.成员函数名
13 }
```

运行结果：

我是一个伴生对象，与类相生相伴

我是一个伴生对象，与类相生相伴

在上述代码中，定义了一个伴生对象 Factory，在 main()函数中通过 2 种形式调用伴生对象中的 sayHello()函数，输出运行结果。

4.7 委托

委托模式也叫代理模式，是最常用的一种设计模式。在委托模式中，如果有两个对象参与处理同一个请求，则接受请求的对象将请求委托给另一个对象来处理，简单来说就是 A 的工作交给 B 来做。委托模式是实现继承的一个很好的替代方式。在 Kotlin 中，委托是通过 by 关键字实现的，并且主要分为两种形式，一种是类委托，一种是属性委托。本节我们将对 Kotlin 中的委托进行详细讲解。

4.7.1 类委托

大家知道委托是由两个对象完成的，因此可以推测出类委托实际上也包含两个对象，一个是委托类，一个是被委托类。在委托类中并没有真正的功能方法，该类的功能是通过调用被委托类中的方法实现的。接下来我们通过一个案例来学习类委托的实现，具体代码如【文件 4-20】所示。

【文件 4-20】WashDishes.kt

```
1  package com.itheima.chapter04
2  interface Wash {
3      fun washDishes()
4  }
5  class Child : Wash {
6      override fun washDishes() {
7          println("委托大头儿子洗碗，耶！")
8      }
9  }
10 //第1种委托方式
11 class Parent : Wash by Child() {}
12 fun main(args: Array<String>) {
13     var parent = Parent()
14     parent.washDishes()
15 }
```

运行结果：

委托大头儿子洗碗，耶！

上述代码中，定义了一个接口 Wash，以及两个接口的实现类 Child 和 Parent，而 Parent 类中并没有核心代码，Parent 类要实现的功能委托给 Child 类进行处理。在 main()函数中，通过创建委托对象 Parent，调用被委托类 Child 中的方法 washDishes()，即可实现委托功能，输出运行结果。

实际上类委托还有一种写法，就是在委托类继承接口的同时，传入一个被委托类的实例对象。接下来我们在【文件 4-20】的基础上进行修改，修改后的具体代码如【文件 4-21】所示。

【文件 4-21】WashDishes.kt

```kotlin
1  package com.itheima.chapter04
2  interface Wash {
3      fun washDishes()
4  }
5  class Child : Wash {
6      override fun washDishes() {
7          println("委托大头儿子洗碗，耶！")
8      }
9  }
10 //第 2 种委托方式
11 class Parent(washer: Wash) : Wash by washer
12 fun main(args: Array<String>) {
13     var child = Child()
14     Parent(child).washDishes()
15 }
```

运行结果：

委托大头儿子洗碗，耶！

在上述代码中，当实现委托关系时，委托类 Father(washer: Wash)中传递一个被委托类对象，当在 main()方法中调用时，会创建一个被委托类的实例对象 son，然后将该对象传入到委托类中，通过委托类调用 washDishes()方法。

4.7.2 属性委托

除了类委托之外，Kotlin 还支持属性委托，属性委托是指一个类的某个属性值不是在类中直接进行定义，而是将其委托给一个代理类，从而实现对该类的属性进行统一管理。属性委托的语法格式如下：

```
val/var <属性名>: <类型> by <表达式>
```

上述语法格式中，by 关键字后面的表达式是委托类，由于属性对应的 get()和 set()方法会被委托给 getValue()和 setValue()方法，因此属性的委托不必实现任何接口。对于 val 类型的属性，只需提供一个 getValue()方法即可，但是对于 var 类型的属性，则需要提供 getValue()和 setValue()方法。

举一个生活中的委托实例，在过年时小朋友会把自己的压岁钱交给父母来保管，这就是委托。接下来我们来通过程序将这个委托的例子表达出来，具体代码如【文件 4-22】所示。

【文件 4-22】LuckyMoney.kt

```kotlin
1  package com.itheima.chapter04
2  import kotlin.reflect.KProperty
```

```
3   class Parent() {
4       var money: Int = 0
5       operator fun getValue(child: Child, property: KProperty<*>): Int {
6           println("getValue()方法被调用, 修改的属性: " + "${property.name}")
7           return money
8       }
9       operator fun setValue(child: Child, property: KProperty<*>, value: Int)
10      {
11          println("setValue()方法被调用, 修改的属性: ${property.name}、" +
12                  "属性值: ${value}")
13          money = value
14      }
15  }
16  class Child {
17      var money: Int by Parent()              //将压岁钱委托给父母
18  }
19  fun main(args: Array<String>) {
20      val child = Child()
21      println(" (1) 父母给孩子100元压岁钱")
22      child.money = 100
23      println(" (2)买玩具花了50")
24      child.money -= 50
25      println(" (3)自己还剩${child.money}")
26  }
```

运行结果：

（1）父母给孩子100元压岁钱

setValue()方法被调用，修改的属性：money、属性值：100

（2）买玩具花了50

getValue()方法被调用，修改的属性：money

setValue()方法被调用，修改的属性：money、属性值：50

getValue()方法被调用，修改的属性：money

（3）自己还剩50

在上述代码中，创建了一个父母类 Parent，在该类创建了两个方法，分别是 setValue()和 getValue()方法，其中 setValue()方法用于设置压岁钱 money 的值，getValue()方法用于获取 money 的值。接着创建了一个孩子类 Child，在该类中创建了一个属性 money，这个属性用于存放孩子的压岁钱，在 Child 类中将属性 money 委托给 Parent 类。

如果 Child 类中的属性 money 在未被委托时，是经过自身的 setter()和 getter()方法进行设置和获取的，被委托之后这个属性的设置和获取交给了被委托的类 Parent 中的 setValue()和 getValue()方法，也就是如果孩子把钱委托给父母，则父母就可以时刻知道孩子的压岁钱的使用情况。

注意

（1）setValue()方法和 getValue()方法前必须使用 operator 关键字修饰。

（2）getValue()方法的返回类型必须与委托属性相同或是其子类。

（3）如果委托属性是只读属性，即 val 类型，则被委托类需要实现 getValue()方法。如果委托属性是可变属性，即 var 类型，则被委托类需要实现 getValue()方法和 setValue()方法。

4.7.3 延迟加载

在 Kotlin 中，声明变量或者属性的同时要对其进行初始化，否则就会报异常，尽管我们可以定义可空类型的变量，但有时却不想这样做，能不能在变量使用时再进行初始化呢？为此，Kotlin 中提供了延迟加载（又称懒加载）功能，当变量被访问时才会被初始化，这样不仅可以提高程序效率，还可以让程序启动更快。延迟加载是通过 "by lazy" 关键字标识的，延迟加载的变量要求声明为 val，即不可变变量，相当于 Java 中用 final 关键字修饰的变量。延迟加载也是委托的一种形式，延迟加载的语法结构如下：

```
val/var 变量：变量类型 by lazy{
    变量初始化代码
}
```

需要注意的是，延迟加载的变量在第 1 次初始化时会输出代码块中的所有内容，之后在调用该变量时，都只会输出最后一行代码的内容。

接下来我们通过一个案例来学习延迟加载，具体代码如【文件 4-23】所示。

【文件 4-23】LazyLoading.kt

```
1  package com.itheima.chapter04
2  fun main(args: Array<String>) {
3      val content by lazy {
4          println("Hello")
5          "World"   //第 1 次初始化后，再次调用该变量时，只会输出最后一行代码内容
6      }
7      println(content)
8      println(content)
9  }
```

运行结果：

Hello

World

World

在上述代码中，通过 by lazy 定义了一个延迟加载变量 content，该变量中有一行打印语句以及一个字符串，当调用该变量时，会发现只有第 1 次加载时会输出变量中的所有内容，而第 2 次加载时，只输出变量中的最后一行内容。

4.8 异常

4.8.1 什么是异常

在实际生活中，不可能任何事情都会一帆风顺，总会遇到一些状况，比如工作时电脑蓝屏、死机等。同样在程序运行的过程中，也会发生各种非正常的状况，比如程序运行时磁盘空间不足、网络连接中断、被装载的类不存在。针对这些情况，在 Kotlin 语言中引入了异常，以异常类的形式对这些非正常情况进行封装，通过异常处理机制对程序运行过程中产生的各种问题进行处理。接下来我们通过一个案例来学习一下简单的异常，具体代码如【文件 4-24】所示。

【文件 4-24】Exception.kt

```
1  package com.itheima.chapter04
2  fun divide(a: Int, b: Int): Int {
3      var result: Int = a / b          //定义一个 result 变量用于存放 a/b 的值
4      return result                    //将结果返回
5  }
6  fun main(args: Array<String>) {
7      var result = divide(5, 0)        //调用 divide()方法
8      println(result)
9  }
```

运行结果：

Exception in thread "main" java.lang.ArithmeticException: / by zero

        at com.itheima.chapter04.ExceptionKt.divide(Exception.kt:3)

        at com.itheima.chapter04.ExceptionKt.main(Exception.kt:7)

从运行结果可知，程序在运行过程中抛出一个算术异常（ArithmeticException），这个异常是因为程序的第 7 行代码中，调用 divide()方法时第 2 个参数传入了 0，当程序执行第 3 行代码时出现了被 0 除的错误。出现这个异常之后，程序会立即结束，不会再执行下面的其他代码。

ArithmeticException 异常类只是 Kotlin 异常类中的一种，在 Kotlin 中还提供了其他异常类，如 ClassNotFoundException、ArrayIndexOutOfBoundsException、IllegalArgumentException 等，这些类都继承自 java.lang.Throwable 类。

4.8.2　try…catch 和 finally

由于上个小节中的代码在运行过程中发生了异常，程序立即终止，不能继续向下执行。为了解决这样的问题，Kotlin 中提供了一种对异常进行处理的方式——异常捕获。异常捕获通常使用 try…catch 语句来实现，异常捕获的语法格式如下：

```
try {
    // 程序代码
}catch (e: SomeException) { // e:后面的这个类可以是 Exception 类或者其子类
    // 对捕获的 Exception 进行处理
}
```

上述语法格式中，try 代码块中编写的是可能发生异常的 Kotlin 语句，catch 代码块中编写的是对捕获的异常进行处理的代码。当 try 代码块中的程序发生了异常，系统会将这个异常的信息封装成一个异常对象，并将这个对象传递给 catch 代码块。catch 代码块中传递的 Exception 类型的参数是指定这个程序能够接收的异常类型，这个参数的类型必须是 Exception 类或者其子类。

接下来我们使用 try…catch 语句对【文件 4-24】中出现的异常进行捕获，具体代码如【文件 4-25】所示。

【文件 4-25】Exception.kt

```
1  package com.itheima.chapter04
2  fun divide(a: Int, b: Int): Int {
3      var result: Int = a / b
4      return result
5  }
```

```
6   fun main(args: Array<String>) {
7      try {
8         var result: Int = divide(5, 0)
9         println(result)
10     } catch (e: Exception) {
11        println("捕获的异常信息为: " + e.message)
12     }
13     println("程序继续执行")
14  }
```

运行结果:

捕获的异常信息为: / by zero

程序继续执行

在上述代码中，对可能发生异常的代码用 try…catch 语句进行了处理，在 try 代码块中发生被 0 除异常之后，程序会接着执行 catch 中的代码，通过调用 Exception 对象中的 message 来返回异常信息 "by/zero"，catch 代码块对异常处理完毕之后，程序会继续向下执行，而不会出现异常终止。

需要注意的是，在 try 代码块中，发生异常的语句后面的代码是不会被执行的，如本案例中的第 9 行代码的输出语句就没有执行。

在程序中，由于功能的需求，有些语句在无论程序是否发生异常的情况下都要执行，这时就可以在 try…catch 语句后添加一个 finally 代码块。接下来我们来对【文件 4-25】进行修改，看一下 finally 代码块的用法，具体代码如【文件 4-26】所示。

【文件 4-26】Exception.kt

```
1   package com.itheima.chapter04
2   fun divide(a: Int, b: Int): Int {
3      var result: Int = a / b
4      return result
5   }
6   fun main(args: Array<String>) {
7      try {
8         var result: Int = divide(5, 0)  //调用 divide()方法
9         println(result)
10     } catch (e: Exception) {
11        println("捕获的异常信息为: " + e.message)
12        return                          //用于结束当前语句
13     } finally {
14        println("进入 finally 代码块")
15     }
16     println("程序继续执行")
17  }
```

运行结果:

捕获的异常信息为: / by zero

进入 finally 代码块

在上述代码中，catch 代码块中增加了一个 return 语句，用于结束当前方法，此时第 16 行的代码就不会执行了，而 finally 中的代码仍会执行，并不会被 return 语句所影响。不论程序发生

异常还是用 return 语句结束当前方法，finally 中的语句都会执行，由于 finally 语句的这种特殊性，因此在程序设计时，经常会在 try…catch 后使用 finally 代码块来完成必须做的事情，如释放系统资源。

需要注意的是，当 catch 代码块中执行了 System.exit(0)语句时，finally 中的代码块就不会执行。System.exit(0)表示退出当前的程序，退出当前程序后，任何代码都不能再执行了。

 多学一招：与 Java 中的 try…catch…finally 对比

与 Java 不同的是，在 try…catch…finally 中，try 是一个表达式，即它可以返回一个值，try 表达式的返回值是 try 代码块中的最后一个表达式的结果或者是所有 catch 代码块中的最后一个表达式的结果，finally 代码块中的内容不会影响表达式的结果。接下来我们通过一个案例来演示 try…catch…finally 代码块中的结果，具体代码如【文件 4-27】所示。

【文件 4-27】ExceptionContrast.kt

```
1  package com.itheima.chapter04
2  fun main(args: Array<String>) {
3      var age: Int? = try {
4          10        //正常运行,返回10
5      } catch (e: NumberFormatException) {
6          12
7          null
8      } finally {
9          13        //finally 代码块不会影响表达式结果
10     }
11     var score: Int? = try {
12         Integer.parseInt("s" + 1)
13     } catch (e: NumberFormatException) {
14         60
15         null    //捕获异常,返回 null
16     } finally {
17         70        //finally 代码块不会影响表达式结果
18     }
19     println("年龄 age=${age}")
20     println("分数 score=${score}")
21 }
```

运行结果：

年龄 age=10

分数 score=null

上述代码中，分别定义了 2 个变量 age 与 score，age 表示年龄，score 表示分数，这 2 个变量的值都是用 try…catch…finally 代码块包括起来的，根据程序的运行结果可知，当给变量 age 赋值时，程序正常运行，则 age 的值是 10，即 try 表达式的结果。当给变量 score 赋值时，程序出现了异常，此时 score 的值是 null，即 catch 代码块中最后一个表达式的结果。其中 finally 代码块中的内容不影响 try 和 catch 代码块中表达式的结果。

总结

在 try⋯catch⋯finally 语句中，catch 代码块可以有多个也可以没有，finally 代码块可以省略，但是 catch 和 finally 代码块至少应有一个是存在的。

4.8.3　throw 关键字

在上一节学习的【文件 4-26】中，由于调用的是自己写的 divide()方法，因此很清楚该方法可能会发生异常。试想一下，如果去调用一个别人写的方法时，是否能知道别人写的方法是否会有异常呢？这是很难做出判断的。针对这种情况，在 Kotlin 中，允许在可能发生异常的代码中通过 throw 关键字对外声明该段代码可能会发生异常，这样在使用这段代码时，就明确地知道该段代码有异常，并且必须对异常进行处理。

throw 关键字抛出异常的语法格式如下：

```
throw ExceptionType("异常信息")
```

上述语法格式是通过 throw 表达式来抛出一个异常，这个表达式需要放在容易出现异常的代码中，也可以作为 Elvis 表达式（三元表达式）的一部分，throw 后面需要声明发生异常的类型，通常将这种做法称为抛出一个异常。接下来我们来修改【文件 4-27】中的代码，在调用 divide()方法的代码上方抛出一个异常，修改后的代码如【文件 4-28】所示。

【文件 4-28】Exception.kt

```
1  package com.itheima.chapter04
2  fun divide(a: Int, b: Int): Int {
3      if (b==0)throw ArithmeticException("发生异常")
4      var result: Int = a / b
5      return result
6  }
7  fun main(args: Array<String>) {
8      var result: Int = divide(5, 0)  //调用divide()方法
9      println(result)
10 }
```

运行结果：

Exception in thread "main" java.lang.ArithmeticException: 发生异常
　　　at com.itheima.chapter04.ExceptionKt.divide(Exception.kt:3)
　　　at com.itheima.chapter04.ExceptionKt.main(Exception.kt:8)

上述代码中，第 8 行代码调用 divide()方法时传递的第 2 个参数是 0，程序在运行时不会发生被 0 除的异常，由于在 divide()方法中抛出了一个算术异常 ArithmeticException，因此在调用 divide()方法时就必须对抛出的异常进行处理，否则就会发生编译错误。接下来我们对【文件 4-28】进行修改，在调用 divide()方法时对其进行 try⋯catch 处理，修改后的代码如【文件 4-29】所示。

【文件 4-29】Exception.kt

```
1  package com.itheima.chapter04
2  fun divide (a: Int, b: Int): Int {
3      if (b == 0) throw ArithmeticException("发生异常")
```

```
4        var result: Int = a / b
5        return result
6    }
7    fun main(args: Array<String>) {
8        try {
9            var result: Int = divide (5, 0)  //调用 divide()方法
10           println(result)
11       } catch (e: ArithmeticException) {
12           println(e.message)
13       }
14   }
```

运行结果:

发生异常

上述代码中,在 main()函数中通过 try…catch 语句已经捕获了 divide()方法中抛出的异常,由于该程序的 divide()方法中传递的变量 b 的值为 0,因此运行结果为发生异常。如果将变量 b 的值设置为 1,则运行结果为 5。

 多学一招:Nothing 类型

在 Kotlin 中,有些函数的"返回值类型"的概念没有任何意义,此时 Kotlin 使用一种特殊的返回值类型 Nothing 来表示,Nothing 是一个空类型(uninhabited type),也就是说在程序运行时不会出任何一个 Nothing 类型的对象。在程序中,可以使用 Nothing 类型来标记一个永远不会有返回数据的函数,具体示例代码如下:

```
fun fail(message: String): Nothing {
    throw IllegalArgumentException(message)
}
```

当调用含有 Nothing 类型的函数时,可能会遇到这个类型的一种情况就是类型推断,这个类型的可空类型为 Nothing?,该类型有一个可能的值是 null,如果用 null 来初始化一个变量的值,并且又不能确定该变量的具体类型时,编译器会推断这个变量的类型为 Nothing?类型,具体示例代码如下:

```
val x = null            //变量"x"的类型为"Nothing?"
val l = listOf(null)    //变量"l"的类型为"List<Nothing?>"
```

上述代码中,变量 x 的初始值为 null,并且该变量的具体类型不确定,因此编译器会推断该变量的类型为"Nothing?"。变量 l 的初始值为 listOf(null),可以看到 List 集合的初始值为 null,此时不能确定该集合的具体类型,因此编译器会推断该集合的类型为 "List<Nothing?>"。

4.8.4 受检异常

Java 中有两种异常类型,一种是受检异常(checked exception),一种是非受检异常(unchecked exception),在编写 Java 代码时,由于编译器在编译时会检查受检异常,因此 IDEA 会提示进行 try…catch 操作。受检异常显得比较麻烦,一直以来争议比较大,可能会导致 Java API 变得复杂,在编写代码时,需要进行大量的 try…catch 操作,而 Kotlin 中相比于 Java 没有了受检异常,IDEA 也不会提示进行 try…catch 操作。

在 Kotlin 程序中，当 IDEA 调用某一个方法时，如果该方法中存在可能出现异常的代码时，编辑器不会提示程序需要进行 try…catch 操作，直接运行该程序时会抛出异常信息。接下来我们通过一个案例来看一下 Kotlin 中可能出现异常的代码块是否会提示进行 try…catch 操作。具体代码如【文件 4-30】所示。

【文件 4-30】Exception1.kt

```
1  package com.itheima.chapter04
2  fun getAge(): Int? {
3      var age = "Age=18 岁"
4      return Integer.parseInt(age)
5  }
6  fun main(args: Array<String>) {
7      var age = getAge()
8      println("年龄：${age}岁")
9  }
```

运行结果：

Exception in thread "main" java.lang.NumberFormatException: For input string: "Age=18 岁"
at com.itheima.chapter04.Exception1Kt.getAge(Exception1.kt:4)
at com.itheima.chapter04.Exception1Kt.main(Exception1.kt:7)

将上述代码放入 IDEA 中可以看到，第 4 行代码没有提示进行 try…catch 操作。根据上述代码的运行结果可知，如果直接运行该程序，会抛出数字格式转换异常。

如果将上述代码添加上 try…catch 操作来捕获这个数字格式转换异常，则程序就不会报错，具体代码如【文件 4-31】所示。

【文件 4-31】Exception1.kt

```
1   package com.itheima.chapter04
2   fun getAge(): Int? {
3       try {
4           var age = "Age=18 岁"
5           return Integer.parseInt(age)
6       } catch (e: NumberFormatException) {
7           return 0
8       }
9   }
10  fun main(args: Array<String>) {
11      var age = getAge()
12      println("年龄：${age}岁")
13  }
```

运行结果：

年龄：0 岁

根据上述代码可知，用 try…catch 来处理有异常的代码块就不会在程序运行时抛出异常了。

4.8.5　自定义异常

在 Kotlin 标准库中封装了大量的异常类，虽然这些异常类可以描述编程时出现的大部分异常情况，但是在程序开发中有时可能需要描述程序中特有的异常情况，例如在设计一个变量 name

的值时，不允许该变量的值为 null，为了解决这个问题，Kotlin 与 Java 一样，也允许用户自定义异常，但自定义的异常类必须继承自 Throwable 类或其子类，自定义异常类的主构函数可以传递一个 String 类型的 message 参数，也可以不传递参数，自定义异常类的语法格式如下：

```
//主构函数带参数的异常类
class 异常类名称(override val message: String?) : Throwable() {}
//主构函数不带参数的异常类
class 异常类名称() : Throwable() {}
```

在上述语法格式中，主构造函数带 message 参数的异常类，在抛出异常信息时会打印 message 信息，主构造函数不带 message 参数的异常类，在抛出异常信息时不会打印异常的具体信息。

接下来我们通过一个案例来学习自定义异常，具体代码如【文件 4-32】所示。

【文件 4-32】MyException.kt

```
1  package com.itheima.chapter04
2  class MyException(override val message: String?) : Throwable() {
3  }
4  fun main(args: Array<String>) {
5     var name: String? = null
6     name?.length ?: throw MyException("变量 name 的值为 null")
7     println("name.length=${name.length}")
8  }
```

运行结果：

Exception in thread "main" com.itheima.chapter04.MyException: 变量 name 的值为 null

从运行结果可以看出，程序在运行时发生了异常，这是因为在程序中使用 throw 关键字抛出异常对象时，需要使用 try…catch 语句对抛出的异常进行处理。为了解决该程序运行时发生异常的问题，可以修改该程序，在抛出异常的地方使用 try…catch 语句对异常进行处理，修改后的代码如【文件 4-33】所示。

【文件 4-33】MyException.kt

```
1  package com.itheima.chapter04
2  class MyException(override val message: String?) : Throwable() {
3  }
4  fun main(args: Array<String>) {
5     var name: String? = null
6     try {
7        name?.length ?: throw MyException("变量 name 的值为 null")
8        println("name.length=${name.length}")
9     } catch (e: MyException) {
10       println(e.message)
11    }
12 }
```

运行结果：

变量 name 的值为 null

在上述代码中，使用了一个 try…catch 语句用于捕获变量 name 的值为 null 时抛出的异常，在调用 "name?.length" 代码时，由于变量 name 的值不能为 null，程序会抛出一个自定义异常

MyException，该异常被捕获后最终被 catch 代码块处理，并打印异常信息。

4.9　本章小结

　　本章主要介绍了 Kotlin 的面向对象知识，详细介绍了面向对象的概念、类与对象、常见类、委托以及异常。通过对本章的学习，读者可以掌握 Kotlin 程序中对象的创建与使用、熟悉一些常见类以及委托和异常，要求读者必须掌握这些基础知识，便于后续开发 Kotlin 程序。

　　【思考题】

　　1. 请思考 Kotlin 中如何创建一个对象。

　　2. 请思考 Kotlin 中如何使用数据类。

5 Chapter

第 5 章

集合

学习目标
- ● 熟悉常用集合类
- ● 掌握 List 接口的使用方法
- ● 掌握 Set 接口的使用方法
- ● 掌握 Map 接口的使用方法

在程序中,可以通过数组来保存多个对象,但是当无法确定到底需要保存多少个对象时,此时数组将不再适用,因为数组的长度不可变。例如,要保存一个学校的学生信息,由于不停地有新生来报道,同时也有学员毕业离开学校,这时学生的数目很难确定。为了保存这些数目不确定的对象,Kotlin 提供了一系列特殊的类,这些类可以存储任意类型的对象,并且长度可变,统称为集合。本章我们将对 Kotlin 中的集合类进行详细的讲解。

5.1 集合概述

Kotlin 中的集合就类似一个容器,用于存储一系列对象,这些对象可以是任意的数据类型,并且长度可变。这些类都存放在 kotlin.collections 包,在使用时一定要注意导包的问题,否则会出现异常。

集合按照其存储结构可以分为两大类,即单列集合 Collection 和双列集合 Map,这两种集合的特点具体如下。

1. Collection

Iterable 是单列集合类的根接口,而通常在使用时是从 Collection 接口开始,Collection 用于存储一系列符合规则的元素,它有 3 个重要的子接口,分别是 List、Set 和 MutableCollection。其中,List 的特点是元素有序、元素可重复。Set 的特点是元素无序并且不可重复。Mutable Collection 的特点是元素可变。下面的图例展示了一个 Collection 中的继承关系,如图 5-1 所示。

从图 5-1 可以看出,Collection 继承自 Iterable 接口,Collection 有 3 个子接口,分别为 List、Set、MutableCollection,而且 MutableCollection 接口不仅继承 Collection 接口还继承 MutableIterable 接口。

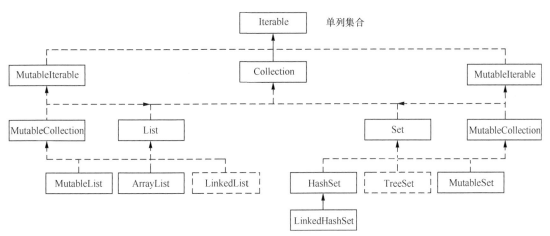

图5-1　Collection继承关系图

需要注意的是，图中虚线框标识的都是 Java 中的集合类，但是这些类可以在 Kotlin 中使用。List 接口在 Kotlin 中有两个实现类，分别为 ArrayList、MutableList，而 LinkedList 是 Java 中的实现类。Set 接口在 Kotlin 中同样也只有两个实现类，分别为 HashSet 和 MutableSet，而 TreeSet 也是 Java 中的实现类。

Collection 是所有单列集合的父接口，因此在 Collection 中定义了单列集合（List、Set、MutableCollection）通用的一些方法，这些方法可用于操作所有的单列集合，如表 5-1 所示。

表 5-1　Collection 接口的方法

方法声明	功能描述
add(element: E): Boolean	向集合中添加一个元素
addAll(elements: Collection<E>): Boolean	将指定 Collection 中的所有元素添加到该集合中
clear(): Unit	删除该集合中的所有元素
remove(element: E): Boolean	删除该集合中指定的元素
removeAll(elements: Collection<E>): Boolean	删除指定集合中的所有元素
isEmpty(): Boolean	判断该集合是否为空
contains(element: @UnsafeVariance E): Boolean	判断该集合中是否包含某个元素
containsAll(elements: Collection<@UnsafeVariance E>): Boolean	判断该集合中是否包含指定集合中的所有元素
iterator(): MutableIterator<E>	返回在该集合的元素上进行迭代的迭代器（Iterator），用于遍历该集合所有元素
val size: Int	获取该集合中元素个数

表 5-1 中列举的方法与 Java 中的方法一样，初学者可以根据 Java API 文档来学习这些方法的具体用法，此处列出这些方法，是为了方便后续的学习。

2. Map

Map 是双列集合类的根接口，用于存储具有键（Key）、值（Value）映射关系的元素，每个元素都包含一对键值，在使用 Map 集合时可以通过指定的 Key 找到对应的 Value。例如根据每个人的身份证号就可以找到对应的人。接下来通过一个图例来展示一下 Map 中的继承关系，如图 5-2 所示。

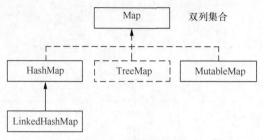

图5-2 Map继承关系图

从图 5-2 中可以看出，Map 接口有 3 个子接口，分别为 HashMap、TreeMap、MutableMap，HashMap 有一个实现类 LinkedHashMap。需要注意的是，TreeMap 是 Java 中的集合接口。

5.2 List 接口

5.2.1 List 接口简介

List 接口继承自 Collection 接口，是单列集合的一个重要分支，习惯性地会将实现 List 接口的对象称为 List 集合。在 List 集合中允许出现重复的元素，所有的元素是以一种线性方式存储的，在程序中可以通过索引来访问集合中的指定元素。另外，List 集合还有一个特点就是元素有序，即元素的存入顺序和取出顺序一致。

在 Kotlin 中，List 分为可变集合 MutableList（Read&Write，Mutable）和不可变集合 List（ReadOnly，Immutable）。其中可变集合 MutableList 可以对集合中的元素进行增加和删除的操作，不可变集合 List 对集合中的元素仅提供只读操作。在开发过程中，尽可能多用不可变集合 List，这样可以在一定程度上提高内存效率。

5.2.2 不可变 List

在 Kotlin 中，不可变 List 是一个只读操作的集合，只有 size 属性和 get() 函数。与 Java 类似，它继承自 Collection 进而继承自 Iterable。不可变 List 是通过 listOf() 函数创建的，该函数可以创建空的 List，也可以创建包含一个或多个元素的 List。示例代码如下：

```
val mList: List<Int> = listOf()              //创建空的 List
val mList: List<Int> = listOf(0)             //创建包含一个元素的 List
val mList: List<Int> = listOf(1, 2, 3, 4, 5)  //创建包含多个元素的 List
```

在上述代码中，创建了 3 个 Int 类型的 List 集合，该集合可以不存放元素，也可以直接存放相应的元素。List 集合还可以进行以下几种操作。

1. 查询操作

List 集合的查询操作主要有判断集合是否为空，获取集合中元素的个数以及返回集合中的元素的迭代器。为此，Kotlin 提供了一系列方法，如表 5-2 所示。

表 5-2 查询操作

查询方法	方法的具体含义
isEmpty(): Boolean	判断集合是否为空
val size: Int	获取集合中元素的个数

续表

查询方法	方法的具体含义
contains(element: @UnsafeVariance E): Boolean	判断集合是否包含某个元素
iterator(): Iterator<E>	返回该不可变集合中元素的迭代器

接下来我们通过一个案例来演示上述表中 List 集合的查询操作，具体代码如【文件 5-1】所示。

【文件 5-1】QueryList.kt

```
1  package com.itheima.chapter05
2  fun main(args: Array<String>) {
3      val list: List<Int> = listOf(0, 1, 2)
4      if (list.isEmpty()) { //判断集合中元素是否为空
5          println("集合中没有元素")
6          return
7      } else {
8          println("集合中有元素，元素个数为：" + list.size)
9      }
10     if (list.contains(1)) {
11         println("集合中包含元素 1")
12     }
13     println("遍历集合中的所有元素：")
14     val mIndex = list.iterator()  //获取集合中元素的迭代器
15     while (mIndex.hasNext()) {
16         print(mIndex.next().toString() + "\t")
17     }
18 }
```

运行结果：

集合中有元素，元素个数为：3

集合中包含元素 1

遍历集合中的所有元素：

0   1   2

2. 批量操作

在 List 集合中，经常会判断一个集合中是否包含某个集合，为此，Kotlin 提供了一个 contains All(elements: Collection<@UnsafeVariance E>)方法。接下来我们通过一个案例来演示 List 集合中的判断批量操作，具体代码如【文件 5-2】所示。

【文件 5-2】ContainsAllList.kt

```
1  package com.itheima.chapter05
2  fun main(args: Array<String>) {
3      val list1: List<Int> = listOf(0, 1, 2)
4      val list2: List<Int> = listOf(0, 1, 2, 3)
5      if (list2.containsAll(list1)) {    //判断 list2 是否包含 list1
6          println("list2 集合包含 list1 集合")
7      }
8  }
```

运行结果：

list2 集合包含 list1 集合

3. 检索操作

List 集合中的检索操作主要有查询集合中某个位置的元素、返回集合中指定元素首次出现的索引、返回指定元素最后一次出现的索引以及返回集合中指定的索引之间的集合。Kotlin 中检索操作的方法如表 5-3 所示。

表 5-3 检索操作

方法	方法说明
get(index: Int): E	查询集合中某个位置的元素
indexOf(element: @UnsafeVariance E): Int	返回集合中指定元素首次出现的索引,如果元素不包含在列表中,则返回-1
lastIndexOf(element: @UnsafeVariance E): Int	返回集合中指定元素最后一次出现的索引,如果元素不包含在列表中,则返回-1
subList(fromIndex: Int, toIndex: Int): List<E>	返回此集合中指定的[fromIndex](包括)和[toIndex](不包括)之间的集合

接下来我们通过一个案例来演示上述表中索引检索的操作,具体代码如【文件 5-3】所示。

【文件 5-3】IndexSearch.kt

```
1  package com.itheima.chapter05
2  fun main(args: Array<String>) {
3      val list: List<Int> = listOf(2, 3, 1, 3, 2, 1, 2)
4      println("集合中索引为 0 的元素是: " + list.get(0))
5      println("元素 1 第 1 次出现的位置是: " + list.indexOf(1))
6      println("元素 1 最后一次出现的位置是: " + list.lastIndexOf(1))
7      println("截取集合中索引为 1~4 的元素: " + list.subList(1, 4))
8  }
```

运行结果:

集合中索引为 0 的元素是: 2

元素 1 第 1 次出现的位置是: 2

元素 1 最后一次出现的位置是: 5

截取集合中索引为 1~4 的元素: [3, 1, 3]

4. 遍历操作

List 集合中的遍历操作主要有返回一个集合的迭代器,以及从指定位置开始返回集合的迭代器。获取迭代器的相关方法如表 5-4 所示。

表 5-4 迭代器

方法	方法说明
listIterator(): ListIterator<E>	返回一个集合的迭代器
listIterator(index: Int): ListIterator<E>	从指定位置开始返回集合的迭代器

接下来我们通过一个案例来演示上述表中迭代器的操作,具体代码如【文件 5-4】所示。

【文件 5-4】ListIterator.kt

```
1  package com.itheima.chapter05
2  fun main(args: Array<String>) {
3      val list: List<Int> = listOf(1, 2, 3, 4)
```

```
4       val iterator1 = list.listIterator()    //获取一个集合的迭代器
5       val iterator2 = list.listIterator(1)  //获取从索引 1 开始的集合的迭代器
6       println("遍历集合中的元素：")
7       while (iterator1.hasNext()) {
8           print(iterator1.next().toString() + "\t")
9       }
10      println("\n" + "从索引 1 开始遍历集合中的元素：")
11      while (iterator2.hasNext()) {
12          print(iterator2.next().toString() + "\t")
13      }
14  }
```

运行结果：

遍历集合中的元素：

1　　2　　3　　4

从索引 1 开始遍历集合中的元素：

2　　3　　4

5.2.3　可变 MutableList

MutableList 是 List 集合中的可变集合，MutableList<E>接口继承于 List<E>接口和 Mutable Collection<E>接口，增加了对集合中元素的添加及删除的操作。可变 MutableList 集合是使用 mutableListOf()函数来创建对象的，具体代码如下：

```
val muList: MutableList<Int> = mutableListOf(1, 2, 3)
```

上述代码中创建了一个可变的 List 集合，这个集合与不可变集合的操作类似，具体如下。

1. 查询操作

MutableList 集合的查询操作与 List 集合一样，主要有判断集合是否为空、获取集合中元素的数量以及返回集合中的元素的迭代器，相关方法如表 5-5 所示。

表 5-5　查询操作

方法	方法说明
isEmpty(): Boolean	判断集合是否为空
val size: Int	获取集合中元素的数量
contains(element: @UnsafeVariance E): Boolean	判断集合中是否包含某一个元素
iterator(): Iterator<E>	返回集合中的元素的迭代器

接下来我们通过一个案例来演示上述表中 List 集合的查询操作，具体代码如【文件 5-5】所示。

【文件 5-5】QueryMutableList.kt

```
1  package com.itheima.chapter05
2  fun main(args: Array<String>) {
3      val muList: MutableList<Int> = mutableListOf(5, 6, 7)
4      if (muList.isEmpty()) {
5          println("集合中没有元素")
6          return
7      } else {
```

```
8        println("集合中有元素, 元素个数为: " + muList.size)
9    }
10   if (muList.contains(5)) {
11       println("集合中包含元素 5")
12   }
13   println("遍历集合中的所有元素: ")
14   val mIndex = muList.iterator()   //获取集合中元素的迭代器
15   while (mIndex.hasNext()) {
16       print(mIndex.next().toString() + "\t")
17   }
18 }
```

运行结果:

集合中有元素, 元素个数为: 3

集合中包含元素 5

遍历集合中的所有元素:

5   6   7

2. 修改操作

MutableList 集合可以对该集合中的元素进行修改操作, 这些修改操作主要有向集合中添加一个元素、在指定位置添加元素、移除一个元素、移除指定位置的元素以及替换指定位置的元素, 相关方法如表 5-6 所示。

表 5-6　修改操作

修改方法	方法的具体含义
add(element: E): Boolean	向集合中添加元素,如果添加成功,则返回值为 ture,否则返回值为 false
add(index: Int, element: E): Unit	在指定位置添加一个元素
remove(element: E): Boolean	移除集合中的元素,如果移除成功,则返回值为 ture,否则返回值为 false
removeAt(index: Int): E	移除指定索引处的元素
set(index: Int, element: E): E	用指定的元素替换集合中指定位置的元素, 返回该位置的原元素

接下来我们通过一个案例来演示上述表中的一些修改操作, 具体代码如【文件 5-6】所示。

【文件 5-6】ModifiesMutableList.kt

```
1  package com.itheima.chapter05
2  fun main(args: Array<String>) {
3      val muList: MutableList<Int> = mutableListOf(1, 2, 3)
4      muList.add(4)
5      println("向集合中添加元素 4: " + muList)
6      muList.remove(1)
7      println("移除集合中的元素 1: " + muList)
8      val a = muList.set(1, 7)
9      println("用 7 替换索引为 1 的元素: " + muList)
10     muList.add(1, 5)
11     println("在索引为 1 处添加元素 5: " + muList)
12     muList.removeAt(2)
13     println("移除索引为 2 的元素: " + muList)
14 }
```

运行结果：

向集合中添加元素 4：[1, 2, 3, 4]

移除集合中的元素 1：[2, 3, 4]

用 7 替换索引为 1 的元素：[2, 7, 4]

在索引为 1 处添加元素 5：[2, 5, 7, 4]

移除索引为 2 的元素：[2, 5, 4]

3. 批量操作

MutableList 集合的批量操作主要有判断集合中是否包含另一个集合、向集合中添加一个集合、移除集合中的一个集合以及将集合中的所有元素清空，相关方法如表 5-7 所示。

表 5-7　批量操作

批量方法	方法的具体含义
addAll(index: Int, elements: Collection\<E>): Boolean	向集合中添加一个集合，如果添加成功，则返回值为 ture，否则返回值为 false
retainAll(elements: Collection\<E>): Boolean	判断集合中是否包含一个集合，如果包含则返回 ture，否则返回 false，并且该方法保留与指定集合中相同的对象，即求集合的交集
removeAll(elements: Collection\<E>): Boolean	移除集合中的一个集合，如果移除成功，则返回值为 ture，否则返回值为 false
clear(): Unit	将集合中的元素清空

接下来我们通过一个案例来演示上述表中的一些批量操作，具体代码如【文件 5-7】所示。

【文件 5-7】BatchOperation.kt

```
1   package com.itheima.chapter05
2   fun main(args: Array<String>) {
3       val muList1: MutableList<String> = mutableListOf("北京", "上海")
4       val muList2: MutableList<String> = mutableListOf("北京", "上海",
5                                                        "深圳")
6       muList2.removeAll(muList1)
7       println("muList2 移除 muList1 后的元素为: " + muList2)
8       muList2.addAll(muList1)
9       println("muList2 添加 muList1 后的元素为: " + muList2)
10      if (muList2.retainAll(muList1)) {
11          println("muList2 包含 muList1")
12      } else {
13          println("muList2 不包含 muList1")
14      }
15      muList2.clear()
16      println("muList2 清除所有元素后，该集合的元素个数为: " + muList1.size)
17  }
```

运行结果：

muList2 移除 muList1 后的元素为：[深圳]

muList2 添加 muList1 后的元素为：[深圳, 北京, 上海]

muList2 包含 muList1

muList2 清除所有元素后，该集合的元素个数为：2

4. 遍历操作

MutableList 集合中的遍历操作主要有返回一个集合的迭代器与返回从指定位置开始的集合的迭代器,如表 5-8 所示。

表 5-8　迭代器

获取迭代器的方法	方法的具体含义
listIterator(): MutableListIterator<E>	返回一个集合的迭代器
listIterator(index: Int): MutableListIterator<E>	从指定位置开始,返回集合的迭代器

接下来我们通过一个案例来演示上述表中迭代器的操作,具体代码如【文件 5-8】所示。

【文件 5-8】MutableListIterator.kt

```
1  package com.itheima.chapter05
2  fun main(args: Array<String>) {
3      val muList: MutableList<String> = mutableListOf("春天", "夏天",
4                                                       "秋天", "冬天")
5      val iterator1 = muList.listIterator()    //获取集合的迭代器
6      val iterator2 = muList.listIterator(1)  //获取从位置 1 开始的集合的迭代器
7      println("遍历集合中的元素: ")
8      while (iterator1.hasNext()) {
9          print(iterator1.next() + "\t")
10     }
11     println("\n" + "从索引为 1 处开始遍历集合中的元素: ")
12     while (iterator2.hasNext()) {
13         print(iterator2.next() + "\t")
14     }
15 }
```

运行结果:

遍历集合中的元素:

春天　　夏天　　秋天　　冬天

从索引为 1 处开始遍历集合中的元素:

夏天　　秋天　　冬天

5.3　Set 接口

5.3.1　Set 接口简介

Set 接口和 List 接口一样,同样继承自 Collection 接口,它与 Collection 接口中的方法基本一致,但并没有对 Collection 接口进行功能上的扩充,只是比 Collection 接口更加严格了。与 List 接口不同的是,Set 接口中的元素是无序的,并且元素不可重复,重复的元素只会被记录一次。

在 Kotlin 中,Set 分为可变集合 MutableSet 与不可变集合 Set,其中可变集合 MutableSet 是对集合中的元素进行增加和删除的操作,不可变集合 Set 对集合中的元素仅提供只读的操作。

5.3.2　不可变 Set

不可变 Set 同样是继承了 Collection 接口,调用标准库中的 setOf()函数来创建不可变 Set

集合，具体代码如下：

```
val mSet = setOf(1, 8, 9, 1, 4, 7, 9, 0, 0, 8)
println(mSet)
```

由于 Set 集合中的元素具有不可重复性，因此上述代码的运行结果如下：

```
[1, 8,9, 4, 7, 0]
```

不可变集合 Set 与不可变集合 List 类似，都是一个只提供只读操作的集合，并且 Set 集合中的操作与 List 集合也类似，Set 集合的主要操作有查询操作与批量操作。

1. 查询操作

Set 集合的查询操作主要有判断集合是否为空、获取集合中元素的数量、判断集合中是否包含某一个元素以及返回集合中的元素的迭代器，如表 5-9 所示。

表 5-9　查询操作

查询方法	方法的具体含义
isEmpty(): Boolean	判断集合是否为空
val size: Int	获取集合中元素的数量
contains(element: @UnsafeVariance E): Boolean	判断集合中是否包含某一个元素
iterator(): Iterator<E>	返回该只读集合中的元素的迭代器

接下来我们通过一个案例来演示上述表中 Set 集合的查询操作，具体代码如【文件 5-9】所示。

【文件 5-9】QuerySet.kt

```
1   package com.itheima.chapter05
2   fun main(args: Array<String>) {
3       val set: Set<Int> = setOf(11, 12, 13, 11)
4       if (set.isEmpty()) {
5           println("集合中没有元素")
6           return
7       } else {
8           println("集合中有元素，元素个数为：" + set.size)
9       }
10      if (set.contains(11)) {
11          println("集合中包含元素 11")
12      }
13      val mIndex = set.iterator()
14      println("遍历集合中的所有元素：")
15      while (mIndex.hasNext()) {
16          print(mIndex.next().toString() + "\t")
17      }
18  }
```

运行结果：

集合中有元素，元素个数为：3

集合中包含元素 11

遍历集合中的所有元素：

11　12　13

在上述代码中，定义了一个 Int 类型的 Set 集合，该集合中包含 4 个元素 "11, 12, 13, 11"，从运行结果会发现打印的元素个数为 3，这是因为 Set 集合中不允许元素重复，重复的元素只会被记录一次。

2. 批量操作

Set 集合中的批量操作的方法只有 containsAll(elements: Collection<@UnsafeVariance E>)，这个方法的含义是判断集合中是否包含某一个集合。接下来我们通过一个案例来演示该批量操作的方法，具体代码如【文件 5-10】所示。

【文件 5-10】ContainsAllSet.kt

```
1  package com.itheima.chapter05
2  fun main(args: Array<String>) {
3      val set1: Set<Int> = setOf(0, 9, 13)
4      val set2: Set<Int> = setOf(0, 7, 9, 13)
5      if (set2.containsAll(set1)) {
6          println("set2 集合包含 set1 集合")
7      }
8  }
```

运行结果：

set2 集合包含 set1 集合

 注意

Set 集合中也可以进行 List 集合中的索引操作和迭代器操作，由于这两个操作与 List 集合中内容一样，因此就不再重复写一遍了，大家可以根据 List 接口中的方法来理解 Set 集合。

5.3.3　可变 MutableSet

MutableSet 接口继承于 Set 接口与 MutableCollection 接口，同时对 Set 接口进行扩展，在该接口中添加了对集合中元素的添加和删除等操作。可变 MutableSet 集合是使用 mutableSetOf() 函数来创建对象的，具体代码如下：

```
val muSet: MutableSet<Int> = mutableSetOf(1, 2, 3)
```

上述代码中创建了一个可变的 MutableSet 集合，该集合中的操作主要有查询操作、修改操作、批量操作以及迭代器，由于这些操作与 MutableList 集合中的操作比较类似，因此只例举修改操作即可，其他操作可以参考 MutableList 集合与 MutableSet 接口中的方法来理解。

MutableSet 集合可以对该集合中的元素进行修改操作，这些修改操作主要有向集合中添加元素与移除集合中的元素，如表 5-10 所示。

表 5-10　修改操作

修改方法	方法的具体含义
add(element: E): Boolean	向集合中添加元素，如果添加成功，则返回值为 ture，否则返回值为 false
remove(element: E): Boolean	移除集合中的元素，如果移除成功，则返回值为 ture，否则返回值为 false

接下来我们通过一个案例来演示上述表中的一些修改操作，具体代码如【文件 5-11】所示。

【文件 5-11】ModifiesMutableSet.kt

```
1  package com.itheima.chapter05
2  fun main(args: Array<String>) {
```

```
3        val muSet: MutableSet<Int> = mutableSetOf(5, 6, 7)
4        muSet.add(8)
5        println("添加元素 8 后的集合: " + muSet)
6        muSet.remove(6)
7        println("移除元素 6 后的集合: " + muSet)
8    }
```

运行结果：

添加元素 8 后的集合：[5, 6, 7, 8]

移除元素 6 后的集合：[5, 7, 8]

5.4　Map 接口

5.4.1　Map 接口简介

在一个公司中，每个员工都有唯一的工号，通过工号可以查询到这个员工的信息，这两者是一对一的关系。在应用程序中，如果想储存这种具有对应关系的数据，则需要使用 Kotlin 中提供的 Map 接口。Map 接口是一种双列集合，它的每个元素都包含一个键对象 Key 和一个值对象 Value，键和值对象之间存在一种对应关系，称为映射。从 Map 集合中访问元素时，只要指定了 Key，就能找到对应的 Value。

Map 集合中的元素是无序可重复的，Map 集合与 List、Set 集合类似，同样分为不可变集合 Map 和可变集合 MutableMap 两种，其中可变集合 MutableMap 可以对集合中的元素进行增加和删除的操作，不可变集合 Map 对集合中的元素仅提供只读操作。

5.4.2　不可变 Map

不可变 Map 集合是调用标准库中的 mapOf() 函数来创建的，具体代码如下：

```
val map = mapOf(1 to "江小白", 2 to "小小白", 3 to "江小小")
```

上述代码中创建了一个不可变的 Map 集合，其中"1、2、3"为 Key 值，"江小白、小小白、江小小"为 Value 值，"to"为 Key/Value 映射关系的指向，该集合中的操作主要有查询操作，接下来我们针对这个操作进行详细讲解。

1. 查询操作

不可变 Map 集合的查询操作主要有判断集合是否为空、获取集合中元素的数量、判断集合中是否包含指定的键、判断集合中是否包含指定的值以及根据 key（键）获取 value（值），如表 5-11 所示。

表 5-11　查询操作

方法	方法的具体含义
isEmpty(): Boolean	判断集合是否为空
val size: Int	获取集合中元素的数量
containsKey(key: K): Boolean	判断集合中是否包含指定的键
containsValue(value: @UnsafeVariance V): Boolean	判断集合中是否包含指定的值
get(key: K): V?	根据 key（键）获取 value（值），如果该元素存在，则返回元素的值，否则返回 null

接下来我们通过一个案例来演示上述表中不可变 Map 集合的查询操作，具体代码如【文件 5-12】所示。

【文件 5-12】QueryMap.kt

```
1  package com.itheima.chapter05
2  fun main(args: Array<String>) {
3      val map = mapOf(1 to "江小白", 2 to "小小白", 3 to "江小小")
4      if (map.isEmpty()) {
5          println("map 集合中没有元素")
6          return
7      } else {
8          println("map 集合中有元素，元素个数为：" + map.size)
9      }
10     if (map.containsKey(2)) {
11         println("map 集合中的 Key 包含 2")
12     } else {
13         println("map 集合中的 Key 不包含 2")
14     }
15     if (map.containsValue("3")) {
16         println("map 集合中的 Value 包含元素 3")
17     } else {
18         println("map 集合中的 Value 不包含元素 3")
19     }
20     println("map 集合中 key 为 1 对应的 Value 是：" + map.get(1))
21 }
```

运行结果：

map 集合中有元素，元素个数为：3

map 集合中的 Key 包含 2

map 集合中的 Value 不包含元素 3

map 集合中 key 为 1 对应的 Value 是：江小白

2. 遍历操作

Map 集合也经常需要进行遍历操作，不过由于该集合中存储的是键值映射关系，所以在遍历时，与 List、Set 集合有些区别。接下来我们通过一个案例进行学习，具体代码如【文件 5-13】所示。

【文件 5-13】ErgodicMap.kt

```
1  package com.itheima.chapter05
2  fun main(args: Array<String>) {
3      val map = mapOf(1 to "江小白", 2 to "小小白", 3 to "江小小")
4      val mapKey = map.keys
5      var mapValue = map.values
6      println("集合中所有的 Key：" + mapKey)
7      println("集合中所有的 Value：" + mapValue)
8      var mapEntry = map.entries
9      mapEntry.forEach {
10         println("key: ${it.key} , value: ${it.value}")
11     }
12 }
```

运行结果：

集合中所有的 Key：[1, 2, 3]

集合中所有的 Value：[江小白, 小小白, 江小小]

key: 1 , value: 江小白

key: 2 , value: 小小白

key: 3 , value: 江小小

5.4.3　可变 MutableMap

可变 MutableMap 集合是使用 mutableMapOf ()函数来创建的，具体代码如下：

```
val mMap = mutableMapOf(1 to "1", 2 to "2", 3 to "3")
```

上述代码中创建了一个可变的 MutableMap 集合,该集合中的操作主要有修改操作与批量操作，MutableMap 集合中的查询操作与不可变集合 Map 中的查询操作一样。接下来，针对 MutableMap 集合中的修改操作与批量操作进行详细讲解。

1. 修改操作

MutableMap 集合可以对该集合中的元素进行修改操作，这些修改操作主要有向集合中添加元素与移除元素，如表 5-12 所示。

表 5-12　修改操作

修改方法	方法的具体含义
put(key: K, value: V): V?	将指定的 value 与映射中指定的 key 添加到集合中
remove(key: K): V?	移除集合中指定的 Key 映射的元素

接下来我们通过一个案例来演示上述表中 MutableMap 集合的修改操作，具体代码如【文件 5-14】所示。

【文件 5-14】ModifiesMutableMap.kt

```
1  package com.itheima.chapter05
2  fun main(args: Array<String>) {
3      val muMap = mutableMapOf(1 to "江小白", 2 to "小小白", 3 to "江小小")
4      muMap.put(4, "江江")
5      println("添加元素后的集合: " + muMap)
6      muMap.remove(4)
7      println("删除元素后的集合: " + muMap)
8      println("集合中元素的个数为: " + muMap.size)
9  }
```

运行结果：

添加元素后的集合：{1=江小白, 2=小小白, 3=江小小, 4=江江}

删除元素后的集合：{1=江小白, 2=小小白, 3=江小小}

集合中元素的个数为：3

2. 批量操作

MutableMap 集合中的批量操作的方法有 putAll(from: Map<out K, V>)和 clear()，这两个方法的含义分别是向集合中添加一个集合与清空集合中的映射。接下来我们通过一个案例来演示这两个批量操作的方法，具体代码如【文件 5-15】所示。

【文件 5-15】PutAllMutableMap.kt

```
1    package com.itheima.chapter05
2    fun main(args: Array<String>) {
3        val muMap1 = mutableMapOf(1 to "花", 2 to "草", 3 to "树")
4        val muMap2 = mutableMapOf(4 to "猫", 5 to "狗", 6 to "猪")
5        muMap1.putAll(muMap2)
6        var muMapEntry = muMap1.entries
7        muMapEntry.forEach {
8            println("key: ${it.key} , value: ${it.value}")
9        }
10       muMap1.clear()
11       println("集合中元素的个数=" + muMap1.size)
12   }
```

运行结果:

key: 1 , value: 花

key: 2 , value:草

key: 3 , value:树

key: 4 , value:猫

key: 5 , value:狗

key: 6 , value:猪

集合中元素的个数=0

 注 意

　　无论是 Map 还是 MutableMap,获取到的键、值或者键/值对的 Set 都是只读的,即便是 MutableMap 获取的 MutableSet 也是只读的,因为在 Map 或者 MutableMap 中,将这些 Set 设置为只读常量。使用 keySet() 函数抽取 key 序列,将 map 中的所有 keys 生成一个 Set。使用 values() 函数抽取 value 序列,将 map 中的所有 values 生成一个 Collection。一个生成 Set,另一个生成 Collection 的原因是 key 是独一无二的,而 value 允许重复。

5.5　本章小结

　　本章主要介绍了 Kotlin 中的集合知识,详细介绍了集合中的 Collection 接口、List 接口、Set 接口、Map 接口。通过对本章的学习,读者可以掌握 Kotlin 程序中集合的使用方法,要求读者必须掌握这些基础知识,便于后续开发 Kotlin 程序。

【思考题】

1. 请思考 Kotlin 中如何创建一个可变 List。

2. 请思考 Kotlin 中如何创建一个只读 Map。

第 6 章

Lambda 编程

学习目标

- 掌握 Lambda 表达式的使用方法
- 掌握高阶函数的概念与使用方法
- 掌握内联函数的使用方法

在前面的章节中，我们讲解过如何使用匿名内部类，虽然匿名内部类的代码相比常规的类要简洁，但如果匿名内部类只包含一个方法，那么匿名内部类的语法就显得有些冗余。为此，在 JDK 1.8 中，引入了 Lambda 表达式。当 Lambda 表达式以函数的实际参数或者返回值存在时，该函数被称为高阶函数；当 Lambda 表达式被 inline 修饰时，该函数被称为内联函数。在本章我们将对 Lambda 表达式、高阶函数、内联函数进行详细讲解。

6.1 Lambda 表达式入门

Lambda 表达式由数学中的 λ 演算得名，它是一个匿名函数，是对匿名内部类的一种简化，本小节中我们将针对 Lambda 表达式进行详细讲解。

6.1.1 Lambda 表达式简介

Lambda 表达式就是一个匿名函数，它是函数式编程的基础，所谓函数式编程实际上就是一种编程范式，即如何编写程序的方法论。函数式编程的思想是将计算机运算视为函数的计算，并且计算的函数可以接收函数作为输入参数或者当作返回值来使用。使用函数式编程可以减少代码的重复，提高程序的开发效率。

Lambda 表达式相对于普通函数有些区别，普通函数有 4 种返回值类型，即无参数无返回值、无参数有返回值、有参数无返回值、有参数有返回值。而 Lambda 表达式只有两种返回值类型，即无参数有返回值、有参数有返回值。

1. 无参数有返回值

在定义无参数有返回值的 Lambda 表达式时，只需要将函数体写在 "{}" 中，函数体可以是表达式或语句块，具体语法格式如下：

```
{函数体}
例
{println()}
```

上面这行代码就是声明一个无参数有返回值的 Lambda 表达式，相当于声明了一个函数。下面我们就来学习一下如何调用无参数有返回值的 Lambda 表达式。

无参数有返回值的 Lambda 表达式调用的语法格式如下：

```
{函数体}()
例
{println()}()
```

从上述代码可以看出，在调用 Lambda 表达式时，只是在 Lambda 表达式后添加了"()"，"()"就代表了调用该表达式。当 Lambda 表达式被调用之后便会执行表达式中的函数体。接下来我们通过一个简单的案例来进行 Lambda 表达式的调用，具体代码如【文件 6-1】所示。

【文件 6-1】LambdaDemo1.kt

```
1   package com.itheima.chapter06
2   fun main(args: Array<String>) {
3       {
4           println("Lambda 表达式无参数有返回值")     //这一行就是函数体
5       }()
6   }
```

运行结果：

Lambda 表达式无参数有返回值

2. 有参数有返回值

在定义有参数有返回值的 Lambda 表达式时，需要指定参数名称以及参数类型，参数之间使用英文","分隔，且参数类型可以省略，函数体会自动校对。Lambda 表达式中的"->"用于表示箭头，用于指定参数或数据的指向，具体语法格式如下：

```
{参数名:参数类型,参数名:参数类型 … ->函数体}
```

有参数有返回值的 Lambda 表达式与无参数有返回值的 Lambda 表达式调用方式基本类似，同样需要在表达式后方添加"()"，只不过"()"中需要填写函数的参数，有参数有返回值的 Lambda 表达式调用的语法格式如下：

```
{参数名:参数类型,参数名:参数类型 …  ->函数体}(参数 1，参数 2… )
```

接下来我们通过一个案例来进行演示，具体代码如【文件 6-2】所示。

【文件 6-2】LambdadDemo2.kt

```
1   package com.itheima.chapter06
2   fun main(args: Array<String>) {
3       val sum = {
4           a : Int,b : Int -> a + b
5       }(6,8)
6   print(sum)
7   }
```

运行结果：

14

在上述代码中，定义了一个函数，并将该函数赋值给变量 sum。在该函数中声明了两个 Int 类型的变量 a 和 b，函数体中执行 a 和 b 的是求和操作，"->" 后的 $a+b$ 便是返回的结果。为了调用该函数，在函数体后方使用 "(6,8)" 传递了两个实参 6 和 8，最后将结果进行打印，输出运行结果 14。

在【文件 6-2】中是在声明 Lambda 表达式之后直接就调用此函数，在开发中还可以将 Lambda 表达式赋值给一个变量，通过变量来直接调用。接下来我们来对【文件 6-2】进行修改，修改后的代码如【文件 6-3】所示。

【文件 6-3】LambdaDemo2.kt

```
1  package com.itheima.chapter06
2  fun main(args: Array<String>) {
3      var sum = {
4          a : Int,b : Int -> a + b
5      }
6      println(sum(6,8))    //函数调用
7  }
```

运行结果：

14

6.1.2　Lambda 表达式返回值

由于 Lambda 表达式所表示的函数都是有返回值的，但通过以上案例可知，Lambda 表达式已经省略了返回值的类型和方法名，那么是如何来声明返回值的类型和返回值的呢？接下来我们通过一个案例来演示，具体代码如【文件 6-4】所示。

【文件 6-4】LambdaReturnValue.kt

```
1   package com.itheima.chapter06
2   fun main(args: Array<String>) {
3       println("-------------------1----------------------")
4       val result1 = {
5           println("输出语句1");
6           "字符串"
7       }()
8       println("返回值: $result1")
9       println("返回值类型: ${result1.javaClass}")
10      println("-------------------2----------------------")
11      val result2 = {
12          println("输出语句1");
13          println("输出语句2");
14          18
15      }()
16      println("返回值: $result2")
17      println("返回值类型: ${result2.javaClass}")
18      println("-------------------3----------------------")
19      val result3 = {
20          println("输出语句1");
21          println("输出语句2");
22          true
23      }()
```

```
24        println("返回值: $result3")
25        println("返回值类型: ${result3.javaClass}")
26 }
```

运行结果：

```
-------------------1----------------------
输出语句 1
返回值: 字符串
返回值类型: class java.lang.String
-------------------2----------------------
输出语句 1
输出语句 2
返回值: 18
返回值类型: int
-------------------3----------------------
输出语句 1
输出语句 2
返回值: true
返回值类型: boolean
```

从运行结果可以看出，在每次调用 Lambda 表达式时，不管方法体里面的语句执行多少条，返回值的类型和返回值都是由方法体中最后一条语句决定的，因此在实际返回值后不要编写任何语句。

如果在实际返回值后编写语句会发生什么情况呢？接下来我们通过一个数字求和的案例来进行演示，具体代码如【文件 6-5】所示。

【文件 6-5】LmabdaReturnedValueProblem.kt

```
1 package com.itheima.chapter06
2 fun main(args: Array<String>) {
3     var sum = {
4         a :Int,b: Int -> a + b
5         "我是捣乱的"
6     }
7     println(sum(9,7))
8 }
```

运行结果：

我是捣乱的

从运行结果可以看出，程序功能是求 *a* 与 *b* 两个数字之和，但是返回值却是"我是捣乱的"，与预期不符，无法输出想要的结果，所以此处一定要记住，不要将不是返回值的语句放置在方法体的最后一条语句的位置。

6.2 高阶函数的使用

通过上一小节我们已经知道，Lambda 表达式都是定义在方法内部，那么，在定义 Lambda 表达式时还可以在其他地方声明吗？答案是可以。Lambda 表达式还可以作为函数的实际参数或者返回值存在，而这种声明，在 Kotlin 中叫做高阶函数。将 Lambda 表达式作为参数或返回值，会大大地简化程序开发时的代码，提高程序开发效率。接下来我们将针对高级函数进行详细讲解。

6.2.1 函数作为参数使用

Lambda 表达式，除了定义在方法的内部，还可以作为函数的实参，这种做法拓宽了我们的编程思维。

例如有一个[1,50]的区间，想要根据条件对元素进行选择，此时可以选择大于 1 的，可以选择大于 2 的，可以选择能被 5 整除的……，但由于选择条件很多，不可能把所有的选择条件都定义成方法，此时最好的办法就是将 Lambda 表达式作为参数，在选择元素的时候指定选择条件。接下来我们通过一个案例来演示函数作为参数的使用，具体代码如【文件 6-6】所示。

【文件 6-6】ToFunctionAsAParameter.kt

```
1   package com.itheima.chapter06
2   //给区间定义一个扩展方法
3   fun IntRange.pickNum(function: (Int) -> Boolean): List<Int> {
4       val resultList = mutableListOf<Int>()   //声明集合
5       for (i in this) {                //this 指向定义的区间(IntRange)范围 1~20
6           if (function(i)) {           //判断传递过来的 Lambda 表达式是否满足条件
7               resultList.add(i)        //符合条件的数据添加到集合中
8           }
9       }
10      return resultList                //将集合返回
11  }
12  fun main(args: Array<String>) {
13      //定义区间范围 1~20
14      val list = 1..20
15      println("--------能被 5 整除的数--------")
16      println(list.pickNum({ x: Int -> x % 5 == 0 }))
17      println("--------能被 10 整除的数--------")
18      println(list.pickNum({ x: Int -> x % 10 == 0 }))
19  }
```

运行结果：

--------能被 5 整除的数--------

[5, 10, 15, 20]

--------能被 10 整除的数--------

[10, 20]

在上述代码中，首先声明了一个方法 IntRange.pickNum(function: (Int) -> Boolean)，将 Lambda 表达式当作参数传递。第 5 行代码中的 this 指向定义的区间（1..20），然后通过第 6~8 行代码进行判断此数字是否满足条件，如果满足条件就添加到集合中。

需要注意的是，针对 "function: (Int) -> Boolean" 函数作为参数，需要知道以下几点。

● function：形式参数名，可以任意修改。

● (Int)->Boolean：形式参数类型，这里描述的是一个函数类型，函数的参数是 Int 类型，函数的返回值是 Boolean 类型。

6.2.2 函数作为参数优化

当 Lambda 表达式作为函数参数使用时，还有 3 种优化形式，这 3 种优化形式分别是省略小括号、将参数移动到小括号外面、使用 it 关键字，接下来我们就针对这 3 种优化形式进行详细的讲解。

1. 省略小括号

如果函数只有一个参数，且这个参数类型是一个函数类型，则在调用函数时可以去掉函数名称后面的小括号，具体代码如【文件 6-7】所示。

【文件 6-7】ToFunctionAsAParameter.kt

```
1  package com.itheima.chapter06
2  //给区间定义一个扩展方法
3  fun IntRange.pickNum(function: (Int) -> Boolean): List<Int> {
4      val resultList = mutableListOf<Int>()
5      for (i in this) {
6          if (function(i)) {
7              resultList.add(i)
8          }
9      }
10     return resultList
11 }
12 fun main(args: Array<String>) {
13     //定义区间
14     val list = 1..50
15     println("--------选择出能被 10 整除的--------")
16     //省略之前
17     println(list.pickNum({ x: Int -> x % 10 == 0 }))
18     //省略之后
19     println(list.pickNum { x: Int -> x % 10 == 0 })
20 }
```

运行结果：

--------选择出能被 10 整除的--------

[10, 20, 30, 40, 50]

[10, 20, 30, 40, 50]

在上述代码中，pickNum(function: (Int) –> Boolean)函数只有一个参数，并且参数类型是函数类型，因此在调用函数时，可以省略函数名称后面的小括号，直接使用 pickNum { x: Int –> x % 10 == 0 }即可。

2. 将参数移动到小括号外面

如果一个函数有多个参数，但是最后一个参数类型是函数类型，那么在调用函数时，可以将最后一个参数从括号中移出，并且去掉参数之间的符号“,”，具体代码如【文件 6-8】所示。

【文件 6-8】ToFunctionAsAParameter.kt

```
1  package com.itheima.chapter06
2  fun main(args: Array<String>) {
3      //定义区间
4      val list = 1..50
5      println("--------选择出能被 10 整除的--------")
6      //将参数从括号中移出之前
7      println(list.pickNum(1,{ x: Int -> x % 10 == 0 }))
8      //将参数从括号中移出之后
9      println(list.pickNum(1) { x: Int -> x % 10 == 0 })
```

```
10  }
11  //给区间定义一个扩展方法
12  fun IntRange.pickNum(need: Int, function: (Int) -> Boolean): List<Int> {
13      val resultList = mutableListOf<Int>()
14      for (i in this) {
15          if (function(i)) {
16              resultList.add(i)
17          }
18      }
19      return resultList
20  }
```

运行结果：

--------选择出能被 10 整除的--------

[10, 20, 30, 40, 50]

[10, 20, 30, 40, 50]

在上述代码中，函数 pickNum()有两个参数，一个是 Int 类型的，另一个是函数类型的。当调用该函数时，可以将 Lambda 表达式{ 1, x: Int -> x % 10 == 0 }移动到括号之外，即 list.pickNum(1) { x: Int -> x % 10 == 0 }。

3. 使用 it 关键字

无论函数包含多少个参数，如果其中有参数是函数类型，并且函数类型满足只接收一个参数的要求，可以用 it 关键字代替函数的形参以及箭头，具体代码如【文件 6-9】所示。

【文件 6-9】ToFunctionAsAParameter4.kt

```
1   package com.itheima.chapter06
2   //给区间定义一个扩展方法
3   fun IntRange.pickNum(function: (Int) -> Boolean): List<Int> {
4       val resultList = mutableListOf<Int>()
5       for (i in this) {
6           if (function(i)) {
7               resultList.add(i)
8           }
9       }
10      return resultList
11  }
12  fun main(args: Array<String>) {
13      //定义区间
14      val list = 1..50
15      println("--------选择出能被 10 整除的--------")
16      //使用 it 关键字之前
17      println(list.pickNum { x: Int -> x % 10 == 0 })
18      //使用 it 关键字之后
19      println(list.pickNum { it % 10 == 0 })
20  }
```

运行结果：

--------选择出能被 10 整除的--------

[10, 20, 30, 40, 50]

[10, 20, 30, 40, 50]

在上述代码中，pickNum(need: Int, function: (Int) -> Boolean)函数包含两个参数，其中 "function: (Int) -> Boolean" 参数是函数类型并且只接收一个参数，因此在调用函数时，可以使用 it 关键字代替函数形参以及箭头，即 list.pickNum { it % 10 == 0 }。

总 结

Kotlin 与 Java 中的函数对比

在 Kotlin 中有这样一句话："函数，在 Kotlin 中是一等公民"。怎么去理解这句话呢？其实可以从放置位置和定义形式两个方面去理解。在 Java 中函数定义形式就一种，放置位置都在类或者接口中。

然而在 Kotlin 中，从函数定义形式方面来讲，函数可以有普通的定义方式、可以用表达式函数体、可以把 Lambda 赋值给变量；从函数放置的位置方面来讲，函数可以放置在类的外面（顶层函数）、可以放置在方法的内部（嵌套函数）、可以作为参数传递、可以作为函数的返回值。函数的功能非常强大与灵活，并且地位大大提升，所以说 Kotlin 中的函数就是一等公民。

6.2.3 函数作为返回值

函数不仅可以作为参数使用，还可以作为返回值使用。接下来我们通过一个普通用户与 VIP 用户购物的案例进行演示，具体代码如【文件 6-10】所示。

【文件 6-10】FucntionAsAReturnValue.kt

```
1  package com.itheima.chapter06
2  enum class USER {    //声明枚举，定义两种类型
3      NORMAL, VIP
4  }
5  //声明方法
6  fun getPrice(userType: USER): (Double) -> Double {
7      if (userType == USER.NORMAL) {       //判断类型是不是普通类型
8          return { it }
9      }
10     return { price -> 0.88 * price }
11 }
12 fun main(args: Array<String>) {
13     val normalUserPrice = getPrice(USER.NORMAL)(200.0)
14     println("普通用户价格: $normalUserPrice")
15     val vipPrice = getPrice(USER.VIP)(200.0)
16     println("超级会员价格: $vipPrice")
17 }
```

运行结果：

普通用户价格：200.0

超级会员价格：176.0

在上述代码中，首先声明一个方法 getPrice(userType: USER): (Double) -> Double，将 Lambda 表达式当作返回值使用。

需要注意的是，针对(Double) -> Double 函数作为返回值，需要注意以下几点。

- (Double)：为 Lambda 表达式的参数类型。
- -> Double：这里的 Double 为 Lambda 表达式的返回值，即当前 getPrice()方法的返回值。

6.3 标准库中的高阶函数

通过上一节的学习，我们会发现高阶函数相比普通函数不仅减少了代码的编写，而且使用也更加灵活，因此，Kotlin 官方提供了一些定义好的高阶函数，方便使用。本节我们将针对标准库中的高阶函数进行详细讲解。

6.3.1 高阶函数操作集合

在实际开发中，很多数据都会通过集合来封装，不可避免地会有大量的集合操作，例如常见的增删改查，复杂的排序、查找等。那么在处理这些业务逻辑时就会耗费一些时间去思考如何在最短的时间高效地完成这些集合操作。为了解决这个问题，Kotlin 标准库定义了大量的对于集合操作的函数，在本节中我们将选取一些常用、具有代表性的函数进行讲解。

1. 查找元素操作

Collections 中提供了一些常用的方法用于查找、匹配集合中的元素，如表 6-1 所示。

表 6-1　集合中常见的高阶函数——查找

方法声明	功能描述
Iterable<T>.find(predicate: (T) -> Boolean): T?	查找并返回指定条件的第一个元素，没有找到符合条件的元素返回 NULL
Iterable<T>.first(predicate:(T)-> Boolean): T	查找并返回指定条件的第一个元素，如果没有找到抛出异常
Iterable<T>.last(predicate: (T) -> Boolean): T	查找并返回指定条件的最后一个元素，如果没有找到抛出异常
Iterable<T>.single(predicate: (T) -> Boolean): T	查找并返回指定条件的元素，并且只能有一个元素，反之抛出异常
Iterable<T>.takeWhile(predicate: (T) -> Boolean): List<T>	查找并返回指定条件的列表，如果没有找到则返回一个空的列表。第一个元素必须满足条件，否则不会继续查找
Iterable<T>.filter(predicate: (T) -> Boolean): List<T>	查找并返回指定条件的列表，如果没有找到则返回一个空的列表，只要满足条件即可
Iterable<T>.count(predicate: (T) -> Boolean): Int	查找（统计）出当前集合中满足指定条件的个数

在表 6-1 中，每个方法都接收一个函数式表达式作为参数，并且 Interable 为集合的基类，所以在实现的过程中可以直接通过集合对象来调用方法即可。接下来我们来通过一些案例对表中的方法进行学习。

（1）find()方法

find()方法用于查找并返回指定条件的第 1 个元素，没有找到符合条件的元素返回 NULL。接下来我们通过一个案例进行演示，具体代码如【文件 6-11】所示。

【文件 6-11】Find.kt

```
1  package com.itheima.chapter06
2  fun main(args: Array<String>) {
3      val list = listOf(-2, -1, 0, 1, 2)
4      println("----------find---------")
5      println("找出大于 0 的元素: ${list.find {
6          it > 0
7      }}")
8      println("找出等于 3 的元素: ${list.find {
```

```
9        it == 3
10    }}")
11 }
```

运行结果：

----------find----------

找出大于 0 的元素：1

找出等于 3 的元素：null

在上述代码中，定义了一个集合来存储 5 个元素，然后通过 find() 方法分别查找大于 0 与等于 3 的元素，在该集合中会发现元素 1 和元素 2 大于 0。但是 find() 方法只会返回符合条件的第一个元素，所以输出结果为 1，然而集合中并没有等于 3 的元素，所以会返回 NULL。

（2）first() 与 last() 方法

first() 方法用于查找并返回指定条件的第 1 个元素，last() 方法用于查找并返回指定条件的最后 1 个元素，如果这两个方法在查找时没有找到匹配的元素，会在运行时抛出异常。接下来我们通过一个案例进行演示，具体代码如【文件 6-12】所示。

【文件 6-12】FirstAndLast.kt

```
1  package com.itheima.chapter06
2  fun main(args: Array<String>) {
3      val list = listOf(-2, -1, 0, 1, 2)
4      println("----------first----------")
5      println("大于 0 的元素：${list.first {
6          it > 0
7      }}")
8      println("大于 0 的元素：${list.last {
9          it > 0
10     }}")
11     println("等于 3 的元素：${list.first {
12         it == 3
13     }}")
14 }
```

运行结果：

----------first----------

Exception in thread "main" java.util.NoSuchElementException: Collection contains no element matching the predicate.

大于 0 的元素：1

大于 0 的元素：2

at com.itheima.chapter06.FirstAndLastKt.main(FirstAndLast.kt:26)

从运行结果可以看出，在 first() 方法查找元素时返回的是符合条件的第 1 个元素 1，而 last() 方法查找元素时返回的是符合条件的最后一个元素 2。当在集合中没有找到满足指定条件的元素时会报出一个异常 java.util.NoSuchElementException。

（3）single() 方法

single() 方法用于在当前的集合中查找满足指定条件的一个元素。需要注意的是，满足条件的元素只能有一个，多个或者没有都会抛出异常。接下来我们通过一个案例进行演示，具体代码如【文件 6-13】所示。

【文件 6-13】Single.kt

```
1  package com.itheima.chapter06
2  fun main(args: Array<String>) {
3      val list = listOf(-2, -1, 0, 1, 2)
4      println("大于 1 的元素: ${list.single {
5          it > 1
6      }}")
7      println("大于-2 的元素: ${list.single {
8          it > 0
9      }}")
10 }
```

运行结果：

大于 1 的元素：2

Exception in thread "main" java.lang.IllegalArgumentException: Collection contains more than one matching element.

　　at com.itheima.chapter06.SingleKt.main(Single.kt:28)

在上述代码中，第 5 行代码声明的条件为集合中的元素大于 1，而大于 1 的元素只有 2，所以返回结果为 2。在第 8 行中，声明的条件为集合中的元素大于 0，而大于 0 的元素有两个，分别为 1 和 2，但是结果直接抛出了异常，这说明 single()方法只能用于查找当前集合中符合条件的一个元素，否则会抛出异常。

（4）takeWhile()方法

以上 find()、first()等几个方法都是在当前的集合中查找满足条件的一个元素。那么怎样查找多个满足条件的元素呢？此时就需要使用 takeWhile()方法。接下来我们通过一个案例来演示如何使用 takeWhile()方法，具体代码如【文件 6-14】所示。

【文件 6-14】TakeWhile.kt

```
1  package com.itheima.chapter06
2  fun main(args: Array<String>) {
3      val list = listOf(-2, -1, 0, 1, 2)
4      println("大于-3 的元素: ${list.takeWhile {
5          it > -3          // 第 1 个需求
6      }}")
7      println("大于 0 的元素: ${list.takeWhile {
8          it > 0           // 第 2 个需求
9      }}")
10     println("小于 0 的元素: ${list.takeWhile {
11         it < 0           // 第 3 个需求
12     }}")
13 }
```

运行结果：

大于-3 的元素：[-2, -1, 0, 1, 2]

大于 0 的元素：[]

小于 0 的元素：[-2, -1]

在上述代码中，声明了 3 个需求条件，第 1 个条件是查找大于-3 的元素，可以看到集合中的每一个元素都大于–3，所以输出集合中所有元素。第 2 个需求是查找大于 0 的元素，通过观察集合中的元素可以发现大于 0 的元素有 1 和 2，但是结果却输出了一个空的列表。这个是什么原因呢？原因就是当调用 takeWhile()方法时，匹配条件必须是第 1 个元素满足条件才可以继续向下查找，而在集合中第 1 个元素是–2，–2 是小于 0 的，所以返回一个空的列表。同理，第 3 个需求查找小于 0 的元素，只有–1 与–2，所以输出的结果就是–1 和–2。

（5）filter()方法

在通过 takeWhile()方法进行查找时，我们发现有一个局限性是必须满足第 1 个条件的情况下，才可以继续向下查找，这样会导致后面符合条件的元素无法输出。如果想要将满足条件的所有元素都输出，则需要使用 filter()方法执行查找操作。接下来我们通过一个案例进行演示，具体代码如【文件 6–15】所示。

【文件 6–15】Filter.kt

```
1  package com.itheima.chapter06
2  fun main(args: Array<String>) {
3      val list = listOf(-2, -1, 0, 1, 2)
4      println("大于-3 的元素: ${list.filter {
5          it > -3    //第 1 个需求
6      }}")
7      println("大于 0 的元素: ${list.filter {
8          it > 0     //第 2 个需求
9      }}")
10     println("小于 0 的元素: ${list.filter {
11         it < 0     //第 3 个需求
12     }}")
13 }
```

运行结果：

大于–3 的元素：[–2, –1, 0, 1, 2]

大于 0 的元素：[1, 2]

小于 0 的元素：[–2, –1]

从运行结果可以看出，在使用 filter()方法时，与 takeWhile()方法比较类似，都是找到满足条件的元素以列表的形式输出，但是使用 takeWhile()方法时第 1 个元素必须满足条件，否则结束查找，而 filter()方法是从第 1 个元素至最后一个元素一一查找，只要是有满足条件的元素就添加至列表中并返回。

（6）count()方法

count()方法用于查找满足于当前条件的元素个数，例如查找一个集合中所有大于 100 的元素个数。接下来我们通过使用 count()方法查找集合中所有大于 100 的元素个数，具体代码如【文件 6–16】所示。

【文件 6–16】Count.kt

```
1  package com.itheima.chapter06
2  fun main(args: Array<String>) {
3      val list = listOf(60, 80, 100, 120, 140)
4      println("查找大于 100 的元素个数: ${list.count {
5          it > 100
6      }}")
7      println("查找小于 60 的元素个数: ${list.count {
```

```
8          it < 60
9      }}")
10 }
```

运行结果：

查找大于 100 的元素个数：2

查找小于 60 的元素个数：0

在上述代码中，定义了一个集合存储了 5 个元素，分别是 60、80、100、120、140。其中大于 100 的元素有 120、140，所以大于 100 的元素个数为 2。其中没有元素小于 60，所以小于 60 的元素个数为 0。

2. 比较元素操作

Collections 中提供了一些常用的方法用于比较集合中的元素，如表 6-2 所示。

表 6-2　集合中常见的高阶函数

方法声明	功能描述
Iterable<T> maxBy(selector: (T) -> R): T?	查找并返回集合中的最大值
Iterable<T>.minBy(selector: (T) -> R): T?	查找并返回集合中的最小值
Iterable<T>.distinctBy(selector: (T) -> K): List<T>	去除集合中重复的元素

在表 6-2 中，maxBy()方法用于获取集合中的最大值，minBy()方法用于获取集合中最小值，distinctBy()方法用于去除集合中重复的元素。

接下来我们通过一个案例来学习如何在集合中查找最值和去重，具体代码如【文件 6-17】所示。

【文件 6-17】MaxBy.kt

```
1  package com.itheima.chapter06
2  fun main(args: Array<String>) {
3      val list = listOf(-2, 0, 0, 1, 1 ,2)
4      println("--------查找最大值--------")
5      println(list.maxBy { it })
6      println("--------查找最小值--------")
7      println(list.minBy { it })
8      println("--------集合去重--------")
9      println(list.distinctBy { it })
10 }
```

运行结果：

--------查找最大值--------

2

--------查找最小值--------

-2

--------集合去重--------

[-2, 0, 1, 2]

从运行结果可以看出，maxBy()、minBy()方法可以正常地查找到当前集合中的最大值 2 和最小值-2，distinctBy()方法可以去除集合中重复的元素并输出[-2, 0, 1, 2]。

6.3.2　标准库中的高阶函数

在上一个小节中，我们讲解了 Collections 中的一些高阶函数，这一小节会展示标准库中的一些高阶函数，如 with、apply、let 等，这些函数都封装在 Standard 类中，因此被称为标准的高阶函数。Standard 中常用的函数如表 6-3 所示。

表 6-3　Standard 中常用的函数

函数声明	函数描述	适用场景
repeat(times: Int, action: (Int) -> Unit)	用于重复执行 action()函数 times 次，其中 times 参数表示重复执行的次数	适用于重复执行一个函数的场景
run(block: () -> R): R	run()函数只接收一个 lambda()函数为参数，返回值为最后一行语句的值或 return 表达式的值	适用于 let()、with()函数的任何场景
T.run(block: T.() -> R): R	调用指定的函数块，用 this 代表函数块中当前的引用对象，并且调用函数块中的方法时，this 可省略。该函数的返回值是函数块中的最后一行语句的值或 return 表达式的值	适用于 let()、with()函数的任何场景
T.let(block: (T) -> R): R	调用指定的函数块，该函数的返回值是函数块的最后一行语句的值或 return 表达式的值	适用于处理变量不为 null 的场景或确定一个变量的作用域
T.apply(block: T.() -> Unit): T	调用指定的函数块，用 this 代表函数块中当前的引用对象，并且调用函数块中的方法时，this 可省略。apply()函数必须要有返回值，并且返回值是当前的引用对象	适用于对实例化对象中的属性进行赋值时，或动态创建一个 View，为该 View 绑定数据时
with(receiver: T, block: T.() -> R): R	将对象作为函数的参数，在函数内可以通过 this 指代该对象。返回值为函数的最后一行语句的值或 return 表达式的值	适用于调用同一个类的多个方法时，可以省去类名，直接调用类的方法即可

1.　repeat()函数

repeat()函数用于重复执行某条语句，它和循环语句非常相似，但是用起来会方便一些。接下来我们通过一个案例进行演示，具体代码如【文件 6-18】所示。

【文件 6-18】Repeat.kt

```
1  package com.itheima.chapter06
2  fun main(args: Array<String>) {
3      println("----------第 1 个参数值为 2 时----------")
4      repeat(2,{
5          println("中国")
6      })
7      println("----------第 1 个参数值为 1 时----------")
8      repeat(1){
9          println("中国")
10     }
11     println("----------第 1 个参数值为 0 时----------")
12     repeat(0){
13         println("中国")
14     }
15 }
```

运行结果：

----------times 值为 2 时----------

中国

中国

----------times 值为 1 时----------

中国

----------times 值为 0 时----------

从运行结果可以看出，将 repeat()函数的第 1 个参数值声明为 2 时，可以将其第 2 个参数所代表的函数执行两次。而将其第 1 个参数值声明为 0 时，没有输出结果。因此，在使用 repeat()函数时如果要确保能够输出结果，第 1 个参数值要大于 0。

2. T.run()函数

在讲解 run()函数之前，让我们首先回顾一下 ArrayList 集合添加数据的操作，具体代码如【文件 6–19】所示。

【文件 6–19】ArrayList.kt

```
1  package com.itheima.chapter06
2  fun main(args: Array<String>) {
3      val list = ArrayList<Int>()
4      list.add(1)
5      list.add(2)
6      list.add(3)
7      println(list)
8  }
```

运行结果：

[1, 2, 3]

在上述代码中，第 4～6 行代码是为 ArrayList 集合添加数据的，每次都需要调用 list 集合中的 add()方法，此时 list 对象的类型是指定的 ArrayList 类型。如果每次都通过调用 add()方法来添加数据到集合中，会显得程序比较臃肿，因此为了解决这个问题，可以通过调用 run()函数来实现向 ArrayList 集合中添加数据，具体代码如【文件 6–20】所示。

【文件 6–20】Run.kt

```
1  package com.itheima.chapter06
2  fun main(args: Array<String>) {
3      val list = ArrayList<String>()
4      list.run {
5          this.add("土星")
6          add("天王星")
7          add("海王星")
8      }
9      println(list)   // 输出集合里的数据
10 }
```

运行结果：

[土星, 天王星, 海王星]

在上述代码中，通过 run()函数为 ArrayList 集合添加数据，此时可以省略当前的 list 对象，如果使用 this 关键字来代替 list 对象调用 add()方法，则此时可以省略 this 关键字。这样的操作相对于之前的添加看起来会更加简洁、明确。

ArrayList 集合在添加数据时会有一个返回值，当添加数据成功时，该返回值为 true。那么在 run()函数中给 ArrayList 集合添加数据时，该函数的返回值是如何来确定的呢？接下来我们通过一个案例来演示 run()函数的返回值，具体代码如【文件 6–21】所示。

【文件 6-21】RunReturnValue.kt

```
1   package com.itheima.chapter06
2   fun main(args: Array<String>) {
3       val list = ArrayList<String>()
4       val value = list.run {
5           add("金星")
6           size
7       }
8       println("返回值：$value")
9       println("集合数据：$list")
10  }
```

运行结果：

返回值：1

集合数据：[金星]

从运行结果可以看出，调用 run()函数时返回值为函数体的最后一条语句，和普通的 Lambda 表达式是一样的。但是在 run()函数中是可以使用 return 来结束当前语句的。接下来我们通过 return 来结束 run()函数，具体代码如【文件 6-22】所示。

【文件 6-22】RunReturnValue2.kt

```
1   package com.itheima.chapter06
2   fun main(args: Array<String>) {
3       val list = ArrayList<String>()
4       val value = list.run {
5           add("金星")        // 添加数据
6           println("集合数据：$list")
7           return
8           size             // 集合的长度
9       }
10      println("返回值是：$value")
11      println("集合数据：$list")
12  }
```

运行结果：

集合数据：[金星]

在上述代码中，第 6 行代码的内容可以打印输出，而第 10、11 行的内容没有打印输出，没有打印输出的原因是由于在第 7 行使用了 return 语句，return 语句在程序中使用时，会直接结束当前的方法以及方法外部的内容。

现在可以得知，使用 return 语句时会直接结束 run()函数外部的方法，也就是【文件 6-22】中的 main()方法，这样直接结束 main()显然是不符合当前代码的业务逻辑的，因为在 10、11 行还有输出逻辑要操作，那么如何来解决这一个问题呢？接下来我们通过一个案例解决 return 语句直接结束外部方法的问题，具体代码如【文件 6-23】所示。

【文件 6-23】RunReturnValue3.kt

```
1   package com.itheima.chapter06
2   fun main(args: Array<String>) {
3       val list = ArrayList<String>()
4       val value = list.run {
5           add("金星")        // 添加数据
```

```
6         println("集合数据: $list")
7         return@run  size   // 集合的长度
8         add("火星")
9         println("集合数据: $list")
10    }
11    println("返回值是: $value")
12    println("集合数据: $list")
13 }
```

运行结果：

集合数据：[金星]

返回值是：1

集合数据：[金星]

在上述代码中，通过使用 return@run 可以结束当前的 run()函数，并且不会结束 main()方法，这样就解决了使用 return 直接结束 main()方法的问题。此处需要注意，结束 run()方法使用"return@run"是固定格式，中间不需要空格分开，并且所有在 Standard 类中的方法都可以通过"return@方法名"这种格式结束当前方法。

6.4 内联函数

在 Kotlin 语法中，Lambda 表达式都会被编译成一个匿名类。这样的话每次调用 Lambda 表达式时，就会创建出新的对象，造成额外的内存开销，导致程序效率降低，为了解决这个问题，Kotlin 中提供了一个修饰符"inline"，被 inline 修饰的 Lambda（函数）称为内联函数，使用内联函数可以降低程序的内存消耗。本节将针对 Kotlin 中的内联函数进行学习。

6.4.1 使用内联函数

在 Kotlin 中，被"inline"修饰符修饰的 Lambda（函数）称为内联函数，使用内联函数可以降低程序的内存消耗，但内联函数要合理使用，不要内联一个复杂功能的函数，尤其在循环中。接下来让我们通过一个案例来学习内联函数，具体代码如【文件 6-24】所示。

【文件 6-24】Inline.kt

```
1  package com.itheima.chapter06
2  import java.util.concurrent.locks.Lock
3  import java.util.concurrent.locks.ReentrantLock
4  inline fun <T> check(lock: Lock, body: () -> T): T {
5      lock.lock()
6      try {
7          return body()
8      } finally {
9          lock.unlock()
10     }
11 }
12 fun main(args: Array<String>) {
13     var l = ReentrantLock()
14     check(l, { print("这是内联函数方法体") })//l 是一个 Lock 对象
15 }
```

运行结果：

这是内联函数方法体

在上述代码中，通过 inline 关键字指定 check()函数就是一个内联函数。在调用内联函数时，编译器会对 check(l, { print("这是内联函数方法体") })这句代码优化，去掉方法名称以避免入栈出栈操作，直接执行方法体内的内容。具体代码如下：

```
1  lock.lock()
2     try {
3         return "这是内联函数方法体"
4     } finally {
5         lock.unlock()
6     }
7  }
```

通过上述代码可以看出，内联函数实际上在运行期间会增加代码量，但对程序可读性不会造成影响，同时也提升了性能。

6.4.2 禁用内联函数

目前我们已经知道当使用内联函数时，参数也都会随之内联，此时便会出现一个问题，就是如果参数有 Lambda 表达式时，Lambda 表达式便不是一个函数的对象，从而也就无法当作参数来传递。为了解决这个问题，可以使用 noinline 修饰符来修饰参数，禁止参数产生内联关系。接下来我们通过一个案例来演示，具体代码如【文件 6-25】所示。

【文件 6-25】noinline.kt

```
1  package com.itheima.chapter06
2  inline fun check(noinline function: (Int) -> Boolean){
3     test(function)
4  }
5  fun test(function: (Int) -> Boolean){
6     println("编译通过")
7  }
8  fun main(args: Array<String>) {
9     check { x : Int -> x == 2 }
10 }
```

运行结果：

编译通过

从运行结果可以看出，通过 noinline 修饰的 Lambda 表达式是非内联关系，可以当作参数使用。

6.5 本章小结

本章主要介绍了 Lambda 表达式、高阶函数、内联函数，通过对本章的学习，读者可以熟练运用这些知识来使程序的代码更简洁，进而节省开发时间。

【思考题】

1. 请思考 Lambda 表达式如何作为参数使用。
2. 请思考 Kotlin 中如何使用内联函数。

第 7 章
泛型

学习目标

● 掌握泛型的定义
● 熟悉泛型的分类
● 掌握泛型的约束、子类与子类型
● 掌握协变与逆变
● 掌握泛型擦除与实化类型

　　泛型是一种编译时的安全检测机制，它允许在定义类、接口、方法时使用类型参数，声明的类型参数在使用时用具体的类型来替换。泛型的本质是参数化类型，也就是说所操作的数据类型被指定为一个参数。在本章我们将对泛型进行详细讲解。

7.1 泛型的定义

　　现实生活中，我们在整理物品时，会把各种各样的物品放在一个收纳盒中，如剪刀、火机、梳子、头绳等，这个收纳盒相当于是一个容器，该容器中可以放各种物品。如果有一个空的收纳盒，想要知道收纳盒中放什么物品，只有当收纳盒中放了物品之后才会知道放的是什么物品。收纳盒这个容器的概念与 JDK 系统中的 List 集合比较类似，List 集合也是一个容器，这个容器中也可以放置各种数据类型，如 String、Int、Object 等。如果想要知道 List 集合中存放的是什么类型的对象，则必须在该集合存放完对象之后才能知道。

　　当创建一个空的 List 集合时，调用 List 集合中的 add()方法，该方法中传递的参数是一个"某种类型"的对象，由于这个"某种类型"是一个不确定的类型，因此可以通过泛型来表示。泛型即"参数化类型"，就是将具体的类型变成参数化类型，在声明一个泛型时，传递的是一个类型形参，在调用时传递的是一个类型实参。

　　当定义泛型时，泛型是在类型名之后、主构造函数之前用尖括号 "<>" 括起来的大写字母类型参数。当定义泛型类型变量时，可以完整地写明类型参数，如果编译器可以自动推断类型参数，则可以省略类型参数。

　　下面我们以 ArrayList 为例，创建一个泛型，具体示例代码如下：

```
class ArrayList<E>
```

上述代码中 E 表示某种类型，定义时是一个未知类型，称为类型形参。E 这个类型类似一个参数，当创建 ArrayList 实例时，需要传入具体的类型。具体示例代码如下：

```
var list1 = arrayListOf<String>("aa","bb","cc")
var list2 = arrayListOf<Long>(111,222,333)
var list3 = arrayListOf<Int>(1,2)
```

上述代码中传入的参数 String、Long、Int 都是类型实参。

接下来我们通过一个例子来了解可以省略的泛型类型参数，具体示例代码如下：

```
class Box<T>(t: T) {
    var value = t
}
```

上述代码中 T 表示泛型的类型参数，如果要创建这个类的实例，则需要提供具体的类型参数。具体示例代码如下：

```
val box: Box<Int> = Box<Int>(1)
```

如果类型参数可以推断出来，则可以省略类型参数。具体示例代码如下：

```
val box = Box(1)    //参数 1 是 Int 类型
```

由于传递到构造函数中的参数是 1，这个参数是一个 Int 类型的参数，编译器可以推断出泛型的类型是 Int 类型，因此在创建类的实例时可以省略类型参数。

7.2 泛型的分类

由于泛型可以体现在类、接口以及方法中，因此可以将泛型分为 3 种类型，分别是泛型类、泛型接口以及泛型方法。本节我们将对这 3 种类型进行详细讲解。

7.2.1 泛型类

1. 泛型类的定义

使用泛型标记的类，被称为泛型类。泛型类的使用分为两种情况，一种是泛型类被用于实例化，另一种是泛型类被用于继承。当泛型类用于实例化时，需要传递具体的类型实参。

（1）泛型类被用于实例化

```
val list = ArrayList<String>()        //String 类型为泛型实参
val map = HashMap<String, Int>()  //String、Int 为泛型实参
val set = HashSet<Long>()            //Long 为泛型实参
```

（2）泛型类被用于继承

当泛型类被用于继承时，需要为泛型形参提供一个具体类型或者另一个类型的形参。具体示例代码如下：

```
1  class ArrayList<E> : AbstractList<E>(), List<E>, java.io.Serializable {
2      override val size: Int = 0
3      override fun get(index: Int): E {
4          TODO("not implemented")
5      }
6  }
```

上述代码中，ArrayList<E>表示定义了一个泛型类，其中<E>表示声明了一个泛型形参，具体的实参类型在 ArrayList 被使用时决定。代码中的 AbstractList<E>、List<E>两个泛型类是在 ArrayList<E>泛型类中被使用，因此需要给它们传递一个具体的类型。由于传递的具体类型暂不确定，但是可以明确 AbstractList<E>、List<E>需要的类型实参和 ArrayList<E>需要的类型实参一致，因此 AbstractList<E>、List<E>两个泛型类接收的类型是当前 ArrayList<E>这个泛型类的类型形参。

2. 自定义泛型类

除了使用系统提供的泛型类之外，还可以自定义泛型类，Kotlin 中自定义泛型类定义的格式如下所示：

```
[访问修饰符]class 类名<泛型符号 1, 泛型符号 2, …>{
    泛型符号 1 泛型成员 1;
    泛型符号 2 泛型成员 2;
}
```

上述格式中，泛型声明在类名之后，泛型的符号一般使用大写字母，如<T>、<E>、<K>、<V>等，泛型符号可以是满足 Kotlin 命名规则的任意字符，甚至可以是某一个单词，如<TYPE>，一个类可以声明多个泛型，只要使用不同的泛型符号即可，如{TODO}。接下来我们通过一个案例来自定义一个泛型类，首先在 IDEA 中创建一个名为 Chapter07 的项目，包名指定为 com.itheima.chapter07，该包用于存放后续案例中创建的文件，接着在该包中创建一个 GenericsClass.kt 文件，在该文件中自定义一个泛型类 Box。具体代码如【文件 7-1】所示。

【文件 7-1】GenericsClass.kt

```
1  package com.itheima.chapter07
2  class Box<T> {
3      var t: T? = null
4      fun add(t: T): Unit {
5          this.t = t;
6      }
7      fun get(): T? {
8          return t
9      }
10 }
11 data class Apple(val name: String)  //Apple 数据类
12 fun main(args: Array<String>) {
13     val box = Box<Apple>()
14     box.add(Apple("红富士苹果"))
15     val apple = box.get()
16     println(apple.toString())
17 }
```

运行结果：

Apple(name=红富士苹果)

上述代码中，自定义了一个泛型类 Box 与数据类 Apple。在泛型类 Box 中，创建了一个类型为 T 的变量 t，接着创建了 add()方法与 get()方法，分别用于设置和获取变量 t 的值。在数据类 Apple 的主构造函数中传递了一个 String 类型的变量 name，在 main()函数中，创建泛型类 Box 的实例对象，接着调用 add()方法将泛型类 Apple 的实例传递到该方法中，最后通过 get()方法获取变量 t 的值并打印。

7.2.2 泛型接口

使用泛型标记的接口，被称为泛型接口。泛型接口的使用分为两种情况，一种情况是泛型接口被实现时可以确定泛型接口对应的实参，直接传递实参即可；另一种情况是泛型接口被实现时不能确定泛型接口对应的实参，则需要使用当前类或者接口的泛型形参。接下来我们针对这两种情况进行讲解。

情况一：泛型接口被实现时能够确定泛型接口对应的实参，直接传递实参即可。具体代码如下：

```
interface List<String> : Collection<String>{}
```

情况二：泛型接口被实现时不能够确定泛型接口对应的实参，则需要使用当前类或者接口的泛型形参。具体代码如下：

```
interface List<E> : Collection<E>{}
```

上述代码中，List<E>属于定义了一个泛型接口。List<E>这里的<E>属于声明了一个泛型形参，具体是什么类型实参，由 List 被使用的时候决定。List<E>继承自 Collection<E>，使用 List<E>时，无论传递的是什么类型参数，Collection<E>的类型实参和 List<E>的类型实参都是一致的。

7.2.3 泛型方法

1. 泛型方法的定义

使用泛型标记的方法，被称为泛型方法。泛型方法在被调用时，只需传入具体的泛型实参即可，Kotlin 语言比较智能，在一些情况下，可以不用给具体的类型实参，程序会自动推断。接下来我们先来看一下最简单的泛型方法 main()，具体代码如下所示：

```
1  fun main(args: Array<String>) {
2      //String 类型为泛型实参,Kotlin 自动推断
3      val list = arrayListOf("a","b","c")
4      //String、Int 为泛型实参,Kotlin 自动推断
5      val map = hashMapOf("a" to 1,"b" to 2)
6      //Long 为泛型实参,Kotlin 自动推断
7      val set = hashSetOf(1L,2L,3L)
8  }
```

上述代码中，定义了一个<String>类型的泛型方法，当创建具体的泛型实参时，IDEA 编辑器会自动推断泛型实参的类型，然后在变量名称后通过 "：+参数类型" 的方式添加标识，如图 7-1 所示。

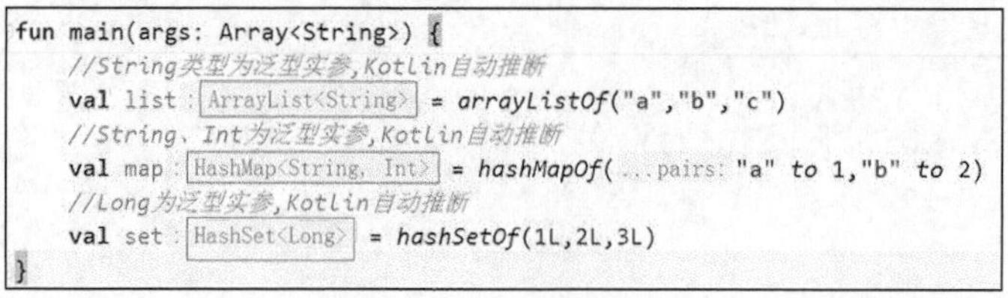

图7-1　自动判断泛型类型

在图 7-1 中，用方框标识出来的部分是编译器根据具体的泛型实参自动推断出的泛型实参的类型。

2. 高阶函数中的泛型方法

在高阶函数中，自定义了很多泛型方法，具体代码如【文件 7-2】所示。

【文件 7-2】Paradigm.kt

```
1  package com.itheima.chapter07
2  fun main(args: Array<String>) {
```

```
3        val letters = ('a'..'z').toList()
4        println(letters.slice<Char>(0..2))  //调用泛型方法,显式地指定类型实参
5        println(letters.slice(10..13))        //调用泛型方法,编译器推导出 T 是 Char
6    }
```

运行结果:

[a, b, c]

[k, l, m, n]

3. 自定义泛型方法

除了使用系统提供的泛型方法,还可以自定义泛型方法,只需要把握自定义泛型方法的格式即可。那么,Kotlin 中自定义泛型方法的格式是怎样的呢?下面就来看一下自定义泛型方法的格式,具体如下:

```
修饰符 fun <泛型符号> 方法名(方法参数): 方法返回值 {
    ...
}
```

根据上述自定义泛型方法的格式,接下来我们来自定义一个泛型方法,具体代码如【文件 7-3】所示。

【文件 7-3】CustomParadigm.kt

```
1   package com.itheima.chapter07
2   fun <T> printInfo(content: T) {
3       when (content) {
4           is Int -> println("传入的$content,是一个 Int 类型")
5           is String -> println("传入的$content,是一个 String 类型")
6           else -> println("传入的$content,不是 Int 也不是 String")
7       }
8   }
9   fun main(args: Array<String>) {
10      printInfo(10)
11      printInfo("hello world")
12      printInfo(true)
13  }
```

运行结果:

传入的 10,是一个 Int 类型

传入的 hello world,是一个 String 类型

传入的 ture,不是 Int 也不是 String

7.3 泛型约束

7.3.1 泛型约束的必要性

泛型约束是对类或者方法中的类型变量进行约束。当创建一个泛型 List<E>时,类型变量 E 理论上是可以被替换为任意的引用类型,但是有时候需要约束泛型实参的类型,例如想对 E 类型变量求和,则 E 应该是 Int 类型、Long 类型、Double 类型或者 Float 类型等,而不应该是 String 类型,因此在特殊情况下,需要对类型变量 E 进行限制。接下来我们通过一个案例来学习泛型约

束的相关知识，具体代码如【文件 7-4】所示。

【文件 7-4】Constraint1.kt

```
1  package com.itheima.chapter07
2  fun <T : Number> List<T>.sum(): Double? {
3      var sum: Double? = 0.0                        //定义一个 Double 类型的变量 sum
4      for (i in this.indices) {                     //遍历传递过来的集合中的数据
5          sum = sum?.plus(this[i].toDouble())       //转化为 Double 类型再与 sum 相加
6      }
7      return sum
8  }
9  fun main(args: Array<String>) {
10     var list = arrayListOf(1, 2, 3, 4, 5)         //创建一个集合变量 list
11     println("求和：${list.sum()}")
12 }
```

运行结果：

求和：15.0

上述代码中，创建了一个泛型方法 sum()，该方法的返回值为 Double 类型，泛型为 List<T>，其中对类型变量 T 的约束为 Number 类型，也就是调用 sum()方法的集合中的类型必须是 Number 类型。在 main()方法中可以看到，创建了一个 list 集合，这个集合中的数据设置的都是 Int 类型，Int 类型属于 Number 类型，因此在该程序中可以通过 list 集合来调用 sum()方法实现求和功能。如果传入的类型不属于 Number 类型则会抛出类型不匹配异常。

7.3.2　泛型约束<T：类或接口>

泛型约束<T：类或接口>与 Java 中的<? extends 类或接口>类似，这个约束也可以理解为泛型的上界。例如泛型约束<T：BoundingType>，其中 BoundingType 可以称为绑定类型，绑定类型可以是类或者接口。如果绑定类型是一个类，则类型参数 T 必须是 BoundingType 的子类。如果绑定类型是一个接口，则类型参数 T 必须是 BoundingType 接口的实现类。接下来我们来针对如何调用泛型上界类中的方法与泛型约束<T:Any?>与<T:Any>进行详细讲解。

1．调用泛型上界类中的方法

如果泛型约束中指定了类型参数的上界，则可以调用定义在上界类中的方法。接下来我们通过一个案例来调用上界类中的方法，具体代码如【文件 7-5】所示。

【文件 7-5】UpperBound.kt

```
1  package com.itheima.chapter07
2  fun <T : Number> twice(value: T): Double {
3      return value.toDouble() * 2
4  }
5  fun main(args: Array<String>) {
6      println("4.0 的两倍：${twice(4.0f)}")//将 4.0f 传递到 twice()中并打印结果
7      println("4 的两倍：${twice(4)}")    //将 4 传递到 twice()中并打印结果
8  }
```

运行结果：

4.0 的两倍：8.0

4 的两倍：8.0

在上述代码的 twice()方法中，参数 value 调用的 toDouble()方法是在 Number 类中定义的。

由于在泛型约束<T：Number>中已经指定类型参数的上界为 Number，因此 twice()方法中传递的参数 value 可以调用定义在上界类 Number 中的方法。

如果上界约束需要多个约束，则可以通过 where 语句来完成。接下来我们通过 where 关键字来实现上界约束的多个约束，具体示例代码如下：

```
fun <T> manyConstraints(value: T) where T : CharSequence, T : Appendable
{
    if (!value.endsWith('.')) {
        value.append('.')
    }
}
```

从上述代码中可以看到，通过 where 关键字实现了上界约束的多个约束，每个约束中间用逗号分隔，并且传递的参数 value 可以调用第 1 个约束 CharSequence 类中的 endsWith()方法，同时也可以调用第 2 个约束 Appendable 类中的 append()方法。

2. 泛型约束<T：Any?>与<T：Any>

在泛型<T：类或者接口>中，有两种特别的形式，分别是<T：Any?>和<T：Any>，其中<T：Any?>表示类型实参是 Any 的子类，且类型实参可以为 null。<T：Any>表示类型实参是 Any 的子类，且类型实参不可以为 null。在 Kotlin 中，Any 类型是任意类型的父类型，类似 Java 中的 Object 类，因此声明的<T：Any? >等同于<T>。接下来我们通过一个案例来演示如何使用泛型<T：Any?>，具体代码如【文件 7-6】所示。

【文件 7-6】AnyConstraints.kt

```
1  package com.itheima.chapter07
2  //声明<T : Any?>等同于<T>
3  fun <T : Any?> nullAbleProcessor(value: T) {
4      value?.hashCode()
5  }
6  fun <T : Any> nullDisableProcessor(value: T) {
7      value.hashCode()   //编译通过
8  }
9  fun main(args: Array<String>) {
10     nullAbleProcessor(null)
11     // nullDisableProcessor(null)    编译错误
12 }
```

上述代码中，nullAbleProcessor()方法中的类型参数 T 使用的是<T：Any?>进行约束的，<T：Any?>表示可以接收任意类型的类型参数，这个任意类型中包含 null，因此在 main()方法中调用 nullAbleProcessor()方法时，这个方法中可以传递 null。nullDisableProcessor()方法中传递的类型参数 T 使用的是<T：Any>进行约束的，<T：Any>表示可以接收任意类型的类型参数，这个任意类型中不包含 null，因此在 main()方法中调用 nullDisableProcessor()方法，且这个方法中传递 null 时，编译器会自动提示"is not satisfied:inferred type Nothing? is not a subtype of Any"，也就是"类型匹配不成功，传递的 null 不是 Any 的子类型"。

如果想在上述代码的 nullDisableProcessor()方法中传递 null，则可以将传递的参数类型 T 改为 T?，编译就可以通过了。修改后的代码如【文件 7-7】所示。

【文件 7-7】AnyConstraints.kt

```
1  package com.itheima.chapter07
2  //声明<T : Any?>等同于<T>
```

```
3  fun <T : Any?> nullAbleProcessor(value: T) {
4      value?.hashCode()
5  }
6  fun <T : Any> nullDisableProcessor(value: T?) {
7      value?.hashCode()   //编译通过
8  }
9  fun main(args: Array<String>) {
10     nullAbleProcessor(null)
11     nullDisableProcessor(null)
12 }
```

上述代码中，将 nullDisableProcessor() 方法中传递的参数类型 T 改为 T?，第 7 行代码从【文件 7-6】中的 "value.hashCode()" 改为了 "value?.hashCode()"，这样修改后即使使用 <T:Any> 进行约束传递的参数类型，也可以允许该方法中传递 null 值。

7.4 子类和子类型

子类是继承的概念，如果 B 继承 A，则 B 就是 A 的子类。如果需要使用类型 A 的变量时，可以使用类型 B 的变量来代替，则此时类型 B 就是 A 的子类型。子类与子类型是不同的，类中变量的替换原则只适合于子类型关系。一般情况下，编程语言只考虑了子类关系，子类说明是一个新类继承了父类，而子类型则是强调了新类具有父类一样的行为，这个行为不一定是继承。在本节我们将针对子类与子类型进行讲解。

7.4.1 继承与子类型

如果 B 类是 A 类的子类，则 B 就是 A 的子类型。当新类的行为与父类完全一致，在任何使用父类的场合，新类都表现一致的行为，此时可以使用继承。接下来我们通过一个动物的案例来描述子类型。假如有两个实体类，分别是 Animal（动物）、Cat（猫），这两个类为继承关系，具体代码如【文件 7-8】所示。

【文件 7-8】Animal.kt

```
1  package com.itheima.chapter07
2  open class Animal {
3      fun bathe() {
4          println("洗澡…")
5      }
6  }
7  class Cat : Animal()
8  fun work(animal: Animal): Unit {
9      animal.bathe()
10 }
11 fun main(args: Array<String>) {
12     var cat = Cat()
13     work(cat)
14 }
```

运行结果：

洗澡…

上述代码中，创建了两个类，分别是 Animal 类与 Cat 类，其中 Cat 类继承 Animal 类，Cat 类是 Animal 类的子类。在第 13 行代码中可以看到，调用 work() 方法时，该方法中需要传递的参数类型是 Animal，实际传递到该方法中的参数类型是 Cat 类型。这段代码不仅可以编译通过，而且可以运行成功，这说明 Cat 类是 Animal 类的子类型。

如果 A 类不是 B 类的子类型，则不可以代替 B 类做一些事情。接下来让我们通过一个案例来看一下 A 类不是 B 类的子类型时的情况，具体代码如【文件 7-9】所示。

【文件 7-9】Demo1.kt

```
1   package com.itheima.chapter07
2   fun output(number: Number): Unit {
3       println(number)
4   }
5   fun main(args: Array<String>) {
6       var i = 1
7       output(i)
8       var str = "Hello"
9   // output(str)   编译器会提示错误
10  }
```

上述代码中，output() 方法中需要传递的是 Number 类型的数据，第 7 行中向 output () 方法中传递了一个 Int 类型的变量 i，编译通过。第 9 行中向 output() 方法中传递了一个 String 类型的变量 str，此时编译器提示编译错误。出现以上这些情况是因为 Int 类型是 Number 类型的子类型，String 类型不是 Number 类型的子类型。

7.4.2　接口与子类型

如果 B 类实现了接口 A，则 B 类就是接口 A 的子类型，例如 String 类实现了 CharSequence 接口，String 类就是接口 CharSequence 的子类型。接下来我们通过一个案例来说明 String 类是接口 CharSequence 的子类型，具体代码如【文件 7-10】所示。

【文件 7-10】Interface.kt

```
1   package com.itheima.chapter07
2   fun export(str: CharSequence): Unit {
3       println(str)
4   }
5   fun main(args: Array<String>) {
6       val str:String = "Hello Kotlin"
7       export(str)
8   }
```

运行结果：

Hello Kotlin

上述代码中，export () 方法中传递的参数类型是 CharSequence，在第 7 行调用这个方法时，传递的参数是 String 类型的数据，编译器没有报错，并且程序运行成功，这就说明当一个类实现了一个接口，则这个类就是这个接口的子类型。

7.4.3　可空类型的子类型

非空类型 String 是可空类型 String? 的子类型。接下来我们通过一个案例来验证一下这个结论，具体代码如【文件 7-11】所示。

【文件 7-11】String.kt

```
1  package com.itheima.chapter07
2  fun print(str: String?): Unit {
3      println(str)
4  }
5  fun main(args: Array<String>) {
6      var str1: String = "非空"
7      var str2: String? = null
8      print(str1)
9      print(str2)
10 }
```

运行结果：

非空

null

上述代码中，print()方法中需要传递可空参数，但是在 main()方法中调用 print()方法时，传递了非空参数和可空参数，编译器没有报错并且程序可以运行成功。这就说明 String 类型是 String? 类型的子类型，也就是非空类型是可空类型的子类型。

如果将上述代码中的 print()方法中的参数类型 String?改为 String，其余代码不变，则会在调用 print()方法时报错，这个错误提示是类型不匹配，这就说明了 String? 不是 String 的子类型，也就是可空类型不是非空类型的子类型。

💣脚下留心：B 是 A 的子类型，但 Xxx<B>不是 Xxx<A>的子类型

如果 B 类是 A 类的子类型，但 Xxx<B>不是 Xxx<A>的子类型，这里的 Xxx 表示的是任意一个类或者接口，例如可以是 List 接口、PetShop 类等。如果 Cat 类是 Animal 类的子类，但 List<Cat>并不是 List<Animal>的子类型，PetShop<Cat>也不是 PetShop<Animal>的子类型。

接下来我们通过一个给宠物洗澡的案例来说明如果 B 类是 A 类的子类型，但 Xxx<B>不是 Xxx<A>的子类型。具体代码如【文件 7-12】所示。

【文件 7-12】Animal.kt

```
1  package com.itheima.chapter07
2  open class Animal {
3      fun bathe() {
4          println("开开心心地洗澡…")
5      }
6  }
7  class Cat : Animal()     //猫类
8  class PetShop<T : Animal>(var animals: List<T>)//宠物店类
9  //帮所有的宠物洗澡
10 fun batheAll(petShop: PetShop<Animal>) {
11     for (animal: Animal in petShop.animals) {
12         animal.bathe()     //开始洗澡
13     }
14 }
15 fun main(args: Array<String>) {
```

```
16    val cat1 = Cat() //第1只猫
17    val cat2 = Cat() //第2只猫
18    val animals = listOf<Cat>(cat1, cat2) //宠物装入一个集合
19    val petShop=PetShop<Cat>(animals)        //将宠物送到宠物店
20    // batheAll(petShop)  编译器报错
21 }
```

上述代码中，创建了一个 Cat 类继承 Animal 类，从第 19 行代码可以看出，Cat 类可以代替 Animal 类，Cat 类是 Animal 类的子类型，但是在第 20 行中，batheAll()方法中需要传递的是 PetShop<Animal>类型的数据，实际传递的是 PetShop<Cat>类型的数据，因此编译器在编译时就报错了，提示 "Type mismatch"，也就是 "类型不匹配"，因此可以说明 PetShop<Cat>不是 PetShop<Animal>的子类型。即 B 类是 A 类的子类型，但 Xxx<B>不是 Xxx<A>的子类型。

7.5 协变与逆变

类或者接口上的泛型参数可以添加 out 或者 in 关键字。对于泛型类型参数，out 关键字用于指定该类型参数是协变 Covariant；in 关键字用于指定该类型参数是逆变 Contravariance。协变与逆变其实是 C#语言 4.0 以后新增的高级特性，协变是将父类变为具体子类，协变类型作为消费者，只能读取不能写入，逆变是将子类变为具体父类，逆变作为生产者，只能写入不能读取。Kotlin 语言在 1.0 版本时就将其引入到语法体系中来了。本节我们将对协变与逆变进行详细讲解。

7.5.1 协变

在 7.4.3 小节中的脚下留心中讲到，B 类是 A 类的子类型，默认情况下 Xxx<B>不是 Xxx<A>的子类型。但是通过 out 关键字可以使 Xxx<B>是 Xxx<A>的子类型，这样的操作叫作协变。接下来我们稍微修改【文件 7-12】的代码来通过 out 关键字可以让 Xxx<B>是 Xxx<A>的子类型。修改后的代码如【文件 7-13】所示。

【文件 7-13】Animal.kt

```
1 package com.itheima.chapter07
2 open class Animal {
3     fun bathe() {
4         println("开开心心地洗澡…")
5     }
6 }
7 class Cat : Animal()      //猫类
8 class PetShop<T : Animal>(var animals: List<T>)   //宠物店类
9 //帮所有的宠物洗澡
10 fun batheAll(petShop: PetShop<out Animal>) {
11     for (animal: Animal in petShop.animals) {
12         animal.bathe()       //开始洗澡
13     }
14 }
15 fun main(args: Array<String>) {
16     val cat1 = Cat()    //第1只猫
17     val cat2 = Cat()    //第2只猫
18     val animals = listOf<Cat>(cat1, cat2)    //宠物装入一个集合
19     val petShop = PetShop<Cat>(animals)      //将宠物送到宠物店
```

```
20        batheAll(petShop)
21  }
```

运行结果：

开开心心地洗澡…

开开心心地洗澡…

上述代码中，虽然 Cat 是 Animal 的子类型，但是 PetShop<Cat>不是 PetShop<Animal>的子类型，在第 20 行代码中调用 batheAll()方法后程序正常运行，并不会像【文件 7-12】中的代码出现类型不匹配的编译问题，这是因为在 batheAll()方法的参数中添加了一个 out 关键字，这个关键字可以帮助泛型参数<Animal>支持协变。

总结

out 关键字使用的几种情况

（1）out 关键字只能出现在泛型类或者泛型接口的泛型参数声明上，不能出现在泛型方法的泛型参数声明上。

（2）out 关键字修饰泛型类或者泛型接口的泛型参数时会支持协变。

7.5.2 逆变

根据 7.4.3 小节中的脚下留心的内容可知，如果 A 是 B 的子类型，默认情况下 Xxx<A>不是 Xxx<B>的子类型，通过 out 关键字使 Xxx<A>变成 Xxx<B>的子类型时，这样的变化叫作协变。与 out 关键字对应的是 in 关键字，in 关键字与 out 关键字有相反的功能，可以使 Xxx<A>不是 Xxx<B>的子类型，这样的变化叫作逆变。

接下来我们通过一个案例来验证 in 关键字使泛型参数支持逆变，具体代码如【文件 7-14】所示。

【文件 7-14】Animal.kt

```
1   package com.itheima.chapter07
2   open class Animal
3   class Cat : Animal() {}
4   class Dog : Animal() {}
5   //定义宠物店类
6   class PetShop<in T> {
7       fun feed(animal: T) {
8           if (animal is Cat) {
9               println("喂食小猫…")
10          } else if (animal is Dog) {
11              println("喂食小狗…")
12          }
13      }
14  }
15  //定义喂猫的方法
16  fun feedCat(petShop: PetShop<Cat>): Unit {
17      petShop.feed(Cat())
18  }
19  fun main(args: Array<String>) {
20      feedCat(PetShop<Animal>())
21  }
```

运行结果：

喂食小猫…

上述代码中，feedCat()方法中需要传递的参数类型是 PetShop<Cat>，在第 20 行调用这个方法时，传递的是 PetShop<Animal>类型的参数，程序没报错并且运行成功。根据代码可知 Cat 是 Animal 的子类型，根据运行结果可知 PetShop<Animal>是 PetShop<Cat>子类型，这是由于在第 6 行代码中 PetShop<in T>泛型参数上使用了 in 关键字，in 关键字使泛型参数产生了逆变。

in 关键字使用的几种情况

（1）in 关键字可以出现在泛型类型或者泛型接口的泛型参数声明上，不能出现在泛型方法的泛型参数声明上。

（2）in 关键字修饰泛型类或者泛型接口中的泛型参数时会支持逆变。

（3）泛型参数 T 在使用了 in 关键字之后，不能声明成 val 或者 var 类型的变量。

7.5.3　点变型

前几个小节中说到的 out、in 关键字都是出现在类或者接口中的泛型参数声明的时候，这样做确实比较方便，因为它们的作用范围比较广，可以应用到所有类被使用的地方。这种把 out、in 关键字放在泛型参数声明处的情况被称为声明点变型。需要注意的是，如果泛型参数中使用了 var 类型变量，则此处无法使用 out、in 关键字，也就不能声明点变型。

除了在类或接口中定义泛型参数时使用 out、in 关键字之外，还可以在泛型参数出现的具体位置使用 out、in 关键字，这种变型被称为使用点变型。接下来我们通过一个案例来解释使用点变型。具体代码如【文件 7-15】所示。

【文件 7-15】UsePointType.kt

```
1   package com.itheima.chapter07
2   open class Fruit(val name: String)
3   open class Mammal(val name: String)
4   class Banana : Fruit("香蕉")
5   class Pear : Fruit("梨子")
6   class Lion : Mammal("狮子")
7   class Tiger : Mammal("老虎")
8   class Forest<T>(var content: T)
9   //打印 Box 中的 Fruit 的 name
10  fun printFruit(forest: Forest<out Fruit>) {
11      println(forest.content.name)
12  }
13  //打印 Box 中的 Animal 的 name
14  fun printMammal(forest: Forest<out Mammal>) {
15      println(forest.content.name)
16  }
17  fun main(args: Array<String>) {
18      val bananaForest = Forest<Banana>(Banana())
19      val pearForest = Forest<Pear>(Pear())
20      val lionForest = Forest<Lion>(Lion())
```

```
21    val tigerForest = Forest<Tiger>(Tiger())
22    printFruit(bananaForest)
23    printFruit(pearForest)
24    printMammal(lionForest)
25    printMammal(tigerForest)
26 }
```

运行结果：

香蕉

梨子

狮子

老虎

上述代码中，在第 8 行代码中定义泛型 Forest 时，没有使用关键字 out、in。由于在定义泛型 Forest 时，泛型参数中使用了 var 类型变量，因此也无法在此处使用 out、in 关键字，也就没有声明点变型。

在上述代码的第 10 和 14 行中，在泛型参数出现的位置使用了 out 关键字，这个关键字使泛型参数进行了协变。在 printFruit() 方法中传递的形参是 Forest<out Fruit> 类型，在第 18 和 19 行代码中向该方法中传递的是 Forest<Banana>、Forest<Pear> 类型，由于这两种类型都是 Forest<out Fruit> 的子类型，因此传递这两个类型都是可行的。同样，由于 Forest<Lion>、Forest<Tiger> 都是 Forest<out Mammal> 子类型，因此在 printMammal() 方法中传递这两个泛型类型的参数也是可以的。

7.6 泛型擦除与实化类型

7.6.1 泛型擦除

由于 JVM 虚拟机中没有泛型，因此泛型类的类型在编译时都会被擦除，所谓的擦除是指当定义一个泛型时，例如 List<String> 类型，运行时它只是 List，并不体现 String 类型。这一点 Kotlin 与 Java 是一样的，泛型在运行时都会被擦除。

接下来我们通过一个案例来解释泛型在程序运行时会被擦除，具体代码如【文件 7-16】所示。

【文件 7-16】Erasure.kt

```
1  package com.itheima.chapter07
2  fun main(args: Array<String>) {
3      //定义一个类型为 List<String> 的集合
4      val list1 = listOf("a", "b", "c")
5      //定义一个类型为 List<Int> 的集合
6      val list2 = listOf(1, 2, 3)
7      //打印集合的类型
8      println(list1.javaClass)
9      println(list2.javaClass)
10     //判断这两个集合数据类型是否一致
11     println(list1.javaClass == list2.javaClass)
12 }
```

运行结果：

class java.util.Arrays$ArrayList

class java.util.Arrays$ArrayList

true

根据运行结果可知，List<String>和List<Int>在程序运行期间类型是一样的，因此说明泛型在运行时都会被擦除。

7.6.2 泛型通配符

在 Java 程序中，如果不知道泛型的具体类型时，可以用"?"通配符来代替具体的类型，而在 Kotlin 中则使用 "*" 来代替泛型的具体类型，这个 "*" 就被称为泛型通配符，它只能在 "<>" 中使用。

接下来我们通过一个案例演示如何使用泛型通配符 "*"，具体代码如【文件 7-17】所示。

【文件 7-17】Generic.kt

```
1   package com.itheima.chapter07
2   open class Food(val name: String)
3   open class Flower(val name: String)
4   class Rice : Food("大米")
5   class Rose : Flower("玫瑰")
6   class Container<T>(var content: T) //定义一个泛型类 Container
7   fun printInfo(container: Container<*>) {
8       val content = container.content
9       if (content is Food) {
10          println(content.name)
11      } else if (content is Flower) {
12          println(content.name)
13      }
14  }
15  fun main(args: Array<String>) {
16      val riceContainer = Container<Rice>(Rice())
17      val roseContainer = Container<Rose>(Rose())
18      printInfo(rice)
19      printInfo(rose)
20  }
```

运行结果：

大米

玫瑰

上述代码中，通过 printInfo()方法来打印 Container 泛型类中传递的食物或者鲜花，printInfo() 方法可以接收 Container<out Food>也可以接收 Container<out Rose>，由于不能明确需要传入的是什么类型，因此使用 "*" 代替。

在 main()函数中，分别创建了两个泛型类 Container 的实例对象——riceContainer 和 roseContainer，其中 riceContainer 传递的参数类型为 Rice，roseContainer 传递的参数类型为 Rose，将这两个实例对象传递到 printInfo()方法中即可打印运行结果。

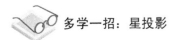 多学一招：星投影

当对泛型的实参一无所知，但仍然希望用安全的方式使用它时，此时有一种安全的方式——

星投影，星投影就是将泛型中的 "*" 等价于泛型中的注解 out 与 in 对应的协变类型参数与逆变类型参数，泛型的每个具体实例化将是该投影的子类型，Kotlin 为此提供了星投影语法，我们以自定义的泛型类 A<T>为例来演示星投影语法，具体如下。

（1）对于泛型类 A<out T>，其中 T 是一个具有上界 TUpper 的协变类型参数，A<*>等价于A<out TUpper>，这意味着当 T 未知时，可以安全地从 A<*>中读取 TUpper 的值。

（2）对于泛型类 A<in T>，其中 T 是一个逆变类型参数，A<*>等价于 A<in Nothing>，由于 Nothing 类型表示没有任何值，因此这意味着当 T 未知时，没有安全的方式写入 A<*>。

（3）对于泛型类 A<T>，其中 T 是一个具有上界 TUpper 的不型变类型参数，A<*>在读取值时等价于 A<out TUpper>，而在写值时等价于 A<in Nothing>。

如果泛型类型具有多个类型参数，则每个类型参数都可以进行单独的星投影，例如，如果声明一个泛型类 B<in T,out U>，则此时可以根据星投影语法推测出以下星投影。

- 如果泛型类为 B<*, String>，则该泛型类等价于 B<in Nothing, String>。
- 如果泛型类为 B<Int, *>，则该泛型类等价于 B<Int, out Any?>。
- 如果泛型类为 B<*, *>，则该泛型类等价于 B<in Nothing, out Any?>。

7.6.3 实化类型

在 7.6.1 小节中已经讲过泛型在运行时会被擦除，这样就无法知道某一个泛型形参在使用时具体是什么类型的泛型实参，在 Java 中，可以通过反射获取泛型的真实类型，而在 Kotlin 中，要想获取泛型的实参类型，则需要在内联函数（inline 关键字定义的函数）中使用 reified 关键字修饰泛型参数才可以，这样的参数称为实化类型。reified 关键词必须要和 inline 一起使用，因为只有内联的泛型函数才可以在运行时获取泛型实参的类型。

接下来我们通过一个在 Any 类中添加一个拓展方法 isType()的案例来判断泛型的实参类型，具体代码如【文件 7-18】所示。

【文件 7-18】MaterializedType.kt

```
1   package com.itheima.chapter07
2   inline fun <reified T> Any.isType(): Boolean {
3       if (this is T) {
4           return true
5       }
6       return false
7   }
8   fun main(args: Array<String>) {
9       println("abc".isType<String>())
10      println(123.isType<String>())
11  }
```

运行结果：

true

false

根据运行结果可知，如果想把泛型参数类型变为实化类型，则这个泛型参数所在的函数必须是 inline 函数，而且泛型参数前必须用 reified 关键字来修饰。

7.7 本章小结

本章主要介绍了 Kotlin 中的泛型知识，详细讲解了泛型的定义、泛型约束、子类和子类型、协变与逆变以及泛型擦除与实化类型。通过对本章的学习，读者可以掌握 Kotlin 程序中泛型的使用、泛型的的协变与逆变以及泛型的擦除与实化类型，要求读者必须掌握这些基础知识，便于后续开发 Kotlin 程序。

【思考题】

1. 请简述泛型的定义。
2. 请思考什么是协变与逆变。

8 Chapter

第 8 章

Gradle

学习目标
- 掌握 Gradle 项目的创建方法
- 掌握 Gradle 的任务
- 掌握 Gradle 的扩展与依赖管理

在 Kotlin 中使用 Gradle 构建项目，可以提升 Kotlin 代码的编译速度，加快开发周期，同时在 Gradle 项目中可以创建一些任务并对这些任务做一些操作，例如依赖、增量式更新以及扩展等，本章将针对 Gradle 进行详细的讲解。

8.1 Gradle 简介

Java 中常见的构建工具有 Ant、Maven、Gradle，这些工具是由 Java 界技术比较高端的人士运用命令或者自动化的方式进行构建，这些构建有编译、测试、手动依赖管理、打包、上传服务器。这 3 个工具的简单介绍如下所示。

- Ant 工具：在 2000 年推出，是基于 XML 的构建工具，构建项目需要手动编写脚本。
- Maven 工具：在 2007 年推出，在 Ant 基础上增加了依赖管理。
- Gradle 工具：在 2012 年推出，在 Maven 基础上增加了 DSL 自定义扩展任务。

Gradle 工具构建项目只需要编写 DSL，摒弃之前 XML 脚本的烦琐。Gradle 默认使用 groovy 脚本构建，从 Gradle 4.0 开始，Gradle 正式支持 Kotlin 语言的构建。现在只需要编写 Kotlin 代码就能够构建 Gradle 项目，这也从侧面反映了 Kotlin 语言的强大，越来越多开发者正在被 Kotlin 语言的魅力所折服。

Gradle 非常强大，可以构建任何项目，例如 JavaEE、Android 和前端等项目，并且还可以实现自动化构建和快速交付。Gradle 的构建速度是 Maven 的百倍以上，项目越大 Gradle 的性能越明显。因此越来越多的企业和开发者使用 Gradle 工具构建项目。

8.2　Gradle 程序

8.2.1　第一个 Gradle 程序

本小节教大家如何用 Gradle 编写一个 Chapter08 程序，具体步骤如下。

1．创建 Gradle 程序

在 IDEA 工具中，选择【File】→【New】→【Project】选项，此时会弹出一个"New Project"窗口，在该窗口的左侧选择【Gradle】选项，右侧勾选上【Java】复选框。"New Project"窗口的效果如图 8-1 所示。

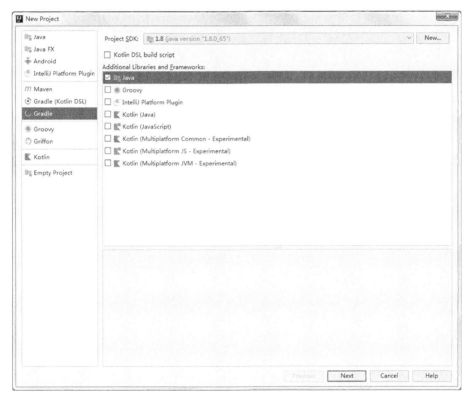

图8-1　"New Project"窗口

单击【Next】按钮，会切换到设置项目名称和包名的窗口，在这个窗口中，设置该项目的包名（GroupId 对应的信息）为 com.itheima.chapter08、该项目的名称（ArtifactId 对应的信息）为 Chapter08，Version 为默认的版本号。设置项目名称与包名的窗口如图 8-2 所示。

单击【Next】按钮，切换到设置 Chapter08 信息的窗口，这个窗口不用设置，直接使用默认的选项即可，如图 8-3 所示。

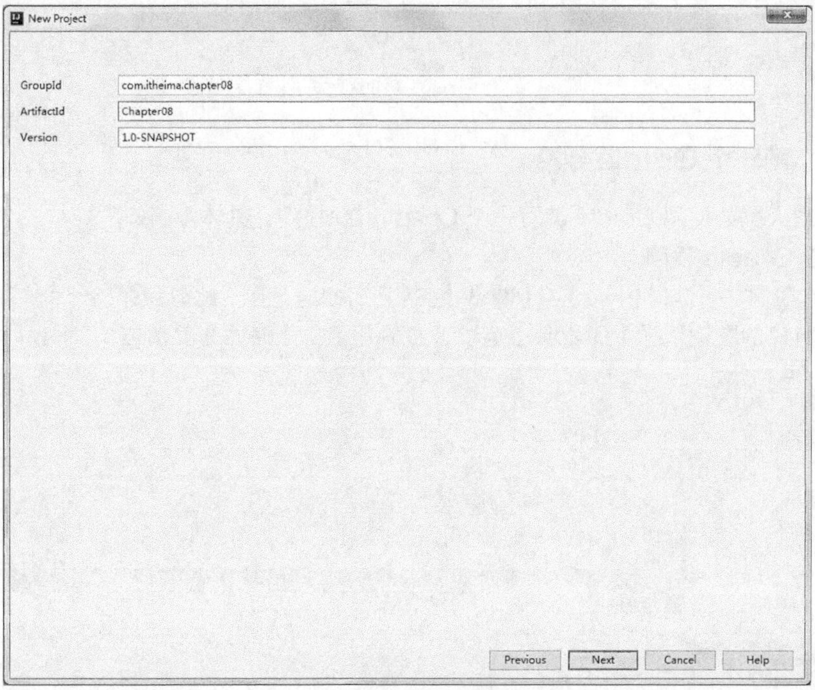

图8-2　项目名称和包名

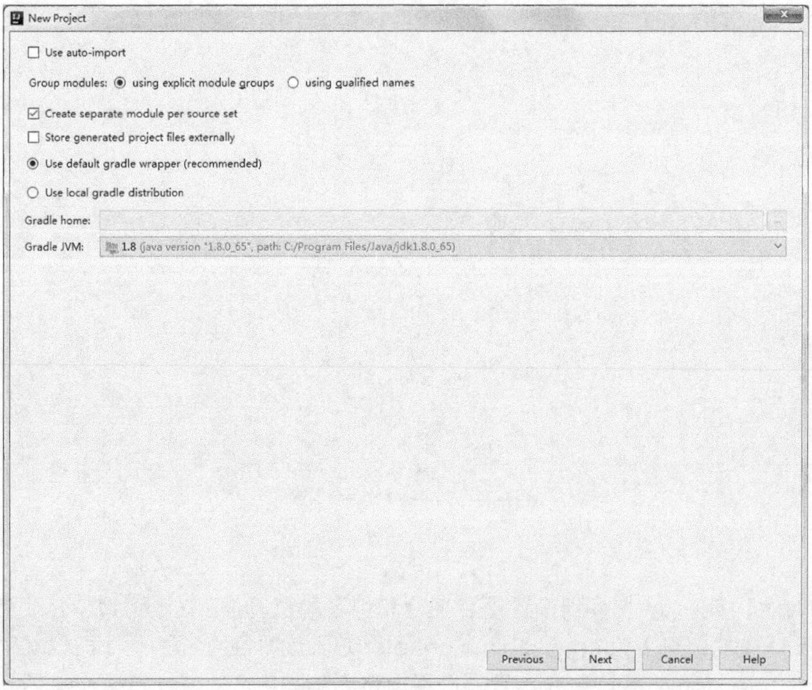

图8-3　项目的默认信息

单击【Next】按钮，切换到设置该项目信息的窗口，该项目的名称（Project Name）为 Chapter08，项目存放的位置（Project location）可自行设置。单击【Finish】按钮创建 Chapter08 项目，设置项目名称与存放项目位置的窗口如图 8-4 所示。

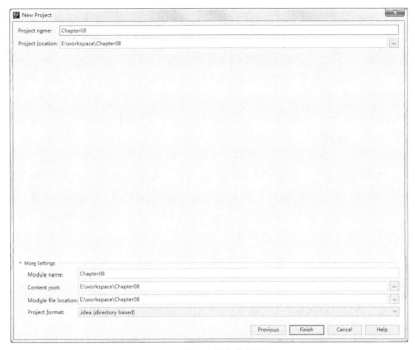

图8-4　项目名称和存放位置

2. 配置 Gradle 程序

　　项目创建完成后，此时会在 IDEA 中显示创建好的 Chapter08 程序，打开该程序中的 gradle 文件夹下的 wrapper 文件夹时，可以看到有两个文件，分别是 gradle_wrapper.jar 与 gradle_wrapper.properties，打开 gradle_wrapper.properties 文件，可以通过设置该文件中的 distributionUrl 的值来设置该项目使用的 Gradle 的版本，虽然 Gradle 是从 4.0 开始支持 Kotlin 的，但是在设置 Gradle 版本时必须设置为 4.0 以上的版本，通常使用的版本是 4.1。使用本地的 Gradle 可以加快程序的构建速度，因此通常下载 Gradle 到本地，下载地址是 "https://gradle.org/"，获取到对应的 Gradle 版本的压缩包后，接着将 distributionUrl 的值设置为如 "File:///E:/tools/gradle-4.1-bin.zip" 的样式即可。如果想要在网上下载 Gradle 版本的压缩包，则只需要修改默认生成的 distributionUrl 值中的版本号，如 "https:\://services.gradle.org/distributions/gradle-4.1-bin.zip"。设置 Gradle 版本的窗口如图 8-5 所示。

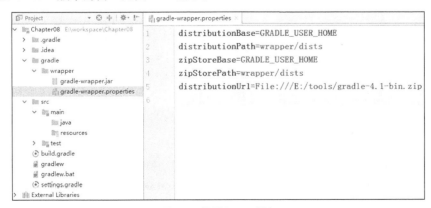

图8-5　设置Gradle版本

注意

使用 Gradle 的注意事项

（1）如果使用的 Gradle 版本为 4.0 或者 4.0 以下，则后续程序中的 build.gradle.kts 文件中的 application 就容易报错，并且右侧的 Gradle projects 窗口中的 Tasks 文件夹中没有 application 文件夹。

（2）Gradle 版本最好是下载到本地再加载，不然 Gradle 的构建速度会比较慢。

（3）Gradle 4.1 的版本对应的 jdk 版本为 1.8。

默认 IDEA 使用的是 groovy 脚本构建的项目，如果想要使用 Kotlin 语言构建的项目，则需要将项目中的 build.gradle 文件重命名为 build.gradle.kts，为了保证修改成功，建议重启一下 IDEA。如果 build.gradle.kts 文件的图标变为 ，则说明修改成功。接着修改 build.gradle. kts 文件中的代码，修改后的内容如【文件 8-1】所示。

【文件 8-1】build.gradle.kts

```
1  plugins{
2      application
3  }
4  application{
5      mainClassName="com.itheima.chapter08.Main"
6  }
```

上述代码中的 mainClassName 对应的是程序入口类的绝对路径，此时 Main 类暂时还未创建，在后续内容中会创建，现在已经将 Gradle 项目需要的一些设置完成了。

3. 创建 Gradle 程序中的功能类

接着来用 Gradle 构建一些类，首先选中项目的 src/main/java 文件夹，接着创建包名为 com.itheima.chapter08，在该包中创建一个 Girl 类，在该类中创建一个 greeting()方法，这个方法主要是返回一个 hello 字符串。具体代码如【文件 8-2】所示。

【文件 8-2】Girl.java

```
1  package com.itheima.chapter08;
2  public class Girl {
3      public String greeting() {
4          return "hello";
5      }
6  }
```

接着在 com.itheima.chapter08 文件夹中创建一个 Main 类，该类是程序的入口类，在这个类中创建一个 main()函数，在该函数中打印 Girl 类中的 greeting()方法。具体代码如【文件 8-3】所示。

【文件 8-3】Main.java

```
1  package com.itheima.chapter08;
2  public class Main {
3      public static void main(String[] args){
4          Girl girl=new Girl();
5          System.out.println(girl.greeting());
6      }
7  }
```

4. 运行 Gradle 程序

在 IDEA 中选择【View】→【Tool Windows】→【Gradle】选项，打开 "Gradle projects" 视图。在这个视图窗口中的 Tasks/application 文件夹下可以看到一个【run】标识，双击这个【run】会运行 Chapter08 程序中的 Main 类。"Gradle projects" 窗口如图 8-6 所示。

图8-6 "Gradle projects" 窗口

运行结果：

:compileJava

:processResources NO-SOURCE

:classes

:run

hello

运行完这个程序之后，在 "Gradle projects" 窗口中的 distribution 文件夹中可以看到一个 distZip 标识，双击这个标识可以将该程序发布出去，发布到 Chapter08 程序中的 build/distributions 文件夹中，在该文件夹中可以看到生成了一个 Chapter08.zip 文件，该文件是将 Chapter08 程序中的代码打包后的文件。发布 Chapter08 程序的过程如图 8-7 所示。

解压这个 Chapter08.zip 文件，在该文件中有两个文件夹，分别是 lib 和 bin，其中 lib 文件夹中有一个 Chapter08.jar 文件，这个文件是 Chapter08 程序中的代码编译成的一个 jar 包，bin 文件夹中有两个文件，分别是 Chapter08 和 Chapter08.bat，Chapter08 是 linux 环境下运行需要的脚本，Chapter08.bat 是 Windows 环境下运行需要的脚本。打开 cmd 命令窗口，在该窗口中输入 Chapter08.bat 文件所在的盘（如 E:）并按【Enter】键进入到该盘中，接着输入 Chapter08.bat 文件的绝对路径和名称，如 "E:\workspace\Chapter08\build\distributions\Chapter08\bin\Chapter08.bat"，按【Enter】键，会运行 Chapter08 程序并输出结果 hello。

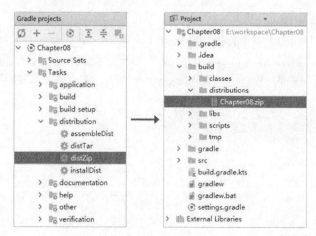

图8-7　发布Chapter08程序的过程

8.2.2　Java 代码与 Kotlin 代码共存

Gradle 之前是用 groovy 脚本语言来编写的，groovy 是一种基于 JVM 的动态语言，常见的动态语言有 Python 和 JavaScript。动态语言是动态运行的，在编译时编译器无法识别它需要干什么。动态语言写起来比较灵活，但是不够安全和健壮。后来出现了 Kotlin 语言，Kotlin 相对于 groovy 来说有比较多的优点，Kotlin 和 Java 都属于静态语言，静态语言比较安全和健壮，编译时编译器可以根据代码识别程序需要干什么，因此 Gradle 后来使用 Kotlin 语言来编写程序。接下来我们在 8.2.1 小节的程序中添加一些代码来演示 Java 代码与 Kotlin 代码共存的情况。

1. 配置 build.gradle.kts 文件

首先配置 Chapter08 程序中的 build.gradle.kts 文件，使该程序既可以编写 Java 代码又可以编写 Kotlin 代码，配置后的 build.gradle.kts 文件中的内容如【文件 8-4】所示。

【文件 8-4】build.gradle.kts

```
1  plugins {
2      application
3      kotlin("jvm")
4  }
5  application {
6      mainClassName="com.itheima.chapter08.Main"
7  }
8  dependencies {
9      compile(kotlin("stdlib"))
10 }
11 repositories {
12     jcenter()
13 }
```

上述代码中，使用 application 构建工具可以编写 Java 代码，如果想要编写 Kotlin 代码，则需要依赖 kotlin-stdlib.jar 包，这个包其实是 Kotlin 的标准库，在 Eclipse 中需要手动下载 kotlin-stdlib.jar 包并保存到 libs 目录下才可以使用，而 gradle 作为自动化构建工具，直接通过 DSL 即可完成构建。repositories 用于声明仓库，从 jcenter 仓库中下载依赖，然后在 dependencies 节点中通知 jcenter 仓库需要依赖 Kotlin 中的 stdlib.jar 包，application 中的 mainClassName 声明的是程序的入口，即为 Main.java。

　　配置完 build.gradle.kts 文件之后，在 src/main 文件夹下创建 kotlin 文件夹，并刷新项目，kotlin 文件夹颜色变为蓝色，此时该项目就可以创建 Kotlin 文件了。

2. 创建 Boy.kt

　　在 kotlin 文件夹中，创建一个名为 com.itheima.chapter08 的包，在该包中创建一个 Boy.kt 文件，该文件中的代码如【文件 8-5】所示。

【文件 8-5】Boy.kt

```
1  package com.itheima.chapter08;
2  class Boy(var name:String){
3     fun greeting():String{
4        return  name+": hello"
5     }
6  }
```

　　在上述代码中，创建了一个 Boy 类，同时给该类传递了一个 String 类型的参数 name，这个 name 表示姓名，在该类中还创建了一个问候方法 greeting()，该方法的返回值是一个 String 类型的数据 name+": hello"，表示某个人在打招呼。

3. 修改 Main.java

　　在 Chapter08 程序的 Main 类中，添加一些代码来调用 Boy 类中的 greeting()方法，具体代码如【文件 8-6】所示。

【文件 8-6】Main.java

```
1  package com.itheima.chapter08;
2  public class Main {
3     public static void main(String[] args){
4        Boy boy=new Boy("tom");
5        System.out.println(boy.greeting());
6     }
7  }
```

运行结果：

:compileKotlin UP-TO-DATE

:compileJava UP-TO-DATE

:copyMainKotlinClasses UP-TO-DATE

:processResources NO-SOURCE

:classes UP-TO-DATE

:run

tom: hello

8.3　Gradle 的任务

8.3.1　Gradle 中的 project 和 task

　　Gradle 本身的领域对象主要有 Project 和 Task，Project 为 Task 提供执行的容器和上下文。Project 是 Gradle 的 API 中的一个接口，Gradle 之所以可以工作，是因为在 Gradle 脚本中将代码以任务的方式插入到了 Project 中，Project 执行这些任务，Gradle 就开始工作了。接下来我们通过一个案例来演示 Gradle 中的 Project 和 Task。

1. 创建 Gradle 程序

首先根据 8.2.1 小节的步骤来创建一个项目名为 ProjectAndTask，指定包名为 com.itheima.chapter08 的 Gradle 程序，在 build.gradle.kts 中创建一个 task，这个任务的具体代码如【文件 8-7】所示。

【文件 8-7】build.gradle.kts

```
1  task("HelloWorld",{
2      println("Hello World!")
3  })
```

上述代码中，task()方法中接收了两个参数，第 1 个参数是表示任务 task 的名称，这个名称设置为 HelloWorld，第 2 个参数是一个闭包，这个闭包中编写的是 Kotlin 的代码，主要是实现任务的内容，这个任务的内容是打印一个 "Hello World!" 字符串。

2. 运行程序

接着是运行这个任务，当写完这个任务的代码时，在右侧刷新一下 "Gradle projects" 窗口中的内容，此时会看到这个窗口中多了一个 other 文件夹，如图 8-8 所示。

从图 8-8 中可知，other 文件夹中存放的是任务的标识和名称 HelloWorld，双击这个任务会运行程序，并输出该任务的运行结果。

运行结果：

Hello World!

:HelloWorld UP-TO-DATE

图8-8 "Gradle projects" 窗口

8.3.2 Gradle 任务的依赖

依赖管理是任何一个自动化工具所必有的一个特点，依赖管理是指如果一件事未完成，则下一件事就无法开始做，这两件事之间有依赖关系，Gradle 的依赖管理是非常方便的。现实生活中也会遇到一些依赖管理的例子，例如，想要把一个苹果放入冰箱，就需要 3 个步骤，第 1 个步骤是打开冰箱门，第 2 个步骤是放入苹果，第 3 个步骤是关上冰箱门。如果冰箱门没打开，则无法把苹果放进冰箱，这样步骤 2 就必须依赖于步骤 1，这种依赖的关系在程序中是通过 dependsOn()方法来实现的。接下来，我们把苹果放入冰箱的 3 个步骤的依赖关系用代码表示出来，具体代码如【文件 8-8】所示。

【文件 8-8】build.gradle.kts

```
1  task("opendoor", {
2      println("打开冰箱门")
3  })
4  task("putapple", {
5      println("放入苹果")
6  }).dependsOn("opendoor")
7  task("closedoor", {
8      println("关上冰箱门")
9  }).dependsOn("putapple")
```

从上述代码可以看出，putapple 任务通过 dependsOn()方法依赖于 opendoor 任务，也就是第 2 步放入苹果必须是在第 1 步打开冰箱门的后面进行。closedoor 任务依赖于 putapple 任务，也就是第 3 步关上冰箱门必须是在第 2 步放入苹果的后面进行。

如果运行"Gradle projects"窗口中的 opendoor 任务时，该程序的运行结果如下：

打开冰箱门

放入苹果

关上冰箱门

:opendoor UP-TO-DATE

如果运行"Gradle projects"窗口中的 putapple 任务时，该程序的运行结果如下：

打开冰箱门

放入苹果

关上冰箱门

:opendoor UP-TO-DATE

:putapple UP-TO-DATE

如果运行"Gradle projects"窗口中的 closedoor 任务时，该程序的运行结果如下：

打开冰箱门

放入苹果

关上冰箱门

:opendoor UP-TO-DATE

:putapple UP-TO-DATE

:closedoor UP-TO-DATE

8.3.3　Gradle 任务的生命周期

Gradle 任务的生命周期分为"扫描时"和"运行时"，扫描时任务的特点是扫描时所有任务都会执行，任务执行的先后顺序同 build.gradle.kts 文件中的任务代码顺序一致，哪个任务代码在前面就先执行哪个，与依赖顺序无关。如果想执行指定的任务，不执行其他无关的任务时，需要借助运行时任务来实现。运行时任务只在运行阶段执行，在扫描阶段不执行。接下来我们分别对扫描时任务和运行时任务进行讲解。

1.　扫描时任务

接下来我们通过一个把大象放入冰箱的趣味案例来学习一下 Gradle 任务的生命周期，具体代码如【文件 8-9】所示。

【文件 8-9】build.gradle.kts

```
1  task("opendoor", {
2      println("打开冰箱门")
3  })
4  task("putelephant", {
5      println("放入大象")
6  }).dependsOn("opendoor")
7  task("closedoor", {
8      println("关上冰箱门")
9  }).dependsOn("putelephant")
```

如果运行"Gradle projects"窗口中的 opendoor 任务时，该程序的运行结果如下：

打开冰箱门

放入大象

关上冰箱门

:opendoor UP-TO-DATE

如果运行"Gradle projects"窗口中的 putelephant 任务时，该程序的运行结果如下：

打开冰箱门

放入大象

关上冰箱门

:opendoor UP-TO-DATE

:putelephant UP-TO-DATE

如果运行"Gradle projects"窗口中的 closedoor 任务时，该程序的运行结果如下：

打开冰箱门

放入大象

关上冰箱门

:opendoor UP-TO-DATE

:putelephant UP-TO-DATE

:closedoor UP-TO-DATE

根据上述 opendoor 任务、putelephant 任务以及 closedoor 任务的运行结果可知，运行这 3 个任务都会输出"打开冰箱门、放入大象、关上冰箱门"等操作，这是因为 Gradle 任务的生命周期在扫描阶段时，会根据任务在 build.gradle.kts 文件中的顺序来依次执行每个任务。

2. 运行时任务

Gradle 中的任务默认都是扫描时任务，如果想使用运行时任务，则需要添加 doFirst()高阶函数来实现。接下来我们通过分别将【文件 8-9】中的 3 个任务添加上 doFirst()高阶函数，演示运行时任务，具体代码如【文件 8-10】所示。

【文件 8-10】build.gradle.kts

```
1  task("opendoor", {
2      doFirst {
3          println("打开冰箱门")
4      }
5  })
6  task("putelephant", {
7      doFirst {
8          println("放入大象")
9      }
10 }).dependsOn("opendoor")
11 task("closedoor", {
12     doFirst {
13         println("关上冰箱门")
14     }
15 }).dependsOn("putelephant")
```

如果运行"Gradle projects"窗口中的 opendoor 任务时，该程序的运行结果如下：

:opendoor

打开冰箱门

如果运行"Gradle projects"窗口中的 putelephant 任务时，该程序的运行结果如下：

:opendoor

打开冰箱门

:putelephant

放入大象

如果运行"Gradle projects"窗口中的 closedoor 任务时，该程序的运行结果如下：

:opendoor

打开冰箱门

:putelephant

放入大象

:closedoor

关上冰箱门

从上述代码中可以看到，3 个任务都是通过 doFirst()高阶函数实现的。根据上述 opendoor 任务、putelephant 任务以及 closedoor 任务的运行结果可知，运行时任务只执行指定的任务，不执行其他无关的任务。

3. 运行时任务与扫描时任务相辅相成

在程序的开发中，当执行运行时任务时，也需要执行扫描时任务。扫描时任务与运行时任务是相辅相成的，扫描时的任务一般是用于声明程序中的变量，运行时的任务主要是用于执行程序中的业务逻辑。接下来我们通过一个登录的案例来演示运行时任务与扫描时任务之间相辅相成的关系，具体代码如【文件 8-11】所示。

【文件 8-11】build.gradle.kts

```
1  task("login",{
2      val name = "kotlin"
3      val pwd = "123"
4      doFirst {
5          if(("kotlin" == name) and ("123" == pwd)){
6              println("登录成功")
7          }else{
8              println("登录失败")
9          }
10     }
11 })
```

运行结果：

:login

登录成功

上述代码中，在扫描阶段主要是声明程序中的用户名 name 变量与密码 pwd 变量，也就是扫描的是第 2 行和第 3 行的代码。在运行阶段主要是执行 doFirst()高阶函数处理的登录业务逻辑，也就是执行的是第 4~10 行的代码，因此运行时任务与扫描时任务之间是相辅相成的关系。

8.3.4 Gradle 任务集

在 Gradle 程序中，使用 task 在 build.gradle.kts 文件中可以声明一个任务，tasks 可以声明一个任务集，任务集可以将所有单独的任务放在一个集合中，便于管理多个任务。接下来让我们将【文件 8-9】中的 3 个任务放在一个任务集中来演示任务集的特点，具体代码如【文件 8-12】所示。

【文件 8-12】build.gradle.kts

```
1  tasks {
2      "opendoor"{
```

```
3        println("打开冰箱门")
4    }
5    "putelephant"{
6        println("放入大象")
7    }
8    "closedoor"{
9        println("关上冰箱门")
10    }
11 }
```

如果运行"Gradle projects"窗口中的 opendoor 任务时,该程序的运行结果如下:

打开冰箱门

放入大象

关上冰箱门

:opendoor UP-TO-DATE

如果运行"Gradle projects"窗口中的 putelephant 任务时,该程序的运行结果如下:

打开冰箱门

放入大象

关上冰箱门

:putelephant UP-TO-DATE

如果运行"Gradle projects"窗口中的 closedoor 任务时,该程序的运行结果如下:

打开冰箱门

放入大象

关上冰箱门

:closedoor UP-TO-DATE

根据上述 opendoor 任务、putelephant 任务以及 closedoor 任务的运行结果可知,运行这 3 个任务中的任意一个任务,程序中的 3 个任务都会执行,并且任务的执行顺序与在任务集中的顺序是一致的,这是因为程序在扫描时,任务的执行顺序与在任务集中的顺序是一致的。

8.3.5 Gradle 默认属性和任务

在 Gradle 项目中有一些默认的属性和任务,这些默认属性存放在 build.gradle.kts 文件中的 properties 集合中,properties 是项目中所有默认属性组成的一个 Map 集合,这个集合可以通过 forEach 高阶函数来遍历并获取集合中的 key 和 value 的值。在 build.gradle.kts 文件中的 project 是项目的默认工程对象,showConfig 是项目中的一个默认任务。

1. 输出 Gradle 项目中的默认属性及对应的值

接下来我们通过 forEach 高阶函数来输出 Gradle 项目中的所有默认属性以及属性对应的值,具体代码如【文件 8-13】所示。

【文件 8-13】build.gradle.kts

```
1  task("showConfig", {
2      val map = project.properties
3      map.forEach { key, value ->
4          println("key=$key,value=$value")
5      }
6  })
```

运行结果如图 8-9 所示。

```
Run  ProjectAndTask [showConfig]
key=classLoaderScope, value=org. gradle. api. internal. initialization. DefaultClassLoaderScope@62213e60
key=buildDir, value=E:\workspace\ProjectAndTask\build
key=configurations, value=configuration container
key=plugins, value=[org. gradle. api. plugins. HelpTasksPlugin@b3ba29a]
key=scriptHandlerFactory, value=org. gradle. api. internal. initialization. DefaultScriptHandlerFactory@51d866b9
key=objects, value=org. gradle. api. internal. model. DefaultObjectFactory@4fd058ef
key=logger, value=org. gradle. internal. logging. slf4j. OutputEventListenerBackedLogger@5f5a3bda
key=showConfig, value=task ':showConfig'
key=deferredProjectConfiguration, value=org. gradle. api. internal. project. DeferredProjectConfiguration@24e9bd4b
key=rootDir, value=E:\workspace\ProjectAndTask
key=project, value=root project 'ProjectAndTask'
```

图8-9　运行结果

由于 Gradle 工程中的所有默认属性比较多，因此在图 8-9 中只显示了部分的运行结果的内容。在图中可以看到，在运行结果的第 2 行，key 的值是 buildDir，这个 key 代表的是项目的构建路径，对应的 value 的值就是该项目的构建路径。如果 key 的值是 projectDir，则这个 key 代表的是项目的根目录，对应的 value 的值就是该项目的根目录。

2．通过命令行运行任务

前几个小节我们都是通过"Gradle projects"窗口，双击需要运行的任务来执行指定的任务，这一种属于图形化界面的操作方式，其实 Gradle 也可以通过命令行来运行任务，例如需要运行【文件 8-13】中的 showConfig 任务，通过在"Terminal"窗口中输入"gradle showConfig"并回车，就可以运行该任务。在执行这个命令之前，需要设置一下执行 gradle 命令需要配置的环境变量。

（1）配置 Gradle 的环境变量

首先从 Gradle 官网上下载一个最新版本的 gradle 的压缩包，接着将这个压缩包解压到一个目录中，并将这个解压包的 bin 目录如"E:\tools\gradle-4.1\bin"设置到 Path 系统变量中，如图 8-10 所示。

图8-10　设置path系统变量

（2）通过命令行执行任务

设置完 Gradle 的环境变量之后，在 IDEA 中的"Terminal"窗口中输入 gradle showConfig 并回车，就可以通过命令行来执行 showConfig 任务，"Terminal"窗口的部分效果如图 8-11 所示。

```
Terminal
E:\workspace\ProjectAndTask>gradle showConfig

> Configure project :
key=parent, value=null
key=classLoaderScope, value=org. gradle. api. internal. initialization. DefaultClassLoaderScope@f9f854c
key=buildDir, value=E:\workspace\ProjectAndTask\build
```

图8-11　"Terminal"窗口

除了上述执行任务的方式之外，还可以在 build.gradle.kts 文件中，通过 defaultTasks 设置默认的任务来执行，在 defaultTasks 中通过任务名称来显示需要执行的任务，并且可以设置多个默认任务，具体代码如【文件 8-14】所示。

【文件 8-14】build.gradle.kts

```
1  task("HelloWorld",{
2    println("Hello World!")
3  })
4  task("showConfig", {
5    val map = project.properties
6    map.forEach { key, value ->
7       println("key=$key,value=$value")
8    }
9  })
10 defaultTasks("HelloWorld","showConfig")
```

如果想用命令行执行 Gradle 项目中所有的默认任务，则可以在"Terminal"窗口中直接输入 gradle 回车即可。该程序的运行结果如图 8-12 所示。

```
Terminal
+  E:\workspace\ProjectAndTask>gradle
×
   > Configure project :
   Hello World!
   key=parent,value=null
   key=classLoaderScope,value=org.gradle.api.internal.initialization.DefaultClassLoaderScope@6f6b472b
   key=buildDir,value=E:\workspace\ProjectAndTask\build
```

图8-12 "Terminal"窗口

 多学一招：打开"Terminal"窗口

如果在 IDEA 工具中，未显示"Terminal"窗口，则可以通过【View】→【Tool Windows】→【Terminal】打开该窗口，或者直接使用组合键【Alt+F12】打开该窗口。

8.3.6 Gradle 增量式更新任务

无论是 Java 代码还是 Kotlin 代码，最终都会编译生成 class 文件，无论是手动构建项目还是使用 Maven 来构建项目，每次都需要重新编译。然而 Gradle 比 Maven 构建项目的效率高，项目越大，速度对比会越明显，甚至是 Maven 的百倍以上。Gradle 之所以高效，其中一个原因就是支持增量式更新，Gradle 增量式更新非常强大，它会判断哪些文件发生了改变，哪些文件没有发生改变，它只重新编译发生改变的代码，这就提高了编译速度。

1. 未使用增量式更新

增量式更新不仅仅用于编译源码，它的主要作用还有判断哪些文件发生了改变，然后执行改变后的任务。接下来我们通过一个将 src 目录下所有文件的绝对路径存放到项目根目录的 info.txt 文件中的案例，来学习一下没有使用增量式更新的任务在执行更新操作时的运行过程。具体代码如【文件 8-15】所示。

【文件 8-15】build.gradle.kts

```
1  plugins { java }
2  task("updateTask",{
3    //获取 src 目录下的文件
4    val fileTree = fileTree("src")
5    val infoFile = file("info.txt")
```

```
6        infoFile.writeText("")   //清空数据
7        fileTree.forEach {
8           if(it.isFile){
9               Thread.sleep(1000)
10              infoFile.appendText(it.absolutePath+"\r\n")   //写入文件
11          }
12      }
13 })
```

运行结果：

:updateTask UP-TO-DATE

BUILD SUCCESSFUL in 2s

上述代码中没有使用增量式更新，每次执行 updateTask 任务时，都会重新遍历 src 目录并把目录写入 info.txt 文件中，根据上述任务的运行结果可知，每次运行时消耗的时间都为 2 秒，这个消耗时间与 src 目录下文件的多少也有关系，文件越多，消耗的时间就越长。

2. 使用增量式更新

将【文件 8-15】中的代码修改成增量式更新会加快程序的运行速度。由于任何项目都需要有输入和输出，因此增量式更新涉及到两个新的 API，分别是 inputs 和 outputs，inputs 表示输入，outputs 表示输出。当编译源码时，输入的是 src 目录下的代码，输出的是编译生成的 class 文件。如果输入或者输出中有改变，才会执行 updateTask 任务。接下来我们将【文件 8-15】中的代码修改成增量式更新，具体代码如【文件 8-16】所示。

【文件 8-16】build.gradle.kts

```
1  plugins { java }
2  task("updateTask",{
3     inputs.dir("src")           //输入
4     outputs.file("info.txt")  //输出
5     doFirst {
6        val fileTree = fileTree("src")
7        val infoFile = file("info.txt")
8        infoFile.writeText("")   //清空数据
9        fileTree.forEach {
10          if(it.isFile){
11              //写入文件
12              Thread.sleep(1000)
13              infoFile.appendText(it.absolutePath+"\r\n")
14          }
15       }
16    }
17 })
```

运行结果：

:updateTask UP-TO-DATE

BUILD SUCCESSFUL in 0s

上述代码中，调用 inputs 中的 dir()方法来指定输入目录 src，调用 outputs 中的 file()方法来指定输出义件 info.txt。根据运行结果可知，输入和输出都没有改变，此时该程序的运行时间为 0 秒。当增量式更新中的输入和输出都没有改变时，任务不会重复执行，这样就可以提高项目的构建速度。

需要注意的是，根据不同计算机的运行速度，该程序的运行时间不一定为 0 秒，也可能是 2 秒或者 3 秒。

8.4 Gradle 的依赖

8.4.1 Gradle 的依赖包管理

在程序开发中，一个项目可能需要依赖多个 Jar 包，并且 Jar 包之间可能还有关联。例如当使用 commons-httpclient-3.1.jar 包时，还需要使用 commons-logging.jar 包和 commons-codec.jar 包，因此同时需要将这 3 个包都导入到项目中。如果在 Gradle 项目中，则只需要添加一个 commons-httpclient-3.1.jar 即可，其余的两个 Jar 包会自动关联。

接下来我们在 Gradle 项目的 build.gradle.kts 文件中添加一个 commons-httpclient- 3.1.jar 包依赖，看一下 commons-logging.jar 包和 commons-codec.jar 包是否会自动添加到项目中。具体代码如【文件 8-17】所示。

【文件 8-17】build.gradle.kts

```
1  plugins{
2      kotlin("jvm")
3  }
4  apply {
5      plugin("kotlin")
6  }
7  dependencies {
8      compile("commons-httpclient","commons-httpclient","3.1")
9  }
10 repositories {
11     mavenCentral()
12 }
```

刷新一下项目，在左侧的 "Project" 选项卡下方的 External Libraries 中可以看到 commons-httpclient-3.1.jar 包已经添加到项目中，同时也将 commons-logging.jar 包和 commons-codec.jar 包自动添加到 Gradle 的项目中。添加的 Jar 包如图 8-13 所示。

图8-13　添加的jar包

8.4.2 公共仓库和依赖配置

1．Gradle 项目的公共仓库

在 Gradle 项目中，存放开发中常用的一些资源的仓库被称为公共仓库，目前比较常用的是 Maven Center 公共仓库和 Jcenter 公共仓库，其中 Maven Center 是目前使用最多的公共仓库。

接下来我们就以 Maven Center 公共仓库为例，从该仓库中找到项目中需要依赖的 Jar 包。假设项目中需要使用 okhttp，首先需要进入 Maven Center 官网 "http://mvnrepository.com/"，接着在搜索栏搜索 okhttp，在 "Central" 窗口中找到需要的版本，点击该版本会看到如图 8-14 所示的信息，接着将该图中 Gradle 选项中对应的内容复制到 build.gradle.kts 文件中。

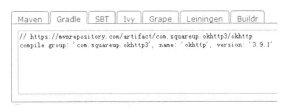

图8-14　搜索okhttp的窗口

将 Gradle 选项中的内容复制到 build.gradle.kts 文件中，具体代码如【文件 8-18】所示。

【文件 8-18】build.gradle.kts

```
1  plugins{
2      kotlin("jvm")
3  }
4  dependencies {
5      compile ("com.squareup.okhttp3", "okhttp", "3.9.1")
6  }
7  repositories {
8      mavenCentral()
9  }
```

上述代码中的 dependencies 是用于配置依赖仓库中的 Jar 包，repositories 用于配置仓库，根据图 8-14 所示的搜索结果可知，这个项目依赖的是 okhttp 的 3.9.1 的版本。

2. Gradle 项目的依赖配置

Gradle 项目的依赖配置分为两个阶段，分别是编译时依赖和测试时依赖。在 build.gradle.kts 中的 compile 声明的是编译时依赖，testcompile 声明的是测试时依赖，测试时依赖只在测试阶段使用，在项目打包上线时不依赖，这样可以使项目的体积变小。接下来我们通过一个案例来测试一下测试时依赖，具体代码如【文件 8-19】所示。

【文件 8-19】build.gradle.kts

```
1  plugins{
2      kotlin("jvm")
3  }
4  apply{
5      plugin("kotlin")
6  }
7  dependencies {
8      compile(kotlin("stdlib"))
9      testCompile("junit","junit","4.12")
10 }
11 repositories {
12     mavenCentral()
13 }
```

在上述代码中可以看到，通过 testCompile 已经将测试时需要依赖的 junit.jar 包添加到项目中。接下来我们在项目的 src/test/java 文件夹中创建一个 Gradle 类，在该类中创建一个 test() 测试方法，此时需要在该方法的上方通过注解@Test 来调用 junit 测试。具体代码如【文件 8-20】所示。

【文件 8-20】Gradle.java

```
1  import org.junit.Assert;
2  import org.junit.Test;
3  public class Gradle {
4      @Test
5      public void test(){
6          //断言
7          Assert.assertEquals(true, 1==1);
8      }
9  }
```

上述代码的运行结果如图 8-15 所示。

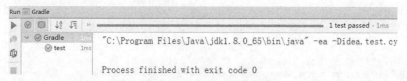

图8-15　运行成功的结果

如果程序的运行结果显示绿条，则说明测试通过，如果显示红条，则说明测试失败且会显示错误信息。如果将【文件 8-20】中第 7 行代码中的判断改为"1==2"，则运行结果如图 8-16 所示。

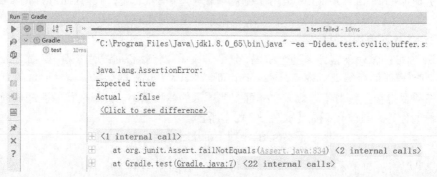

图8-16　运行失败的结果

8.5 Gradle 扩展

8.5.1 Gradle 插件自定义扩展

在 Gradle 官网"https://docs.gradle.org/current/dsl/index.html"中，声明了很多系统自带的任务，这些任务有 Copy、Delete、Checkstyle 等，在官网上搜到的系统自带的任务如图 8-17 所示。

由于系统自带的任务比较多，因此图 8-17 中只显示了部分任务。在这个图所示的任务中，任务 Copy 主要用于复制文件到指定目录，任务 Delete 主要用于删除指定目录下的文件。官网上有各种任务的详细使用说明可以参考。接下来我们通过两个案例来分别演示扩展 Copy 任务实现复制文件到 temp 目录下、扩展 Delete 任务实现删除 temp 目录以及扩展 Jar 任务将 class 文件生成 Jar 包并存放在 temp 目录下。

1. 扩展 Copy 任务，实现将 src 目录中的文件复制到 temp 目录中

在 build.gradle.kts 文件中，通过扩展 Copy 任务来实现将 src 目录中的文件复制到 temp 目录中，具体代码如【文件 8-21】所示。

【文件 8-21】build.gradle.kts

```
1  task("myCopy", Copy::class, {
2      from("src")
3      into("temp")
4  })
```

在上述代码中，from()方法用于声明源目录，into()方法用于声明目标目录，如果目标目录不存在时，程序会自动创建这个目录。

2. 扩展 Delete 任务，实现删除 temp 目录

扩展 Delete 任务实现删除 temp 目录的具体代码如【文件 8-22】所示。

【文件 8-22】build.gradle.kts

```
1  task("myDelete", Delete::class, {
2      setDelete("temp")
3  })
```

3. 扩展 Jar 任务，将 class 文件生成 Jar 包并存放在 temp 目录

扩展 Jar 任务，将 class 文件生成 Jar 包并存放在 temp 目录下的具体代码如【文件 8-23】所示。

【文件 8-23】build.gradle.kts

```
1  import org.gradle.jvm.tasks.Jar
2  task("myjar", Jar::class, {
3      //将 out/production/classes 目录下的 calss 文件打成 jar 包存放在 temp 目录下
4      from("out/production/classes")
5      include("**/*.class")
6      archiveName = "temp/my.jar"
7  })
```

上述代码中，include()方法主要用于设置文件的类型为 class，将 out/production/classes 目录下的 class 文件生成 my.jar 包，并保存到 temp 目录下。运行上述代码，在项目中的 temp 文件夹中可以看到生成的 my.jar 包。

除了上述 3 个任务之外，系统还提供了其他任务，如 JavaCompile 用来编译 Java 源码、War 任务用来生成 war 包等。开发中需要扩展哪些任务都可以参考官方文档中任务列表的说明。

8.5.2　Gradle 调用外部扩展

如果想在 build.gradle.kts 文件中执行一段 Java 代码，且这段代码已经写好并生成了一个字节码文件，此时不想在 build.gradle.kts 文件中用 groovy 语言或者 Kotlin 语言重新写一遍这段代码，而是直接运行这个字节码文件，该如何实现呢？ Gradle 给我们提供了一个比较方便的操作，通过一个闭包 Javaexec 实现直接运行字节码文件的功能。这个闭包中的 main 对应的是要运行的类名，classpath 对应的是当前的字节码文件存放的位置。接下来我们通过一个案例来解释 gradle 是如何调用外部命令来操作 Java 的字节码文件的。

1. 生成一个 Hello 类的字节码

（1）首先创建一个名为 Order 的 Gradle 项目，在该项目的 java 文件夹中创建一个 Hello 类，具体代码如【文件 8-24】所示。

【文件 8-24】Hello.java

```
1  public class Hello {
2      public static void main(String[] args) {
3          System.out.println("i am java code");
4      }
5  }
```

（2）接着修改 build.gradle.kts 文件中的内容，修改后的具体代码如【文件 8-25】所示。

【文件 8-25】build.gradle.kts

```
1  plugins{
2      application
3  }
4  application{
5      mainClassName="Hello"
6  }
```

在 "Gradle projects" 窗口下方的 other 文件夹中，双击 compileJava 可以运行 Hello 类中的 main()方法，运行成功之后，在项目的 build/classes/java/main 目录下可以看到生成的一个 Hello.class 字节码。

2. 在 build.gradle.kts 文件中运行 Hello.class 字节码

将生成的 Hello.class 文件复制到当前的工程目录中，也就是与 build.gradle.kts 文件在同一个目录中，接着只需要修改 build.gradle.kts 文件中的内容就可以运行该字节码文件。build.gradle.kts 文件中的内容修改后的具体代码如【文件 8-26】所示。

【文件 8-26】build.gradle.kts

```
1  task("order", {
2      //执行一段 java 代码
3      javaexec {
4          main = "Hello"
5          classpath(".")
6      }
7  })
```

运行结果：

i am java code

:order UP-TO-DATE

上述代码中的 Javaexec 表示执行一个 Java 命令，main 表示要执行的类的名称 Hello，classpath 表示字节码文件所在的目录，classpass()方法中的参数"."表示字节码文件的位置在当前的工程目录中。

8.6　本章小结

本章主要介绍了 Gradle 项目开发中的一些知识，详细讲解了开发 Gradle 程序、Gradle 的任务、Gradle 增量式更新任务、Gradle 的依赖以及 Gralde 的扩展。通过对本章的学习，读者可以掌握如何开发一个 Gradle 程序，Gradle 中的任务如何进行依赖、增量式更新以及扩展。要求读者必须掌握这些基础知识，便于后续开发 Kotlin 程序。

【思考题】

1. 请思考如何输出 Gradle 项目中的一些默认的属性。
2. 请思考 Java 代码与 Kotlin 代码是如何共存的。

第 9 章

协程

学习目标
- 了解协程的定义
- 理解协程的挂起原理
- 掌握协程的取消操作
- 掌握管道的使用方法

协程是一种将复杂性异步操作放入库中来简化编程的方式，它是由程序直接实现的，是一种轻量级线程。程序的逻辑可以在协程中顺序地表达，而底层库会为我们解决其异步性。协程是 Kotlin 中非常重要的一部分，本章我们将对协程进行详细讲解。

9.1 协程简介

9.1.1 协程概述

一般情况下，在开发程序时会遇到一些耗时的操作，如网络 IO、文件 IO、CPU/GPU 密集型任务等，这些操作会阻塞线程直到操作完成。线程阻塞问题除了通过开启新线程来解决外，还可以使用协程来解决。在 Kotlin 1.1 版本中引入了协程（Coroutines），目前协程还是实验性功能，它是将复杂的异步操作放入底层库中，程序逻辑可以在协程中按照顺序来表达，以此简化异步编程，该底层库将用户代码包装为回调/订阅事件，在不同线程或者不同机器调度执行。协程主要有以下两个特点。

- 协程挂起：协程提供了一种使程序避免阻塞且更廉价可控的操作，叫作协程挂起（coroutines suspension），协程挂起不阻塞线程。
- 简化代码：协程让原来使用"异步+回调"方式写出来的复杂代码，简化成可以用看似同步的方式表达。

由于协成还处于实验阶段，因此相关的 Jar 包不在标准库中，需要手动导入。协成使用的 Jar 包为"kotlinx-coroutines-core"，可以在"https://github.com/Kotlin/kotlinx.coroutines"上下载这个包添加到项目中，也可以直接在 build.gradle 文件中的 dependencies 节点中添加这个包的依赖并通过网络加载，一般使用 dependencies 节点中添加依赖的方式会比较快捷。在 build.gradle 文件中添加依赖的代码如下。

```
dependencies {
    compile "org.jetbrains.kotlin:kotlin-stdlib-jdk8:$kotlin_version"
    compile 'org.jetbrains.kotlinx:kotlinx-coroutines-core:0.22.3'
}
```

Kotlin 中的协程还可以实现其他语言的异步机制，例如源于 C#和 ECMAScript（js）的 async/await 机制，源于 Go 的 channel/select 机制，源于 C#和 Python 的 generators/yield 机制等。

9.1.2　协程的定义

协程是由程序直接实现的一种轻量级线程，Kotlin 也为此提供了标准库和额外的实验库。标准库为 kotlin.coroutines.experimental（本书使用的是 kotlin-1.20 版本），但是协程仍然还是一个实验性功能。

在 Kotlin 程序中，启动一个协程的方式有很多种，例如通过 launch()函数、runBlocking()函数（该函数会在后续章节中讲解）等方式来启动一个协程，最常用的方式是通过 launch()函数来启动协程。用 launch()函数启动协程的语法格式如下：

```
launch (CommonPool){
    ...
}
```

上述语法格式中，CommonPool 是一个共享线程池。

接下来我们创建一个 Gradle 程序，在 build.gradle 文件中配置协程依赖 compile 'org.jetbrains.kotlinx:kotlinx-coroutines-core:0.22.3'，然后通过 launch()函数启动一个协程。具体代码如【文件 9-1】所示。

【文件 9-1】HelloWorld.kt

```
1  package com.itheima.chapter09
2  import kotlinx.coroutines.experimental.CommonPool
3  import kotlinx.coroutines.experimental.delay
4  import kotlinx.coroutines.experimental.launch
5  fun main(args: Array<String>) {
6      //启动一个协程
7      launch(CommonPool) {
8          delay(1000L)
9          println("Hello World")
10     }
11     Thread.sleep(2000L)
12 }
```

运行结果：

Hello World

9.1.3　线程与协程实现对比

在 Kotlin 中操作比较耗时的程序时，使用线程会容易出现线程阻塞的情况，而启用协程可以避免阻塞线程。接下来我们通过线程和协程两种方式来实现一个延迟 1 秒后打印一个 "hello" 字符串的案例来进行对比分析。

1. 线程打印字符串

首先，通过线程的方式来实现延迟 1 秒打印一个 "hello" 字符串，具体代码如【文件 9-2】所示。

【文件 9-2】Thread.kt

```
1  package com.itheima.chapter09
2  fun main(args: Array<String>) {
3      //延迟 1 秒打印 hello
4      Thread(
5          Runnable {
6              Thread.sleep(1000L)
7              println("hello")
8          }).start()
9  }
```

运行结果：

hello

上述文件的第 6 行代码中，通过调用线程中的 sleep() 方法将程序延时 1 秒再执行，第 8 行中的 start() 方法用于开启线程，从运行结果可知，程序延迟 1 秒后打印 "hello" 字符串。

需要注意的是，Thread.sleep(1000L) 代码在 Java 程序中，会出现异常并需要使用 try…catch 语句来处理这个异常，而在 Kotlin 中没有受检异常，因此在这里不需要使用 try…catch 语句来处理这个异常。

2. 协程打印字符串

首先在 IDEA 中创建一个 Coroutine.kt 文件，接着在该程序中的 build.gradle 文件中添加 "compile 'org.jetbrains.kotlinx:kotlinx-coroutines-core:0.22.3'" 依赖，最后在 Coroutine.kt 文件中，通过协程的方式来实现延迟 1 秒打印一个 "hello" 字符串。具体代码如【文件 9-3】所示。

【文件 9-3】Coroutine.kt

```
1   package com.itheima.chapter09
2   import kotlinx.coroutines.experimental.CommonPool
3   import kotlinx.coroutines.experimental.delay
4   import kotlinx.coroutines.experimental.launch
5   fun main(args: Array<String>) {
6       //用协程的方式实现
7       launch (CommonPool){
8           delay(1000L)        //延迟 1 秒
9           println("hello")   //打印 hello 字符串
10      }
11      Thread.sleep(2000L)
12  }
```

运行结果：

hello

在上述代码中可以看到，第 7 行代码是通过 launch() 函数来开启一个协程，CommonPool 是一个启动协程的线程池。delay() 方法主要实现延迟操作，这个方法中传递的参数是延迟的时间，在这里传递的是 1000L，也就是 1 秒，这个方法与线程中的 Thread.sleep() 是类似的。

由于延迟 1 秒之后主线程已经结束，此时不会再打印 hello 字符串，因此如果想要打印 hello 字符串，则需要在主线程中通过线程的 Thread.sleep() 方法使主线程延迟 2 秒(2000L)之后结束，此时就可以打印 hello 字符串。

需要注意的是，协程主要还是运行在线程中的，因此协程不能代替线程。

9.2 协程的基本操作

9.2.1 协程挂起

在协程程序中，CommonPool 表示共享线程池，ForkJoinPool 表示所有在该线程池中的线程可以尝试去执行其他线程创建的子任务，在这个线程池中很少有线程处于空闲状态。delay() 函数类似于 Thread.sleep()，都表示使程序延迟操作，但是 delay() 函数不会阻塞线程，只是挂起协程本身，当协程在等待时，线程将返回到线程池中，当协程等待完成时，将使用在线程池中的空闲线程来恢复程序继续执行。接下来我们通过一个案例来演示协程挂起的操作，具体代码如【文件 9-4】所示。

【文件 9-4】Hang.kt

```
1   package com.itheima.chapter09
2   import kotlinx.coroutines.experimental.CommonPool
3   import kotlinx.coroutines.experimental.delay
4   import kotlinx.coroutines.experimental.launch
5   fun main(args: Array<String>) {
6       launch(CommonPool) {
7           println("打印前的线程${Thread.currentThread()}")
8           delay(1000L)
9           println("hello")
10          println("打印后的线程${Thread.currentThread()}")
11      }
12      //启动另外一个协程
13      launch(CommonPool) {
14          delay(1000L)
15          println("tom")
16      }
17      println("world")
18      Thread.sleep(2000L)
19  }
```

运行结果：
world
打印前的线程 Thread[ForkJoinPool.commonPool-worker-1,5,main]
hello
打印后的线程 Thread[ForkJoinPool.commonPool-worker-2,5,main]
tom

由于协程是由程序直接实现的一种轻量级线程，多线程的执行顺序是不固定的，字符串"hello"与"tom"是在两个协程中打印的，因此该程序的运行结果中打印的字符串"hello"与

"tom" 的顺序是不固定的。从运行结果可知，协程在延迟之前，第 7 行代码打印的当前执行的线程名称是 "Thread[ForkJoinPool.commonPool-worker-1,5,main]"，当程序执行 delay()函数之后就把协程挂起来了，当前执行的线程就进入到线程池中。当协程的延迟时间到了之后，程序会自动从线程池中找到一个空闲的线程把程序恢复，该程序中使用的恢复线程的名称是 "Thread[ForkJoinPool.commonPool-worker-2,5,main]"，这个空闲线程是随机选取的，有可能还是线程 "Thread[ForkJoinPool.commonPool-worker-1,5,main]"。如果将程序中的 delay()函数替换为 Thread.sleep()，则在这个程序中一直都用同一个线程，无论延时多久，都用 "Thread[ForkJoinPool.commonPool-worker-1,5,main]" 线程来执行程序，此时这个线程就是阻塞式的。

9.2.2　挂起函数

挂起函数主要是通过 suspend 来修饰的一个函数，这个函数只能在协程代码内部调用，非协程代码不能调用。在前面小节中讲到 delay()函数是一个挂起函数，当在程序中调用挂起函数时，在当前文件的左侧可以看到 ✦ 这样一个图标。一般出现这个图标时，就说明调用的是 suspend 修饰的挂起函数。除了 API 中提供的挂起函数之外，还可以自定义一个挂起函数。接下来我们通过 suspend 来创建一个挂起函数，具体代码如【文件 9-5】所示。

【文件 9-5】Suspend.kt

```
1   package com.itheima.chapter09
2   import kotlinx.coroutines.experimental.CommonPool
3   import kotlinx.coroutines.experimental.delay
4   import kotlinx.coroutines.experimental.launch
5   //挂起函数
6   suspend fun hello() {
7       delay(1000L)
8       println("I am Lucy")
9   }
10  fun main(args: Array<String>) {
11      //协程代码调用挂起函数
12      launch(CommonPool) {
13          hello()
14      }
15      Thread.sleep(2000L)   //睡眠 2000L
16  }
```

运行结果：

I am Lucy

上述代码中，在第 6 行通过 suspend 创建了一个挂起函数 hello()，然后在协程中调用挂起函数。需要注意的是，只有协程代码才可以调用挂起函数，非协程代码不能调用挂起函数 hello()，如果调用，则编译器会报错。

9.2.3　主协程

根据 9.2.2 小节可知，挂起函数可以在协程代码中调用，由于主协程也属于协程，因此在主协程中也可以调用挂起函数。主协程主要用 runBlocking 来表示，主协程有两种表达方式，一种方式是通过 ":Unit= runBlocking" 定义，另一种方式是通过 "runBlocking{}" 代码块的形式定义。接下来我们通过一个案例来演示主协程的两种定义方式。

1. :Unit= runBlocking

使用:Unit= runBlocking 定义主协程，通过主协程来延迟 1 秒打印 world，具体代码如【文件 9-6】所示。

【文件 9-6】RunBlocking1.kt

```
1  package com.itheima.chapter09
2  import kotlinx.coroutines.experimental.delay
3  import kotlinx.coroutines.experimental.runBlocking
4  fun main(args: Array<String>):Unit= runBlocking {
5      println("hello")
6      delay(1000L)          //睡眠 1 秒打印 world
7      println("world")
8  }
```

运行结果：

hello

world

2. runBlocking{}

使用 runBlocking{}定义主协程，通过主协程来延迟 1 秒打印 world，具体代码如【文件 9-7】所示。

【文件 9-7】RunBlocking2.kt

```
1  package com.itheima.chapter09
2  import kotlinx.coroutines.experimental.delay
3  import kotlinx.coroutines.experimental.runBlocking
4  fun main(args: Array<String>) {
5      println("hello")
6      runBlocking {
7          delay(1000L)      //睡眠 1 秒打印 world
8      }
9      println("world")
10 }
```

运行结果：

hello

world

9.2.4　协程中的 Job 任务

协程可以通过 launch()函数来启动，这个函数的返回值是一个 Job 类型的任务。这个 Job 类型的任务是协程创建的后台任务，它持有协程的引用，因此它代表当前协程的对象。获取 Job 类型的任务作用是判断当前任务的状态。Job 任务的状态有 3 种类型，分别是 New（新建的任务）、Active（活动中的任务）、Completed（已结束的任务）。Job 任务中有两个字段，分别是 isActive（是否在活动中）和 isCompleted（是否停止），通过这两个字段的值可判断当前任务的状态。表 9-1 介绍了 Job 任务的 3 种状态。

表 9-1 Job 的 3 种状态

Job 状态	isActive	isCompleted
New（新建的活动）	false	false
Active（活动中）	true	false
Completed（已结束）	false	true

接下来我们通过一个案例来打印程序中任务的状态，具体代码如【文件 9-8】所示。

【文件 9-8】Job.kt

```
1   package com.itheima.chapter09
2   import kotlinx.coroutines.experimental.CommonPool
3   import kotlinx.coroutines.experimental.Job
4   import kotlinx.coroutines.experimental.delay
5   import kotlinx.coroutines.experimental.launch
6   fun main(args: Array<String>) {
7       val job: Job = launch(CommonPool) {
8           delay(1000L)
9           println("hello")
10      }
11      println("主线程睡眠前: isActive=${job.isActive} isCompleted=
12                                      ${job.isCompleted}")
13      println("world")
14      Thread.sleep(2000L)  //睡眠 2 秒
15      println("主线程睡眠后: isActive=${job.isActive} isCompleted=
16                                      ${job.isCompleted}")
17  }
```

运行结果：

主线程睡眠前: isActive=true isCompleted=false

world

hello

主线程睡眠后: isActive=false isCompleted=true

上述代码中，协程函数 launch()返回的是一个 Job 类型的任务，在主线程睡眠之前和睡眠之后分别打印这个 Job 类型的任务状态。根据运行结果可知，主线程睡眠之前，Job 任务状态中的字段 isActive 的值为 true，isCompleted 的值为 false，表示该任务是在活动中。主线程睡眠之后，Job 任务状态中的字段 isActive 的值为 false，isCompleted 的值为 true，表示该任务已经是结束状态。

 多学一招：协程中的 join()函数

如果去掉【文件 9-8】中的第 14 行代码后，程序运行的结果只会输出 world 字符串，不会输出 hello 字符串，这是因为协程中启动的是一个守护线程，当主线程完成之后，协程就会被销毁掉，因此协程中的代码就不会再执行。如果想输出 hello 字符串，除了使用 Thread.sleep(2000L)语句之外，还可以使用 Java 线程中的 join()函数，该函数表示的是当前任务执行完成之后再执行其他操作，也就是可以将【文件 9-8】中的第 14 行代码换成 "job.join()"，此时由于 join() 函数是一个挂起函数，因此需要将【文件 9-8】中的 main() 函数设置为主协程，修改后的具体代码如【文件 9-9】所示。

【文件 9-9】Join.kt

```
1  package com.itheima.chapter09
2  import kotlinx.coroutines.experimental.*
3  fun main(args: Array<String>):Unit= runBlocking {
4      val job: Job = launch(CommonPool) {
5          delay(1000L)
6          println("hello")
7      }
8      println("主线程睡眠前: isActive=${job.isActive}  isCompleted=
9                                        ${job.isCompleted}")
10     println("world")
11     job.join() //协程执行完之后再执行其他操作
12     println("主线程睡眠后: isActive=${job.isActive}  isCompleted=
13                                        ${job.isCompleted}")
14 }
```

运行结果：

主线程睡眠前: isActive=true isCompleted=false

world

hello

主线程睡眠后: isActive=false isCompleted=true

9.2.5　普通线程和守护线程

在 Kotlin 中的线程分为普通线程和守护线程。普通线程是通过实现 Thread 类中的 Runnable 接口来创建的一个线程；守护线程就是程序运行时在后台提供通用服务的一种线程，例如垃圾回收线程就是一个守护线程。如果某个线程对象在启动之前调用了 isDaemon 属性并将其设置为 true，则这个线程就变成了守护线程。接下来我们通过一个案例来演示如何将普通线程转化为守护线程，具体代码如【文件 9-10】所示。

【文件 9-10】DaemonThread.kt

```
1  package com.itheima.chapter09
2  class DaemonThread : Runnable {
3      override fun run() {
4          while (true) {
5              println(Thread.currentThread().name + "——is running")
6          }
7      }
8  }
9  fun main(args: Array<String>) {
10     println("main 线程是守护线程吗？" + Thread.currentThread().isDaemon)
11     val dt = DaemonThread()                    //创建一个 DaemonThread 对象 dt
12     val t = Thread(dt, "守护线程")             //创建线程 t 共享 dt 资源
13     println("t 线程默认是守护线程吗？" + t.isDaemon) //判断是否为守护线程
14     t.isDaemon = true    //将线程 t 设置为守护线程
15     t.start()            //调用 start()方法开启线程 t
16     for (i in 1..3) {
```

```
17          println(i)
18      }
19  }
```

运行结果：

main 线程是守护线程吗？false

t 线程默认是守护线程吗？false

1

2

3

守护线程——is running

守护线程——is running

守护线程——is running

守护线程——is running

守护线程——is running

上述代码中，子线程 t 是一个普通线程，在开启线程 t 之前，设置其 isDaemon 的属性值为 true，此时子线程 t 就变为了守护线程。当开启守护线程 t 之后，程序会执行死循环中的打印语句，当主线程死亡后，JVM 会通知守护线程。由于守护线程从接收指令到做出响应需要一定的时间，因此打印了几次"守护线程——is running"语句后，守护线程结束。

 注 意

要将某个线程设置为守护线程，必须在该线程启动之前，也就是说 isDaemon 属性的设置必须在 start()方法之前调用，否则会引发 IllegalThreadStateException 异常。

9.2.6 线程与协程效率对比

一般情况下，线程有很多缺点，例如当启动一个线程的时候需要通过回调方式进行异步任务的回调，代码写起来比较麻烦。而且启动线程时占用的资源比较多，启动协程时占用的资源相对来说比较少。接下来我们分别通过线程和协程来打印 10 万个点，来对比一下线程和协程所耗费的时间，也就是对比两者运行时效率的高低。

1．线程执行效率

通过线程来打印 100 000 个点，并输出程序运行时耗费的时间，具体代码如【文件 9–11】所示。

【文件 9–11】ThreadEfficiency.kt

```
1   package com.itheima.chapter09
2   fun main(args: Array<String>) {
3       val start = System.currentTimeMillis() //获取开始时间
4       //创建线程
5       val list1 = List(100000, {
6           Thread(Runnable {
7               println(".")
8           })
9       })
10      list1.forEach {
```

```
11        it.start()   //开启每个线程
12    }
13    list1.forEach {
14        it.join() //使每个线程执行完之后再执行后续操作
15    }
16    val end = System.currentTimeMillis()   //获取结束时间
17    println("总耗时: ${end - start}")
18 }
```

运行结果:

总耗时: 20197

2. 协程执行效率

通过协程来打印 100 000 个点,并输出程序运行时耗费的时间,具体代码如【文件 9-12】所示。

【文件 9-12】Coroutines.kt

```
1  package com.itheima.chapter09
2  import kotlinx.coroutines.experimental.launch
3  import kotlinx.coroutines.experimental.runBlocking
4  fun main(args: Array<String>):Unit=runBlocking{
5      val start = System.currentTimeMillis()   //获取开始时间
6      //创建协程
7      val list2 = List(100000) {
8          launch {
9              println(".")
10         }
11     }
12     list2.forEach {
13         it.join() //使每个协程执行完之后再执行后续代码
14     }
15     val end = System.currentTimeMillis()
16     println("总耗时: ${end-start}")
17 }
```

运行结果:

总耗时: 958

根据上述两个文件的运行结果可知,协程的效率比线程要高很多。协程是依赖于线程存在的,协程启动之后需要在线程中来执行,但是启动 100 000 个协程并不代表启动了 100 000 个线程,协程可以将程序中的定时操作或者延时操作挂起来,启动 100 000 个协程可能只需要 5、6 个线程就可以完成。对于线程来说,启动 100 000 个线程,就需要这么多资源,并且线程之间进行切换时也需要耗费很多时间,因此线程的效率就比较低。

9.3　协程取消

9.3.1　协程取消

在项目开发的过程中,当进入一个需要网络请求的界面中时,在该界面请求 2 秒,用户没有看到界面加载的数据就关闭了当前的界面,此时对应的网络请求任务就需要关闭掉,这个网络请求的线程也需要关闭。

同样的道理，在协程程序中，如果开启了一个协程来进行网络请求或者数据加载，当退出该界面时，该界面的数据还未加载完成，此时就需要取消协程。在 Kotlin 中是通过 cancel()方法将协程取消的。接下来我们通过一个案例来演示如何取消协程，具体代码如【文件 9-13】所示。

【文件 9-13】CoroutineCancel.kt

```
1   package com.itheima.chapter09
2   import kotlinx.coroutines.experimental.delay
3   import kotlinx.coroutines.experimental.launch
4   import kotlinx.coroutines.experimental.runBlocking
5   fun main(args: Array<String>): Unit = runBlocking {
6       val job = launch {
7           repeat(1000) { i ->
8               println("I'm sleeping $i…")
9               delay(500L)
10          }
11      }
12      delay(2000L)
13      println("协程取消前: isActive=${job.isActive} isCompleted=
14                                          ${job.isCompleted}")
15      job.cancel()    //取消协程
16      println("协程取消后: isActive=${job.isActive} isCompleted=
17                                          ${job.isCompleted}")
18  }
```

运行结果：

I'm sleeping 0…

I'm sleeping 1…

I'm sleeping 2…

I'm sleeping 3…

协程取消前：isActive=true　isCompleted=false

协程取消后：isActive=false　isCompleted=true

上述代码中，第 7 行的 repeat()方法表示的是重复 1000 次来打印 "I'm sleeping yi…"，在第 15 行通过 job.cancel()来取消协程，在取消协程的前后分别打印了 job 中任务的状态，根据该程序的运行结果可知，协程在取消之前 isActive 的值为 true，isCompleted 的值为 false，表示该协程在活动中。由于在协程取消时，会出现两种情况，一种是正在取消，此时打印出的 isActive 的值为 false，isCompleted 的值为 false；另一种是已经取消，此时打印出的 isActive 的值为 false，isCompleted 的值为 true。这两种情况都表示协程取消成功。

 注意

上述程序的运行结果中，协程取消后的信息有两种情况，具体如下。

第 1 种，正在取消协程时，运行结果为：

协程取消后：isActive=false　isCompleted=false

第 2 种，已经取消协程时，运行结果为：

协程取消后：isActive=false　isCompleted=true

多学一招：cancelAndJoin()函数与不可取消代码块

1. cancelAndJoin()函数与 finally 代码块

协程中的 cancel()函数和 join()函数是可以进行合并的，合并之后是一个 cancelAndJoin()函数，这个函数用于取消协程。接下来我们通过一个案例来演示 cancelAndJoin()函数取消协程以及在协程中使用 try…finally 代码块。具体代码如【文件 9-14】所示。

【文件 9-14】Finally.kt

```
1  package com.itheima.chapter09
2  import kotlinx.coroutines.experimental.cancelAndJoin
3  import kotlinx.coroutines.experimental.delay
4  import kotlinx.coroutines.experimental.launch
5  import kotlinx.coroutines.experimental.runBlocking
6  fun main(args: Array<String>): Unit = runBlocking {
7      val job = launch {
8          try {
9              repeat(1000) { i ->
10                 println("I'm sleeping $i…")
11                 delay(500L)
12             }
13         } finally {
14             println("之前最终执行的代码")
15             delay(1000L)
16             println("之后最终执行的代码")
17         }
18     }
19     delay(2000L)
20     job.cancelAndJoin()//取消协程
21 }
```

运行结果：

I'm sleeping 0…

I'm sleeping 1…

I'm sleeping 2…

I'm sleeping 3…

之前最终执行的代码

根据上述代码的运行结果可知，没有打印第 16 行代码需要打印的数据，这是由于当程序输出"I'm sleeping 3…"时，当前程序耗时是 1500ms，主线程的延迟时间是 2000ms，此时程序会继续执行 finally 中的代码。当执行完第 14 行代码时，程序需要延迟的时间为 1000ms，此时主线程的延迟时间已经到了，主线程会继续运行第 20 行代码取消协程，由于协程结束时，守护线程也就结束，因此 finally 中的代码不会继续执行。

2. 不可取消代码块

如果想让【文件 9-14】中的程序不受协程结束的影响，继续执行 finally 中的代码，则需要在 finally 中通过 withContext{}代码块来实现，这个代码块称为不可取消的代码块，具体代码如下所示：

```
1    //不可取消的代码块
2    withContext(NonCancellable){
3        println("之前最终执行的代码")
4        delay(1000L)
5        println("之后最终执行的代码")
6    }
```

9.3.2 协程取消失效

一般情况下，一个协程需要通过 cancel()方法来取消，这种取消方式只适用于在协程代码中有挂起函数的程序。由于挂起函数在挂起时也就是等待时，该协程已经回到了线程池中，等待时间结束之后会重新从线程池中恢复出来，虽然可以通过 cancel()方法取消这些挂起函数，但是在协程中调用某些循环输出数据的函数时，通过 cancel()方法是取消不了这个协程的。接下来我们通过一个案例来演示通过 cancel()方法无法取消的协程，具体代码如【文件 9-15】所示。

【文件 9-15】CancelFailure.kt

```
1    package com.itheima.chapter09
2    import kotlinx.coroutines.experimental.CommonPool
3    import kotlinx.coroutines.experimental.delay
4    import kotlinx.coroutines.experimental.launch
5    import kotlinx.coroutines.experimental.runBlocking
6    fun main(args: Array<String>): Unit = runBlocking {
7        val job = launch(CommonPool) {
8            //程序运行时当前的时间
9            var nextTime = System.currentTimeMillis()
10           while (true) {
11               //每一次循环的时间
12               var currentTime = System.currentTimeMillis()
13               if (currentTime > nextTime) {
14                   println("当前时间: ${System.currentTimeMillis()}")
15                   nextTime += 1000L
16               }
17           }
18       }
19       delay(2000L)   //使程序延迟 2 秒
20       println("协程取消前: isActive=${job.isActive}")
21       job.cancel()   //取消协程
22       job.join()     //执行完协程之后再执行后续操作
23       println("协程取消后: isActive=${job.isActive}")
24   }
```

运行结果：

当前时间: 1531983528698

当前时间: 1531983529698

当前时间: 1531983530698

协程取消前: isActive=true

当前时间: 1531983531698

当前时间: 1531983532698

......

上述协程代码中，通过 while 循环每隔 1000ms 打印一次当前时间，如果通过 cancel()方法来取消这个协程时，会发现该协程并没有停止，一直处于存活状态，并无限循环地打印数据，因此第 23 行代码中协程取消后的状态就不能打印了。如果协程的循环代码中没有挂起函数，则该程序是不能直接通过 cancel()方法来取消的。

有一些协程中有循环代码且没有挂起函数的程序，如果想取消协程，则需要对这个协程中的 Job 任务状态进行判断。如果协程取消失效后，则可以通过以下两种方案来继续取消协程。

方案一：通过对 isActive 值的判断来取消协程

如果想要在结束协程时结束协程中的循环操作，则需要在循环代码中通过 isActive 的值来判断当前协程的状态，如果 isActive 的值为 false，则表示当前协程处于结束状态，此时返回当前协程即可，具体代码如下所示：

```
//判断当前协程状态
if(!isActive) return@launch //返回当前协程
```

上述代码需要添加在【文件 9-15】中的第 11 行代码上方。此时运行该文件中的程序，运行结果如下所示。

当前时间：1531984991424
当前时间：1531984992423
当前时间：1531984993423
协程取消前：isActive=true
协程取消后：isActive=false

方案二：使用 yield()挂起函数来取消协程

除了上述解决方案之外，还可以在循环代码中调用 yield()挂起函数来结束协程中的循环操作，因为调用 cancel()函数来结束协程时，yield()会抛出一个异常，这个异常的名称是 Cancellation Exception，抛出这个异常之后协程中的循环操作就结束了，同时在循环代码中通过 try…catch 来捕获这个异常并打印异常名称，当捕获到这个异常之后将协程返回即可。具体代码如下：

```
try {
    yield()
}catch (e:CancellationException){
    println("异常名称=${e.message}")
    return@launch
}
```

上述代码需要添加在【文件 9-15】中的第 11 行代码上方。此时运行该文件中的程序，运行结果如下所示。

当前时间：1531985095581
当前时间：1531985096581
当前时间：1531985097581
协程取消前：isActive=true
异常名称=Job was cancelled normally
协程取消后：isActive=false

9.3.3　定时取消

一般情况下，在挂起函数 delay()中传递的时间到了之后会通过 cancel()方法来取消协程，例如当打开一个应用的界面时，此时程序需要发送网络请求来获取界面中的数据，如果网络很慢、没有网络或者服务器有问题，请求 3、4 秒还没有请求到数据，则用户可能会没有耐心而将该界面关闭，此时后台请求的任务就断掉了，这样的用户体验很差。通常我们会给网络请求设置一个超时的时间，对于协程来说也是一样的，对于后台的耗时任务一般是需要设置一个时间的上限，时间到了之后就可以将这个协程取消。在协程中可以通过 withTimeout()函数来限制取消协程的时间。接下来我们通过一个案例来演示如何通过 withTimeout()函数在限制时间内取消协程，具体代码如【文件 9-16】所示。

【文件 9-16】TimeOutCancel.kt

```
1  package com.itheima.chapter09
2  import kotlinx.coroutines.experimental.delay
3  import kotlinx.coroutines.experimental.launch
4  import kotlinx.coroutines.experimental.runBlocking
5  import kotlinx.coroutines.experimental.withTimeout
6  fun main(args: Array<String>): Unit = runBlocking {
7      val job = launch {
8          withTimeout(2000L) {
9              repeat(1000) { i ->
10                 println("I'm sleeping $i…")
11                 delay(500L)
12             }
13         }
14     }
15     job.join()
16 }
```

运行结果：

I'm sleeping 0…

I'm sleeping 1…

I'm sleeping 2…

I'm sleeping 3…

上述代码中，通过 withTimeout()函数来设置超过指定时间后协程会自动取消，withTimeout()函数中传递的 2000L 表示 2 秒。根据程序中的逻辑代码可知，每打印一行数据程序都会延迟 500ms，打印 4 行数据后，程序的延迟时间一共为 2000ms，等到下一次打印数据时，已经超过了协程的限制时间 2 秒，此时协程会自动取消，不再继续打印数据。

9.3.4 挂起函数的执行顺序

如果想要在协程中按照顺序执行程序中的代码，则只需要使用正常的顺序来调用即可，因为协程中的代码与常规的代码一样，默认情况下是按照顺序执行的。接下来我们通过执行两个挂起函数来演示协程中程序默认执行的顺序，具体代码如【文件 9-17】所示。

【文件 9-17】DoJob.kt

```
1  package com.itheima.chapter09
2  import kotlinx.coroutines.experimental.delay
3  import kotlinx.coroutines.experimental.runBlocking
4  import kotlin.system.measureTimeMillis
5  fun callMethod(): Unit = runBlocking {
```

```
6        val time = measureTimeMillis {
7            val a = doJob1()
8            val b = doJob2()
9            println("a=$a b=$b")
10       }
11       println("执行时间=$time")
12   }
13   suspend fun doJob1(): Int {  //挂起函数 doJob1()
14       println("do job1")
15       delay(1000L)
16       println("job1 done")
17       return 1
18   }
19   suspend fun doJob2(): Int {  //挂起函数 doJob2()
20       println("do job2")
21       delay(1000L)
22       println("job2 done")
23       return 2
24   }
25   fun main(args: Array<String>) {
26       callMethod()
27   }
```

运行结果：

do job1

job1 done

do job2

job2 done

a=1 b=2

执行时间=2051

上述代码中，创建了两个挂起函数，分别是 doJob1()和 doJob2()，运行每个函数时都通过 delay()函数使程序延迟了 1 秒。在 callMethod()方法中，通过 measureTimeMillis()函数来获取程序运行两个挂起函数所耗费的时间。根据程序的运行结果可知，两个挂起函数的执行与其在程序中的调用顺序是一致的，运行两个挂起函数耗费的时间是 2051，由此可以看出同步执行程序是比较耗时的。

9.3.5　通过 async 启动协程

上一小节的 DoJob.kt 文件中的代码是同步执行的，这样执行比较耗时。为了使程序执行不耗费很多时间，可以使用异步任务来执行程序。从概念上讲，异步任务就如同启动一个单独的协程，它是一个与其他所有协程同时工作的轻量级线程。前几节中的协程就属于一个异步任务，除了通过 launch()函数来启动协程之外，还可以通过 async()函数来启动协程，不同之处在于 launch()函数返回的是一个 Job 任务并且不带任何结果值，而 async()函数返回的是一个 Deferred（也是 Job 任务，可以进行取消），这是一个轻量级的非阻塞线程，它有返回结果，可以使用.await()延期值来获取。接下来我们通过异步代码来执行【文件 9-17】，修改后的代码如【文件 9-18】所示。

【文件 9-18】Async.kt

```
1   package com.itheima.chapter09
2   import kotlinx.coroutines.experimental.async
3   import kotlinx.coroutines.experimental.runBlocking
4   import kotlin.system.measureTimeMillis
5   fun asyncCallMethod(): Unit = runBlocking {
6       val time = measureTimeMillis {
7           val a = async { doJob1() } //通过 async 函数启动协程
8           val b = async { doJob2() }
9           println("a=${a.await()} b=${b.await()}")
10      }
11      println("执行时间=$time")
12  }
13  fun main(args: Array<String>) {
14      asyncCallMethod()
15  }
```

运行结果:

do job1

do job2

job2 done

job1 done

a=1 b=2

执行时间=1045

上述代码中的函数 doJob1()与 doJob2()是【文件 9-17】中创建的,在此处不重复写一遍了,在程序中通过 await()函数分别获取函数 doJob1()与 doJob2()的返回值。根据程序的运行结果可知,通过 async()函数异步启动协程,程序的运行顺序不是默认的顺序,是随机的,并且根据程序的执行时间与【文件 9-17】中程序的执行时间对比可知,异步运行协程比同步运行要节省较多时间。

一般情况下,通过 launch()函数启动没有返回值的协程,通过 async()函数启动有返回值的协程。

9.3.6 协程上下文和调度器

在 Kotlin 中,协程的上下文使用 CoroutineContext 表示,协程上下文是由一组不同的元素组成,其中主要元素是前面学到的协程的 Job 与本小节要学习的调度器。协程上下文中包括协程调度程序(又称协程调度器),协程调度器可以将协程执行限制在一个特定的线程中,也可以给它分派一个线程池或者可以不做任何限制无约束地运行。所有协程调度器都接收可选的CoroutineContext 参数,该参数可用于为新协程和其他上下文元素显示指定调度器。接下来我们通过一个案例来演示协程的上下文和调度器,具体代码如【文件 9-19】所示。

【文件 9-19】Context.kt

```
1   package com.itheima.chapter09
2   import kotlinx.coroutines.experimental.*
3   fun main(args: Array<String>): Unit = runBlocking {
4       val list = ArrayList<Job>()
5       list += launch(Unconfined) {            //主协程的上下文
6           println("Unconfined 执行的线程=${Thread.currentThread().name}")
```

```
7         }
8         list += launch(coroutineContext) {   //使用的是父协程的上下文
9             println("coroutineContext 执行的线程=${Thread.currentThread().
10                name}")
11        }
12        list += launch(CommonPool) {            //线程池中的线程
13            println("CommonPool 执行的线程=${Thread.currentThread().name}")
14        }
15        list += launch(newSingleThreadContext("new thread")) {//运行在新线程中
16            println("新线程执行的线程=${Thread.currentThread().name}")
17        }
18        list.forEach{
19            it.join()
20        }
21 }
```

运行结果：

Unconfined 执行的线程=main

coroutineContext 执行的线程=main

新线程执行的线程=new thread

CommonPool 执行的线程=ForkJoinPool.commonPool-worker-1

根据该程序的运行结果可知，启动协程时，launch()函数中传递 Unconfined 主协程上下文时，程序执行的是主线程，传递 coroutineContext 父协程上下文时，程序执行的也是主线程，传递 CommonPool 线程池时，程序执行的是某一个线程，传递 newSingleThreadContext("new thread")新线程时，程序执行的是新线程 new thread。

 注意

上述程序中，由于执行的是 4 个协程，而协程是一种轻量级线程，多线程的执行顺序是不固定的，因此上述程序执行的先后顺序是不固定的。

9.3.7 父子协程

当使用 coroutineContext（协程上下文）来启动另一个协程时，新协程的 Job 就变成父协程工作的一个子任务，当父协程被取消时，它的所有子协程也被递归地取消。接下来我们通过一个案例来演示取消父协程时，与其对应的子协程也会被取消，具体代码如【文件 9-20】所示。

【文件 9-20】Children.kt

```
1  package com.itheima.chapter09
2  import kotlinx.coroutines.experimental.delay
3  import kotlinx.coroutines.experimental.launch
4  import kotlinx.coroutines.experimental.runBlocking
5  fun main(args: Array<String>) :Unit= runBlocking{
6     val request = launch {
7        //父协程
8        val job1 = launch {
9            println("启动协程1")
10           delay(1000L)
```

```
11              println("协程 1 执行完成")
12          }
13          //子协程, 使用的上下文是 request 对应的协程上下文
14          val job2 = launch (coroutineContext){
15              println("启动协程 2")
16              delay(1000L)
17              println("协程 2 执行完成")
18          }
19      }
20      delay(500L)
21      request.cancel()
22      delay(2000L)
23  }
```

运行结果:

启动协程 1

启动协程 2

协程 1 执行完成

上述代码中, 首先通过 launch()函数启动了一个 request 协程, 接着通过 coroutineContext 协程上下文启动了一个子协程 job2, 主线程中通过 delay()函数一共延迟了 2500ms, 而开启的两个协程通过 delay()函数一共延迟了 2000ms, 根据程序的运行结果可知, 当通过 cancel()方法取消主协程 request 时, 子协程 job2 也自动取消了, 因此运行结果没有打印 "协程 2 执行完成"。

注 意

由于第 21 行代码中的 cancel()方法的返回值是 boolean 类型, 而 main()函数不需要返回值, 因此在这行代码下方任意输出一段字符串即可, 不然程序会报错。

9.4 管道

9.4.1 管道简介

当通过 async()启动一个协程时, 会返回一个 defferd 类型的对象, defferd 相当于是输出一个具体的值, 此时也可以通过管道 (Channel) 的方式来输出具体的值。管道提供了一种传输的价值流。

管道在概念上与 BlockingQueue (阻塞队列) 非常类似, 但是区别在于管道不是一个阻塞 put 操作而是一个暂停发送操作, 不是一个阻塞 take 操作而是一个暂停接收操作。阻塞队列会阻塞线程, 而管道则不会阻塞线程。管道中有两个方法, 分别是 send()和 receive(), 这两个方法分别用于发送数据和接收数据。接下来我们通过一个案例来演示管道的 send()和 receive()方法, 具体代码如【文件 9-21】所示。

【文件 9-21】Channel.kt

```
1   package com.itheima.chapter09
2   import kotlinx.coroutines.experimental.runBlocking
3   fun main(args: Array<String>): Unit = runBlocking {
```

```
4       val channel = Channel<Int>()
5       launch {
6           (1..4).forEach {
7               channel.send(it * 10)
8               delay(1000L)
9           }
10      }
11      repeat(4) {
12          val result = channel.receive()
13          print("result=${result}\t")
14      }
15  }
```

运行结果：

result=10　result=20　result=30　result=40

上述代码中，Channel 表示管道，在 forEach 循环中每间隔一秒会执行一次 channel 中的 send()方法，来发送协程中的数据信息，接着通过 repeat()方法来循环执行接收数据的代码，该 方法中的参数 4 表示接收的信息数量，在 repeat()方法中通过 channel 中的 receive()方法来接收 发送的数据信息并打印出来。

9.4.2 管道的关闭

管道与阻塞队列比较类似。但是管道与阻塞队列的区别是，第一，队列是阻塞的，管道是非 阻塞的；第二，管道可以通过 close()方法进行关闭，当没有更多数据需要添加到管道中时，管 道就可以进行关闭。在管道的接收端，通常使用 for 循环接收管道发送的数据，从概念上来讲， 结束就像发送了一个特殊的密码令牌给该频道，一旦接收到这个关闭标记，迭代就会停止，之后 所有发送的数据不会被接收。接下来我们通过一个案例来演示关闭管道后数据的接收情况，具体 代码如【文件 9-22】所示。

【文件 9-22】ChannelClose.kt

```
1   package com.itheima.chapter09
2   import kotlinx.coroutines.experimental.channels.Channel
3   import kotlinx.coroutines.experimental.delay
4   import kotlinx.coroutines.experimental.launch
5   import kotlinx.coroutines.experimental.runBlocking
6   fun main(args: Array<String>): Unit = runBlocking {
7       val channel = Channel<Int>()
8       launch {
9           (1..3).forEach {
10              channel.send(it * 10)
11              println("发送端的关闭状态=${channel.isClosedForSend}")
12              delay(1000L)
13          }
14          //关闭管道
15          channel.close()
16          println("管道关闭后发送端的关闭状态=${channel.isClosedForSend}")
17          println("管道关闭后接收端的关闭状态=${channel.isClosedForReceive}")
18      }
19      repeat(10) {
```

```
20          val result = channel.receive()
21          println("result=$result 接收端的关闭状态=${channel.
22                                          isClosedForReceive}")
23      }
24 }
```

运行结果：

发送端的关闭状态=false

result=10 接收端的关闭状态=false

发送端的关闭状态=false

result=20 接收端的关闭状态=false

发送端的关闭状态=false

result=30 接收端的关闭状态=false

管道关闭后发送端的关闭状态=true

管道关闭后接收端的关闭状态=true

Exception in thread "main" kotlinx.coroutines.experimental.channels.

ClosedReceiveChannelException: Channel was closed

根据上述代码的运行结果可知，管道分为发送端关闭状态和接收端关闭状态，当管道被关闭之前，发送端的关闭状态都为 false，接收端的关闭状态也为 false，等接收完所有元素之后管道关闭，此时发送端的关闭状态与接收端的关闭状态才为 true。管道被关闭之后就无法接收其他数据，否则，程序就会报错。由于上述代码中 repeat() 方法中传递的参数为 10，也就是当接收完管道发送过来的 3 个数据之后，在接收端还在循环进行接收数据，此时程序运行结果就报错了。

9.4.3 生产者与消费者

协程产生一系列元素的模式比较普遍，这通常是在并发代码中发现的"生产者—消费者"模式的一部分，可以将生产者抽象为一个以通道为参数的函数，但是生产者的结果必须是从函数中返回的。

接下来，通过管道来生成一个生产者和消费者模式，在管道中可以通过 produce 来生成一个协程，在协程中通过管道来发送一些数据。接下来我们通过一个案例来演示通过管道来生成生产者与消费者，具体代码如【文件 9-23】所示。

【文件 9-23】Produce.kt

```
1  package com.itheima.chapter09
2  import kotlinx.coroutines.experimental.channels.consumeEach
3  import kotlinx.coroutines.experimental.channels.produce
4  import kotlinx.coroutines.experimental.delay
5  import kotlinx.coroutines.experimental.runBlocking
6  //生产者
7  fun produceSquares() = produce<Int> {
8      (1..5).forEach {
9          send(it * 10)
10         delay(1000L)
11     }
12 }
13 //消费者
14 suspend fun consumeSquares() {
```

```
15      val squares = produceSquares()  //接收生产者发送的信息
16      squares.consumeEach {                    //类似于 for 循环
17          print("it=$it \t")
18      }
19  }
20  fun main(args: Array<String>): Unit = runBlocking {
21      consumeSquares()
22  }
```

运行结果：

it=10   it=20   it=30   it=40   it=50

上述代码中，通过 produce 生成了一个协程。在这个协程中通过管道中的 send()方法将信息发送出去，这个协程的返回值是一个函数 produceSquares()，这个函数是一个生产者。接着在 consumeSquares()方法中获取生产者发送的信息，并通过扩展函数 consumeEach()可以替代 for 循环。

管道的发送顺序和接收顺序是一致的，管道主要用于线程间通信和父子进程间的通信。如果以后遇到需要描述生产者和消费者的模式时，可以通过管道来进行演示。

9.4.4　管道缓存区

当默认创建一个管道时，这个管道是没有缓冲区的，发送端和接收端彼此间相遇时才可以进行发送和接收的操作，也就是说当发送端发送时，首先调用 send()方法，发送完信息之后就必须要接收；接收端接收完之后才可以发送下一条信息。如果发送完信息之后还没有被接收，此时程序就暂时停在这个地方，并不属于阻塞，属于挂起，等到后续接收完信息之后才会继续发送信息。接收端接收时也是一样的，如果接收时没有数据发送过来，此时程序就暂时停止，直到有信息发送来才会进行接收，在这里的等待也属于挂起而不是阻塞。为了解决这个暂时停止的问题，可以在程序中创建管道的缓冲区。

在创建缓冲通道时，可以设置缓冲区的大小，其中 Channel()函数中传递的 capacity 参数是来指定缓冲大小的，缓冲区允许发送者在挂起之前发送多个元素，类似于 BlockingQueue 指定的容量，当缓冲区没有满时，无论发送端发送的信息有没有被接收都可以一直向缓冲区存放发送的元素，直到缓冲区被存放满时，程序才会挂起，挂起之后等待后续接收这些信息，接收完之后才会继续进行这样的操作。接下来我们通过一个案例来演示管道的缓冲区，具体代码如【文件9-24】所示。

【文件 9-24】ChannelBuffer.kt

```
1   package com.itheima.chapter09
2   import kotlinx.coroutines.experimental.channels.Channel
3   import kotlinx.coroutines.experimental.delay
4   import kotlinx.coroutines.experimental.launch
5   import kotlinx.coroutines.experimental.runBlocking
6   fun main(args: Array<String>): Unit = runBlocking {
7       val channel = Channel<Int>(3)                    //创建缓冲通道
8       val sender = launch(coroutineContext) { //启动协程
9           repeat(10) {
10              println("sending $it") //打印发送的每个元素
11              channel.send(it)            //发送元素，当缓冲区已满时将暂停发送
12          }
```

```
13    }
14    delay(1000L)
15    sender.cancel()  //取消协程 sender
16    println("")
17 }
```

运行结果：

sending 0

sending 1

sending 2

sending 3

上述代码中，通过 Channel 创建了一个缓冲区，这个缓冲区的大小设置为 3，也就是可以向缓冲区中存放 3 个元素。当发送完前 3 个元素之后，这 3 个元素已经缓存在管道中，等着接收端进行接收。当发送第 4 个元素时，发现这个缓冲区已经没有空间了，这个发送此时就变为挂起状态。由于第 15 行代码中的 cancel()方法的返回值是布尔类型的，而 main()函数的返回值是 Unit，也就是没有返回值，因此需要在调用 cancel()方法的下方随意添加一行没有返回值的代码，不然程序会报错。

9.5 本章小结

本章主要介绍了 Kotlin 中的协程，详细介绍了协程的概念、协程的取消以及管道。通过对本章的学习，读者可以掌握 Kotlin 程序中协程的使用方法。要求读者必须掌握本章内容，便于后续开发 Kotlin 程序。

【思考题】

1. 请思考线程与协程的效率对比。
2. 请思考协程是如何取消的。

10 Chapter

第 10 章
坦克大战

学习目标
- 掌握坦克大战项目的搭建方法
- 熟悉 Kotlin 基础编码
- 完成 Kotlin 代码量的积累
- 进行业务抽象能力的锻炼

前面几个章节主要是对 Kotlin 基础知识的讲解，为了让初学者更好地掌握这些知识在实际开发中的运用，在本章我们将通过一个坦克大战的案例对 Kotlin 基础知识进行融会贯通。

10.1 项目介绍

10.1.1 项目概述

坦克大战这个游戏大家都玩过，游戏中有砖墙、铁墙、水、草坪、我方坦克、敌方坦克和大本营，其中大本营是被我方坦克保护，避免被敌方坦克销毁。我方坦克和敌方坦克可以穿越草坪、打击砖墙和铁墙、被水阻挡、发射子弹以及双方坦克相互碰撞和攻击，当双方坦克打击砖墙时，会发出子弹打击砖墙的声音并且会显示爆炸效果。如果敌方坦克被销毁完时，则游戏结束，此局游戏的胜利者是我方坦克。如果我方大本营被敌方坦克销毁时，则游戏结束，此局游戏的胜利者是敌方坦克。

10.1.2 开发环境

操作系统：
- Windows 系统

开发工具：
- JDK 8
- IDEA 2017.3.1

10.1.3　效果展示

1. 坦克大战游戏界面

运行坦克大战项目，会弹出游戏界面，该界面上有由砖墙、铁墙、水、草坪组成的地图，有 1 辆我方坦克、3 辆敌方坦克以及 1 个大本营。其中，敌方坦克一直在自动移动并发射子弹，我方坦克只有在按下【W】键、【S】键、【A】键、【D】键时，才会上、下、左、右进行移动，按【Enter】键时，我方坦克会发射子弹。坦克大战游戏界面效果如图 10-1 所示。

2. 坦克发射子弹打击砖墙

当我方坦克发射子弹打击砖墙时，会发出子弹打击砖墙的声音并显示爆炸效果，同样，敌方坦克打击砖墙时，也会发出声音并显示爆炸效果。子弹打击砖墙的效果如图 10-2 所示。

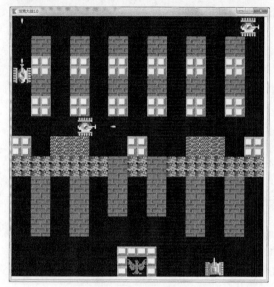
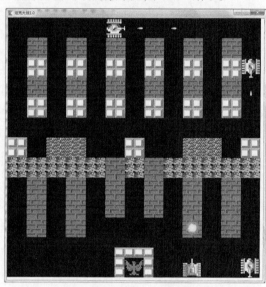

图10-1　游戏界面　　　　　　　　　　　　　　图10-2　子弹打击砖墙效果

3. 双方坦克相互伤害

当我方坦克射击敌方坦克时，在敌方坦克的位置会出现爆炸效果。当界面上的敌方坦克小于 3 辆时，程序会在界面上随机生出 1 辆新的敌方坦克，直到敌方坦克随机生出的次数被用完。我方坦克射击敌方坦克的效果如图 10-3 所示。

当敌方坦克射击我方坦克时，同样，也会在我方坦克的位置出现爆炸效果。由于我方坦克只有 1 辆，因此我方坦克的生命值比敌方坦克要大。如果设置我方坦克生命值为 20，敌方坦克生命值为 2，也就是当我方坦克射击 2 次敌方坦克时，该坦克就会被销毁掉，当敌方坦克射击我方坦克 20 次时，我方坦克才会被销毁掉。敌方坦克射击我方坦克的效果如图 10-4 所示。

4. 游戏结束

由于游戏结束分为两种情况，一种是敌方坦克被销毁完时，游戏结束，此局游戏的胜利者是我方坦克；一种是大本营被销毁掉时，游戏结束，此局游戏的胜利者是敌方坦克。接下来我们就来对这两种情况进行详细讲解。

（1）敌方坦克被销毁完，游戏结束

当界面上的敌方坦克被销毁完时，界面上会显示一个"GAME OVER！"的信息表示游戏结束，游戏结束的效果如图 10-5 所示。

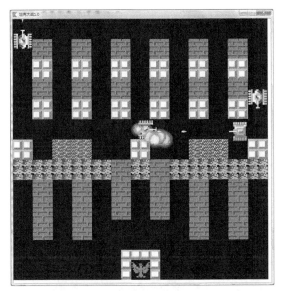

图10-3 我方坦克射击敌方坦克效果

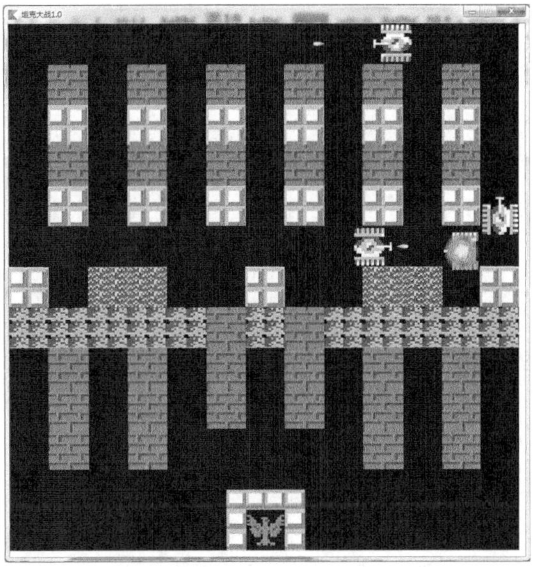

图10-4 敌方坦克射击我方坦克效果

（2）大本营被销毁，游戏结束

在程序中，大本营的生命值设置为 12，当我方坦克或者敌方坦克射击大本营使其"6<生命值<=12"时，大本营周围都是铁墙。当大本营的生命值为"3<生命值<=6"时，大本营周围的铁墙会变为砖墙，大本营周围变为砖墙时的效果如图 10-6 所示。

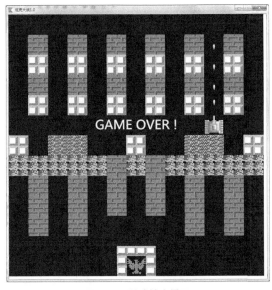

图10-5 游戏结束界面

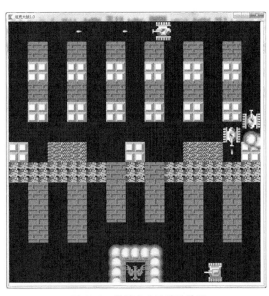

图10-6 铁墙变为砖墙的效果

当我方坦克或者敌方坦克继续射击大本营使其"生命值<=3"时，此时大本营周围的砖墙就被销毁掉，大本营中只剩下一只老鹰，此时大本营的宽高就是老鹰的宽高，大本营周围的砖墙被销毁时的效果如图 10-7 所示。

当我方坦克或者敌方坦克继续射击大本营使其"生命值=0"时,此时大本营就被销毁掉了,界面上会显示一个"GAME OVER!"的信息表示游戏结束,大本营被销毁时,界面效果如图 10-8 所示。

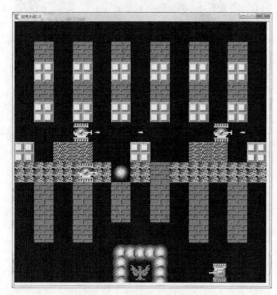

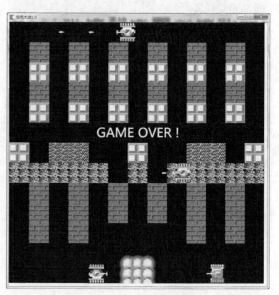

图10-7　砖墙被销毁的效果　　　　　　　　　图10-8　大本营被销毁效果

10.2　项目搭建

介绍完坦克大战项目之后,接着需要对项目进行搭建,坦克大战游戏需要添加游戏引擎、测试游戏引擎以及游戏窗体,在本节我们将对这些内容进行详细讲解。

10.2.1　项目创建

创建一个 Gradle 项目,将其命名为 GameTank,指定其包名为 com.itheima.game。需要注意的是,在创建项目的"New Project"窗口中,需要勾选 ☑ Ⓚ Kotlin (Java)。

10.2.2　添加游戏引擎

由于坦克大战游戏项目会用到游戏引擎,因此在开发项目之前需要在项目中添加游戏引擎。游戏引擎的地址是"https://github.com/shaunxiao/kotlinGameEngine"。

为坦克大战项目添加游戏引擎分为以下两个步骤。

第一步:在 build.gradle 文件中的 repositories 节点中的 mavenCentral()方法下方添加引入仓库的代码,添加的具体代码如下:

```
maven { url 'https://jitpack.io' }
```

第二步:在 dependencies 节点下方添加引入游戏引擎库的依赖代码,添加的具体代码如下:

```
compile "com.github.shaunxiao:kotlinGameEngine:v0.1.0"
```

需要注意的是,当每次修改 build.gradle 文件后,在当前窗口的右下角会弹出一个更新该文件的窗口,此时需要单击窗口中的"Import Changes"文本来更新 build.gradle 文件,如图 10-9

所示。

接着在左侧的 External Libraries 下方可以看到添加的游戏引擎库 kotlinGameEngine，如图 10-10 所示。

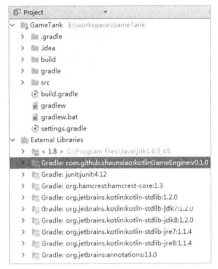

图10-10　依赖库

Gradle projects need to be imported

Import Changes　Enable Auto-Import

图10-9　Import Changes窗口

游戏引擎已经添加完毕，接下来通过游戏引擎提供的 Window 类来测试游戏引擎是否可用。由于测试类一般是在项目的 test 文件夹中创建，因此在 GameTank 项目的 src/test/kotlin 文件夹中创建一个 MyWindow 类，并在该类中启动游戏窗口，具体代码如【文件 10-1】所示。

【文件 10-1】MyWindow.kt

```
1  import javafx.application.Application
2  import javafx.scene.input.KeyEvent
3  import org.itheima.kotlin.game.core.Window
4  class MyWindow: Window() {
5      override fun onCreate() {  //窗体创建回调
6          println("窗口创建成功")
7      }
8      override fun onDisplay() {
9          //窗体渲染时的回调，该方法会一直不停地执行
10     }
11     override fun onRefresh() { // 刷新，处理耗时的业务逻辑
12     }
13     override fun onKeyPressed(event: KeyEvent) { // 按键响应回调
14     }
15 }
16 fun main(args: Array<String>) {
17     Application.launch(MyWindow::class.java)              //启动游戏窗口
18 }
```

运行结果：

窗口创建成功

创建好的游戏窗口如图 10-11 所示。

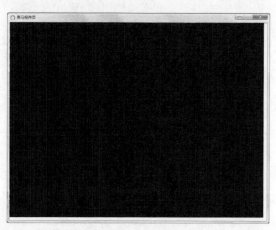

图10-11 游戏窗口

上述代码中，Window 类主要用于创建窗口，以及窗口创建后对应方法的回调。在 main() 函数中，通过 launch()方法来启动游戏窗口，如果窗口启动成功，则说明游戏引擎导入成功，否则，说明游戏引擎导入失败。该游戏窗口启动后的效果如图 10-11 所示，该窗口的标题是游戏引擎中默认设置好的文本信息。

10.3 窗体设计

坦克大战游戏是在一个窗体中显示的，这个窗体上有标题、图标、方格以及窗体的宽和高，这个窗体是坦克大战游戏运行的主要显示界面，窗体的效果如图 10-12 所示。

图10-12 窗体

接下来通过具体的步骤来实现坦克大战的窗体界面，具体如下。

1. 导入图片

在项目的 main/resources 文件夹中创建一个 img 文件夹，这个文件夹用于存放后续项目中需要的一些图片，接着将项目的 logo 图标 logo.png 导入到 img 文件夹中。

2. 设置窗体的宽和高

由于在设置窗体的宽度和高度时，需要根据窗体中每个图片的分辨率进行设置。坦克大战的窗体可以称为地图，这个地图是由方格组成的，每个方格的大小都是固定的，这些方格主要用于放置坦克图片和游戏中的其他元素，如果放置坦克图片，则每个坦克图片占据一个方格的位置，这样就可以根据坦克图片的大小来计算出游戏窗体的大小。每个坦克图片的分辨率为 64 像素 ×64 像素，对应的每个方格也是 64 像素 ×64 像素，因此游戏窗体的宽高就应该设置为 64 的倍数。如果窗体中横排和竖排各放置 13 个元素，则窗体宽高均为 64 像素 ×13 像素。由于窗体的宽和高都是常量，在 Kotlin 中，一般常量都会被抽取出来存放在 object 类中，object 类属于一个单例模式。由于项目中的包名没有显示出来，因此需要在项目的 src/main/kotlin 文件夹中创建项目的包名为 com.itheima.game，在该包中创建一个 object 类型的类 Config，具体代码如【文件 10-2】所示。

【文件 10-2】Config.kt

```
1  package com.itheima.game
2  object Config { //object 是一个单列
3      /**
4       * 方格的宽和高
5       */
6      val block = 64  //每个方格的宽和高
7      val gameWidth = block * 13
8      val gameHeight = block * 13
9  }
```

3. 创建 GameWindow 类

在项目的 com.itheima.game 包中创建一个 GameWindow 类，该类继承于游戏引擎库中的 Window 类，主要用于设置窗体的标题、图标、宽高以及渲染和刷新窗体，具体代码如【文件 10-3】所示。

【文件 10-3】GameWindow.kt

```
1  package com.itheima.game
2  import javafx.application.Application
3  import javafx.scene.input.KeyEvent
4  import org.itheima.kotlin.game.core.Window
5  class GameWindow : Window(title = "坦克大战 1.0"       //窗体标题
6      , icon = "/img/logo.png"              //窗体图标
7      , width = Config.gameWidth            //窗体宽度
8      , height = Config.gameHeight) {       //窗体高度
9      override fun onCreate() {   //窗体创建
10     }
11     override fun onDisplay() {   //渲染窗体
12     }
13     override fun onKeyPressed(event: KeyEvent) {   //按键响应
14     }
15     override fun onRefresh() {  //刷新
16     }
17 }
18 fun main(args: Array<String>) {
19     Application.launch(GameWindow::class.java)         //启动游戏窗口
20 }
```

上述代码中，在 Window 类的构造方法中可以传递一些参数，这些参数主要用于设置窗体的

图标、标题以及宽和高。根据【文件 10-3】中第 5~8 行代码可知，Window()构造方法中的第 1
个参数传递的是窗体的标题，第 2 个参数传递的是窗体的图标路径，第 3 个参数传递的是窗体的
宽度，第 4 个参数传递的是窗体的高度。最后在 main()函数中，通过 launch()方法来启动坦克大
战游戏的窗口。

10.4 绘制游戏元素

在坦克大战游戏的窗体中显示的主要元素有砖墙、铁墙、水墙、草坪、坦克等，本节将通过
程序把这些元素绘制到窗体中。

10.4.1 绘制墙和草坪

1. 创建接口 View

由于需要绘制的墙和草坪都具有具体的位置、宽高以及绘制图像的方法，因此可以抽取一个
接口，后续绘制其他元素的模型都遵循这个接口中的规则。接下来，在项目中的 com.itheima.
game 包中创建一个 model 包，在该包中创建一个接口 View，用于绘制图像，具体代码如【文
件 10-4】所示。

【文件 10-4】View.kt

```
1  package com.itheima.game.model
2  interface View {
3      val x:Int          //绘制的元素的 x 轴
4      val y:Int          //绘制的元素的 y 轴
5      val width:Int      //绘制的元素的宽度
6      val height:Int     //绘制的元素的高度
7      fun draw()         //绘制方法
8  }
```

2. 绘制一块砖墙

如果想要绘制一块砖墙到窗体上，则首先需要确定砖墙的位置，这个位置可以用具体的坐标
来表示，一块砖墙还需要有一定的宽度和高度，由于最终需要将这个砖墙绘制到窗体中，因此还
需要创建一个绘制砖墙的方法。

接下来，将砖墙的图片 wall_brick.png 导入到项目中的 resuources/img 文件夹中，接着在
modle 包中创建一个 BrickWall 类并实现 View 接口，该类主要用于绘制一块砖墙到窗体中，具
体代码如【文件 10-5】所示。

【文件 10-5】BrickWall.kt

```
1  package com.itheima.game.model
2  import com.itheima.game.Config
3  import org.itheima.kotlin.game.core.Painter
4  class BrickWall(override val x: Int, override val y: Int) : View {
5      override var width: Int = Config.block       //砖墙的宽度
6      override var height: Int = Config.block      //砖墙的高度
7      override fun draw() {    //绘制砖墙
8          Painter.drawImage("img/wall_brick.png", x, y)
9      }
10 }
```

上述代码中，BrickWall 类的构造方法中传递的两个参数 x、y，分别表示的是砖墙所在位置的 x 轴坐标、y 轴坐标（坐标的详细信息在本小节的"多学一招"中有讲解），变量 width 与 height 分别用于设置砖墙的宽度与高度。在第 8 行代码中，通过 Painter 类中的 drawImage()方法来绘制一块砖墙，其中这个方法中的第 1 个参数是砖墙对应的图片路径，第 2 个参数是砖墙所在位置的 x 轴坐标，第 3 个参数是砖墙所在位置的 y 轴坐标。

在窗体中除了砖墙元素之外，还有铁墙、水墙、草坪等元素，这 3 个元素的绘制与砖墙的绘制类似，首先将铁墙、水墙、草坪所对应的图标 wall_steel.png、wall_water.png、wall_grass.png 导入到项目中的 resources/img 文件夹中，接着在项目中的 com.itheima.game.model 文件夹中分别创建对应的类，SteelWall（铁墙）、WaterWall（水墙）、GrassWall（草坪），这些类中的代码与【文件 10-5】中一样，只需要将【文件 10-5】中的第 8 行代码中的图片改为对应的图片即可，具体请参见源代码。

 多学一招：游戏中的坐标

在启动的窗体中需要绘制一些图像，这些图像绘制到的位置需要通过坐标来表示，坐标可以分为横向坐标和纵向坐标，横向坐标称为 x 轴坐标，纵向坐标称为 y 轴坐标。窗体中的坐标效果如图 10-13 所示。

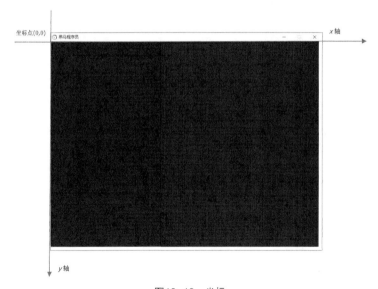

图10-13　坐标

在图 10-13 中可以看到，将坦克大战的窗体与坐标重合之后，水平方向带箭头的线是 x 轴，竖直方向带箭头的线是 y 轴，x 轴与 y 轴的交错点（左上角）为起始点（0,0）。水平向右方向是 x 轴的正向，竖直向下方向是 y 轴的正向。

10.4.2　绘制地图

坦克大战游戏中的地图由多个方格组成，每个方格中可以放砖墙、铁墙、水墙、草坪、坦克等元素，也可以不放任何元素。方格的总数量为 13 像素×13 像素，坦克大战游戏的地图效果如图 10-14 所示。

接下来，将坦克大战游戏中的地图绘制到窗体中，具体步骤如下。

1. 创建 game.map 文件

图 10-14 所示的地图可以通过创建一个 map 文件来表示。在项目中的 resources 文件夹中创建一个 map 文件夹，这个文件夹主要用于存放创建的地图文件，接着在 map 文件夹中创建一个 game.map 文件。在该文件中定义窗体中的元素，如果地图的方格中不放东西时，可以用一个"空"字来表示，放一块砖墙时可以用一个"砖"字来表示，放一块铁墙时可以用一个"铁"字来表示，放一片草坪时可以用一个"草"字来表示，放一片水时可以用一个"水"字来表示，放一个敌方坦克时可以用一个"敌"字来表示。game.map 文件中的具体代码如【文件 10-6】所示。

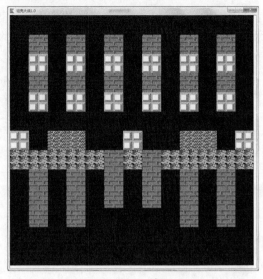

图10-14 地图

【文件 10-6】game.map

```
1   空空空空空空空空空空空空
2   空砖空砖空砖空砖空砖空空
3   空铁空铁空铁空铁空铁空
4   空砖空砖空砖空砖空砖空
5   敌铁空铁空铁敌铁空铁空铁敌
6   空空空空空空空空空空空空
7   铁空水水空空铁空空水水空铁
8   草草草草草砖草砖草草草草草
9   空砖空砖空砖空砖空砖空空
10  空砖空砖空砖空砖空砖空
11  空砖空砖空空空空砖空砖空
12  空空空空空空空空空空空空
13  空空空空空空空空空空空空
```

2. 读取 game.map 文件

在程序中的 GameWindow 类中，找到 onCreate()方法，在该方法中将 game.map 文件中的地图信息读取出来，并在 onDisplay()方法中将读取的地图信息绘制到窗体中，具体代码如【文件 10-7】所示。

【文件 10-7】GameWindow.kt

```kotlin
1   class GameWindow : Window(……) {
2       private val views = arrayListOf<View>()  //管理元素的集合
3       override fun onCreate() { //窗体创建
4           //通过读文件的方式创建地图
5           val resourceAsStream = javaClass.getResourceAsStream("
6                                               /map/game.map")
7           val reader = BufferedReader(InputStreamReader(
8                                       resourceAsStream,"utf-8"))
9           val lines = reader.readLines()   //读取文件中的行
10          //循环遍历
```

```
11          var lineNum = 0
12          lines.forEach() { line ->
13              var columnNum = 0
14              //将元素转换成数组进行遍历
15              line.toCharArray().forEach { column ->
16                  when (column) {
17                      '砖' -> views.add(BrickWall(columnNum *
18                      Config.block,lineNum* Config.block))
19                      '铁' -> views.add(SteelWall(columnNum *
20                      Config.block,lineNum * Config.block))
21                      '草' -> views.add(GrassWall(columnNum *
22                      Config.block,lineNum * Config.block))
23                      '水' -> views.add(WaterWall(columnNum *
24                      Config.block,lineNum * Config.block))
25                  }
26                  columnNum++
27              }
28              lineNum++
29          }
30      }
31  override fun onDisplay() { //渲染窗体
32      //通过 forEach 循环绘制地图中的元素
33      views.forEach {
34          it.draw()
35      }
36  }
37 }
38 ……
```

上述代码中，首先在 GameWindow 类中创建了一个 views 集合来管理地图中的所有元素，接着在 onCreate()方法中，通过 File()构造函数读取地图文件 game.map 中的内容，最后通过 readLines()方法读取文件中的行信息。

第 12～29 行代码主要是通过 forEach 循环将地图中的行与列遍历出来，并根据每列中的文字信息来判断当前的元素，通过 columnNum * Config.block 与 lineNum * Config.block 来固定每个元素所在位置的 x 轴坐标与 y 轴坐标，将遍历的每个元素添加到 views 集合中。

第 31～36 行代码，主要是在 onDisplay()方法中通过 forEach 循环将 views 集合中的元素遍历出来并通过 draw()方法绘制到窗体中。

 注 意

由于敌方坦克需要根据敌方坦克的方向进行绘制，操作相对复杂一些，因此将敌方坦克的绘制放在后续专门讲解敌方坦克的章节中。

10.4.3　绘制我方坦克

在坦克大战游戏的窗体中，除了有砖墙、铁墙、水墙、草坪之外，还有我方坦克，我方坦克会根据用户点击的按键来设置坦克的方向，程序会根据坦克的不同方向来绘制坦克到窗体中。

我方坦克在窗体中的位置和显示效果如图 10-15 所示。

接下来，我们来根据坦克的方向绘制坦克到窗体中，具体步骤如下。

1. 定义坦克方向

由于我方坦克需要根据不同方向来绘制，这些方向分别是上、下、左、右，因此这 4 个方向可以通过枚举类来实现。接下来，在项目中的 com.itheima.game 包中创建一个 enums 包，该包用于存放后续创建的一些枚举类，接着在 enums 包中创建一个名为 Direction 的枚举类，在该类中定义 4 个常量 UP、DWON、LEFT、RIGHT，这 4 个常量控制的是坦克的 4 个方向，分别是上、下、左、右。枚举类 Direction 中的具体代码如【文件 10-8】所示。

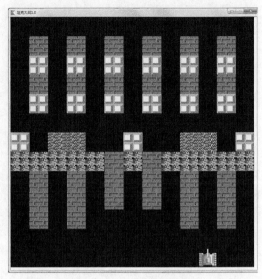

图10-15 我方坦克效果

【文件 10-8】Direction.kt

```
1  package com.itheima.game.enums
2  /**
3   * 定义坦克的方向
4   */
5  enum class Direction {
6      UP, DOWN, LEFT, RIGHT
7  }
```

2. 绘制我方坦克

绘制坦克与绘制地图类似，都需要有元素的坐标、宽和高以及绘制方法，唯一不同的是，我方坦克需要根据不同方向来绘制对应的坦克图片。接下来就去绘制我方坦克。

（1）导入图片

将坦克对应的 4 个方向的图片 tank_up.png、tank_down.png、tank_left.png、tank_right. png 导入到项目中的 resources/img 文件夹中。

（2）创建 Tank 类

在项目的 com.itheima.game.model 包中创建一个名为 Tank 的类，该类实现了 View 接口中的 draw()方法，在该方法中根据坦克的方向来绘制坦克图片，坦克的默认方向设置为向上的，具体代码如【文件 10-9】所示。

【文件 10-9】Tank.kt

```
1  package com.itheima.game.model
2  import com.itheima.game.Config
3  import com.itheima.game.enums.Direction
4  import org.itheima.kotlin.game.core.Painter
5  /**
6   * 我方坦克
7   */
8  class Tank(override var x: Int, override var y: Int) : View {
9      override val width: Int = Config.block
```

```
10      override val height: Int = Config.block
11      //坦克的方向,设置默认方向为 UP,也就是向上
12      var currentDirection: Direction = Direction.UP
13      override fun draw() {
14          //根据坦克的方向进行绘制
15          val imagePath = when (currentDirection) {
16              Direction.UP -> "img/tank_up.png"
17              Direction.DOWN -> "img/tank_down.png"
18              Direction.LEFT -> "img/tank_left.png"
19              Direction.RIGHT -> "img/tank_right.png"
20          }
21          Painter.drawImage(imagePath, x, y) //绘制坦克到窗体上
22      }
23      /**
24       * 坦克移动
25       */
26      fun move(direction: Direction) {
27          this.currentDirection = direction
28      }
29 }
```

上述代码中,第 9~12 行代码主要是设置了坦克的宽度和高度以及坦克的默认方向,在第 13~22 行代码中,重写了 draw()方法,在该方法中根据坦克的方向来指定对应的坦克图片,并通过 drawImage()方法将指定的坦克图片绘制到窗体中。由于后续还需要根据不同的方向来移动坦克,因此在 Tank 类中还创建了一个 move()方法,在该方法中以坦克的方向为参数,方便后续根据方向来移动坦克。

（3）将坦克添加到窗体中并设置坦克的方向

由于需要将我方坦克添加到窗体中,因此在 GameWindow 类的 onCreate()方法中,创建一个 Tank 类的实例对象,并将该对象添加到 views 集合中。当按动键盘上的【W】键、【S】键、【A】键、【D】键时,坦克在窗体中会进行上下左右的转换方向,因此还需要在 GameWindow 类的 onKeyPress()方法中根据按键来设置坦克的方向。GameWindow 类中添加的代码如【文件 10-10】所示。

【文件 10-10】GameWindow.kt

```
1  class GameWindow : Window(……) {
2      ......
3      private lateinit var tank: Tank  //变量延迟初始化
4      override fun onCreate() {           //窗体创建
5          ......
6          //将我方坦克添加到窗体中
7          tank = Tank(Config.block * 10, Config.block * 12)
8          views.add(tank)
9      }
10     ......
11     override fun onKeyPressed(event: KeyEvent) { //按键响应
12         when (event.code) {
13             KeyCode.W -> { //按下【W】键
14                 tank.move(Direction.UP) //坦克方向设置为向上
15             }
```

```
16              KeyCode.S -> { //按下【S】键
17                  tank.move(Direction.DOWN) //坦克方向设置为向下
18              }
19              KeyCode.A -> { //按下【A】键
20                  tank.move(Direction.LEFT) //坦克方向设置为向左
21              }
22              KeyCode.D -> { //按下【D】键
23                  tank.move(Direction.RIGHT) //坦克方向设置为向右
24              }
25          }
26      }
27  ……
28 }
29 ……
```

上述代码中，创建了一个变量 tank，该变量用 lateinit 关键字来修饰使变量延迟初始化，这样的好处是，编译器在检查代码时，不会因为变量未被初始化而报错。但是当第一次使用该变量时必须对该变量进行初始化，否则程序会报错。

第 7~8 行，主要是通过 Tank()构造函数来创建一个 Tank 类的实例对象，并将该对象添加到 views 集合中。Tank()构造函数中传递的第 1 个参数是坦克所在位置的 X 轴坐标，第 2 个参数是坦克所在位置的 Y 轴坐标。创建完 tank 对象之后，将该对象通过 add()方法添加到 views 集合中，接着程序会在 onDispaly()方法的 forEach 循环中将坦克绘制到窗体中。

第 11~26 行，主要是根据按键来设置坦克的方向，当按下【W】键时，坦克的方向设置为向上，当按下【S】键时，坦克的方向设置为向下，当按下【A】键时，坦克的方向设置为向左，当按下【D】键时，坦克的方向设置为向右。

10.5 我方坦克移动

坦克大战游戏中的我方坦克除了可以上下左右切换方向之外，还可以在不同方向进行移动，当坦克移动时还需要限制坦克移动的距离使坦克不能移动到窗体外面，同时在移动坦克时还需要处理坦克移动的碰撞问题，本节将针对坦克移动的这些问题进行详细的讲解。

10.5.1 坦克的移动

坦克的移动主要是通过长按【W】（向上）、【S】（向下）、【A】（向左）、【D】（向右）中的任意一个键来实现的。当按下键盘上的【W】键时，首先会判断当前坦克的方向是否是向上的，如果是向上的，则坦克会沿着向上的方向向前移动直到停止按【W】键。按剩余的 3 个键与按【W】键是类似的效果。由于窗体的宽高是固定的，如果让坦克一直移动，则坦克会移动到窗体外，这种情况不符合常理，因此删除 Tank 类的 move()方法中存在的代码"this.currentDirection = direction"，并在该方法中添加实现坦克移动与处理坦克越界问题的代码。在 Tank 类中添加的具体代码如【文件 10-11】所示。

【文件 10-11】Tank.kt

```
1  class Tank(override var x: Int, override var y: Int) : View {
2      ……
3      val speed: Int = 8 //坦克的移动速度（每次移动 8 个像素的值）
```

```
4       ......
5       fun move(direction: Direction) {
6           //当前的方向与希望移动的方向不一致时，只做方向改变
7           if (this.currentDirection != direction) {
8               this.currentDirection = direction
9               return
10          }
11          //根据不同的方向，改变对应的坐标
12          when (currentDirection) {
13              Direction.UP -> y -= speed        //按住【W】键时，y 值减少，向上移动
14              Direction.DOWN -> y += speed      //按住【S】键时，y 值增加，向下移动
15              Direction.LEFT -> x -= speed      //按住【A】键时，x 值减少，向左移动
16              Direction.RIGHT -> x += speed     //按住【D】键时，x 值增加，向右移动
17          }
18          //越界判断
19          if (x < 0) x = 0
20          if (x > Config.gameWidth - width) x = Config.gameWidth - width
21          if (y < 0) y = 0
22          if (y > Config.gameHeight - height) y = Config.gameHeight -
23                                                      height
24      }
25  }
```

上述代码中，在 Tank 类中定义了一个 Int 类型的变量 speed，该变量表示坦克的运行速度，也就是坦克每次移动的距离。

第 7～10 行代码主要是判断坦克当前的方向与希望移动的方向是否一致，如果不一致，则需要将坦克的方向转换为希望移动的方向，如果一致，则坦克会在希望移动的方向进行移动。

第 12～17 行代码主要是通过当前被按下的按键对应的方向来设置坦克的移动信息，由于窗体的左上角坐标默认为（0，0），因此当坦克向上移动时，坦克所在位置的 y 轴坐标值会按照坦克的速度均匀减少，向下移动时，坦克所在位置的 y 轴坐标值会匀速增加，向左移动时，坦克所在位置的 x 轴坐标值会匀速减少，向右移动时，坦克所在位置的 x 轴坐标值会匀速增加。

第 19～23 行代码，由于坦克左上角的坐标是坦克的位置坐标，窗体左上角的坐标为（0，0），因此当坦克向左移动时，如果坦克的 x 轴坐标值小于 0，说明坦克已经移动到窗体外，则设置坦克的 x 轴坐标值为 0。以此类推，当坦克向上移动时，如果坦克的 y 轴坐标值小于 0，则设置坦克的 y 轴坐标值为 0。当坦克向右移动时，如果坦克的 x 轴坐标值大于 Config.gameWidth（窗体宽度）–width（坦克的宽度）的值，则设置坦克的 x 轴坐标值等于 Config.gameWidth–width 的值。当坦克向下移动时，如果坦克的 y 轴坐标值大于 Config.gameHeight（窗体高度）–height（坦克高度）的值，则设置坦克的 x 轴坐标值等于 Config.gameHeight–height 的值。

 注意

当坦克的方向与希望移动的方向不一致时，点击按键，坦克只会做方向的改变，不会做位置的改变。

10.5.2　移动碰撞处理

当坦克移动的时候，发现坦克可以轻松穿过设置的障碍物（墙），墙是专门用来阻挡坦克移动的，这不符合常理。所以接下来处理坦克的移动碰撞问题。

1. 创建 Blockable 接口

由于窗体中的障碍物如砖墙、水墙、铁墙等都具备阻挡能力，因此需要创建一个具备阻挡能力的接口，让窗体中具备阻挡能力的元素都遵循这个接口中的规则。接下来，我们要在项目中的 com.itheima.game 包中创建一个 business 包，该包主要用于存放窗体中的元素所具备的移动、阻塞、销毁、攻击等能力对应的接口，在该包中创建一个 Blockable 接口并继承 View 接口，具体代码如【文件 10-12】所示。

【文件 10-12】Blockable.kt

```
1   package com.itheima.game.business
2   import com.itheima.game.model.View
3   /**
4    * 具有阻挡能力的接口
5    */
6   interface Blockable: View {
7   }
```

创建完具备阻挡能力的接口之后，接着需要将具备阻挡能力的物体，砖墙、铁墙、水墙分别对应的类 BrickWall、SteelWall、WaterWall 中实现的 View 接口改为 Blockable 接口。

2. 创建 Movable 接口

由于窗体中的坦克具有移动的特性，因此需要创建一个具有移动能力的接口，后续绘制的具备移动能力的物体都遵循这个接口中的规则。接下来我们就在 com.itheima.game.business 包中创建一个 Movable 接口并继承 View 接口，具体代码如【文件 10-13】所示。

【文件 10-13】Movable.kt

```
1   package com.itheima.game.business
2   import com.itheima.game.enums.Direction
3   import com.itheima.game.model.View
4   /**
5    * 移动运动的能力
6    */
7   interface Movable : View {
8       val currentDirection: Direction   //可移动的物体当前的方向
9       val speed: Int                     //可移动的物体移动的速度
10      /**
11       * 判断移动的物体是否和阻塞物体发生碰撞
12       * 该方法的返回值是要碰撞的方向,如果为 null,说明没有碰撞
13       */
14      fun willCollision(block: Blockable) : Direction?
15      /**
16       * 通知碰撞
17       */
18      fun notifyCollision(direction: Direction?, block: Blockable?)
19  }
```

上述代码中，定义了两个常量，分别是 currentDirection 与 speed，其中 currentDirection 表示移动的物体当前移动的方向，speed 表示物体移动的速度。在该接口中还创建了 1 个 willCollision()方法用于判断物体是否发生碰撞，1 个 notifyCollision()方法用于通知物体发生了碰撞。

3. 让 Tank 类实现 Movable 接口

由于我方坦克具备移动能力，因此需要将 Tank 类中实现的 View 接口改为 Movable 接口并重写该接口中的变量与方法，其中将原来 Tank 类中的变量 speed 与 currentDirection 前面加个 override 即可。在 Tank 类中还需要创建一个 willCollision() 方法来检测坦克是否与其他物体发生碰撞。在 Tank 类中添加的具体代码如【文件 10-14】所示。

【文件 10-14】Tank.kt

```kotlin
class Tank(override var x: Int, override var y: Int) : Movable {
    override val speed:Int=8      //坦克的移动速度（每次移动 8 个像素的值）
    //坦克的方向，设置默认方向为 UP，也就是向上
    override var currentDirection: Direction = Direction.UP
    private var badDirection:Direction? = null   //定义坦克的碰撞方向
    ……
    fun move(direction: Direction) {
        //判断坦克是否有发生碰撞
        if (direction == badDirection){
            return   //如果发生了碰撞，则跳出 move() 方法，坦克不再移动
        }
        ……
    }
    override fun willCollision(block: Blockable): Direction? {
        //未来的坐标
        var x: Int = this.x
        var y: Int = this.y
        //将要碰撞时做判断
        when (currentDirection) {
            Direction.UP -> y -= speed
            Direction.DOWN -> y += speed
            Direction.LEFT -> x -= speed
            Direction.RIGHT -> x += speed
        }
        //检测下一步是否碰撞
        val collision = when {
            //如果阻挡物在运动物的上方时，不碰撞
            block.y + block.height <= y ->
                false
            //如果阻挡物在运动物的下方时，不碰撞
            y + height <= block.y ->
                false
            //如果阻挡物在运动物的左方时，不碰撞
            block.x + block.width <= x ->
                false
            else -> x + width > block.x
        }
        return if (collision) currentDirection else null
    }
    override fun notifyCollision(direction: Direction?, block:
Blockable?) {
        this.badDirection = direction
```

```
43        }
44 }
```

第 5 行代码定义了一个变量 badDirection，用于表示坦克的碰撞方向。在第 40～43 行代码中，会接收到传递过来的碰撞方向，并将该碰撞方向赋值给变量 badDirection。

第 9～11 行代码用于判断坦克是否发生碰撞，如果发生碰撞，则需要停止移动，否则继续移动。

第 14～39 行代码主要用于判断当前运动的物体与阻挡物是否会发生碰撞。由于产生碰撞的条件比较多，分析起来比较麻烦，因此通过分析哪几种情况不会产生碰撞，来检测两个物体当前是否发生碰撞会更便捷。不会产生碰撞的情况有 4 种，具体如下。

第 1 种：如果当前阻挡物在运动物的上方时，不会产生碰撞。

第 2 种：如果当前阻挡物在运动物的下方时，不会产生碰撞。

第 3 种：如果当前阻挡物在运动物的左方时，不会产生碰撞。

第 4 种：如果当前阻挡物在运动物的右侧时，不会产生碰撞。

以上 4 种非碰撞的情况如图 10-16 所示。

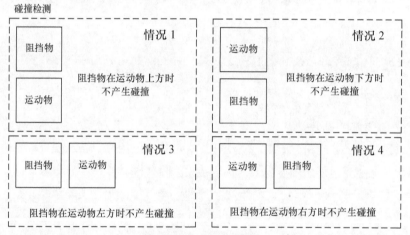

图10-16　非碰撞的情况

4. 在 GameWindow 类中检测物体是否发生碰撞

由于运动的物体都具备移动的能力，因此这些物体都会继承 Movable 接口，同理，阻塞的物体都会继承 Blockable 接口，所以如果要判断运动物体与阻塞物体是否发生碰撞，首先需要在 GameWindow 类的 onRefresh() 方法中对 views 集合中的对象进行过滤，查找到运动的物体和阻塞的物体，然后判断这两个物体是否发生碰撞，并通知移动的物体会在哪个方向与哪个物体发生碰撞。在 GameWindow 类的 onRefresh() 方法中添加的具体代码如【文件 10-15】所示。

【文件 10-15】GameWindow.kt

```
1 class GameWindow : Window……) {
2     ……
3     override fun onRefresh() {
4         // 判断运动的物体和阻塞物体是否发生碰撞
5         // (1) 找到运动的物体
6         views.filter { it is Movable }.forEach { move ->
7             move as Movable
```

```
8         var badDirection: Direction? = null //碰撞的方向
9         var badBlock: Blockable? = null        //阻塞的物体
10        // (2) 找到阻塞的物体
11        views.filter { (it is Blockable) }.forEach blockTag@ {
12        block ->
13           block as Blockable
14           // 获得碰撞的方向
15           val direction = move.willCollision(block)
16           direction?.let {
17               badDirection = direction
18               badBlock = block
19               return@blockTag  //如果碰撞，跳出当前循环
20           }
21        }
22        //通知移动的物体，在哪个方向与哪个物体碰撞
23        move.notifyCollision(badDirection, badBlock)
24     }
25   }
26 }
27 ......
```

上述代码中，在 onRefresh()方法中有两个 forEach 循环，当物体发生碰撞时，需要跳出第 2
个 forEach 循环。为了分辨跳出的是哪个 forEach 循环，此时在第 11 行代码中，也就是第 2 个
forEach 关键字后添加一个"blockTag@"作为标记，在第 19 行代码中，也就是该循环中的 return
关键字后添加一个 "@blockTag"，表示指定要跳出的是第 2 个 forEach 循环。

第 16～20 行代码是一个高阶函数，主要是将获取的碰撞方向设置给变量 badDirection，阻塞
的物体设置给变量 badBlock，如果当 direction 不为空时，这段代码才会执行，否则就不会执行。

第 23 行代码主要是通过 notifyCollision()方法来通知移动的物体在哪个方向会与哪个物体碰
撞，其中，该方法中的第 1 个参数传递的是碰撞方向，第 2 个参数传递的是碰撞的物体。

10.6　子弹

坦克大战游戏中的坦克不仅可以上下左右进行移动，并且当按【Enter】键时，还可以发射
子弹。在本节我们将针对子弹的绘制、子弹的位置计算、子弹的飞行与销毁、子弹的攻与受以及
爆炸物的显示进行详细地讲解。

10.6.1　绘制子弹

坦克大战游戏中，当单击【Enter】键时，程序会根据坦克当前的方向来发射子弹，并将发
射的子弹绘制到窗体中。

下面我们就将坦克发射的子弹绘制到窗体中，具体步骤如下。

1. 导入子弹图片

将不同方向的子弹图片 shot_top.png、shot_bottom.png、shot_left.png、shot_right.png
导入到项目中的 resources/img 文件夹中。

2. 创建 Bullet 类

在 com.itheima.game.model 包中创建一个名为 Bullet 的类，该类实现 View 接口中的 draw()

方法，在该方法中绘制子弹。具体代码如【文件 10-16】所示。

【文件 10-16】Bullet.kt

```kotlin
1  package com.itheima.game.model
2  import com.itheima.game.Config
3  import com.itheima.game.enums.Direction
4  import org.itheima.kotlin.game.core.Painter
5  class Bullet(override val x: Int, override val y: Int,
6      val currentDirection: Direction) : View {
7      override val width: Int = Config.block        //子弹的宽度
8      override val height: Int = Config.block       //子弹的高度
9      // 根据坦克的方向获取对应的子弹图片路径
10     val imagePath = when (currentDirection) {
11         Direction.UP -> "img/shot_top.png"
12         Direction.DOWN -> "img/shot_bottom.png"
13         Direction.LEFT -> "img/shot_left.png"
14         Direction.RIGHT -> "img/shot_right.png"
15     }
16     override fun draw() {
17         Painter.drawImage(imagePath, x, y)        //绘制子弹
18     }
19 }
```

上述代码中，子弹的宽度和高度暂时设置为 Config.block，第 10～15 行代码主要是根据坦克的方向来设置对应的子弹图片的路径。需要注意的是，图片中子弹的方向要与坦克的方向一致。最后在 draw()方法中，通过 drawImage()方法来绘制子弹图片。

3. 创建发射子弹的方法 shot()

在 Tank 类中创建一个 shot()方法，该方法用于发射子弹。由于需要将发射的子弹绘制到窗体中，因此 shot()方法的返回值设置为 Bullet。shot()方法的具体代码如下：

```kotlin
fun shot(): Bullet {
    return Bullet(x, y, currentDirection)
}
```

上述代码中，Bullet()构造函数中传递的第 1 个参数是子弹所在位置的 x 轴坐标值，第 2 个参数是子弹所在位置的 y 轴坐标值，第 3 个参数是当前坦克的方向。

4. 将子弹添加到 views 集合中

在 GameWindow 类的 onKeyPressed()方法中，需要在 when 表达式中添加一个单击【Enter】键发射子弹的事件，接着将子弹添加到 views 集合中并绘制到窗体中。在 onKeyPressed()方法中添加的具体代码如下：

```kotlin
KeyCode.ENTER -> {
    val bullet = tank.shot()  //发射子弹
    views.add(bullet)               //将子弹添加到 views 中
}
```

10.6.2 计算子弹的位置

绘制完子弹之后，我们会发现坦克发射的子弹位置与坦克左上角的位置重合，子弹的实际位置应该位于坦克的中间偏上位置。子弹与坦克的位置对比效果如图 10-17 所示。

根据图 10-17 可知,子弹实际位置的 x 轴坐标值=坦克的 x 轴坐标值+(坦克宽度-子弹宽度)/2,子弹实际位置的 y 轴坐标值=坦克的 y 轴坐标值-子弹的高度/2。

分析完子弹的实际位置之后,接下来我们通过闭包的方式来计算子弹的实际位置。

1. 获取子弹的宽度和高度

根据对图 10-17 的分析可知,如果想要计算出子弹的实际位置,则首先必须要获取子弹的实际宽度和高度。在 Bullet 构造函数中传递一个 create() 函数,将该函数的返回值设置为一个坐标 Pair(Int, Int),这个坐标是子弹真实位置的 x 轴坐标与 y 轴坐标,这个坐标需要通过子弹的实际高度和宽度来获取。接下来我们来修改 Bullet 类中的代码,修改后的具体代码如【文件 10-17】所示。

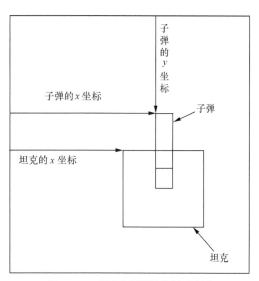

图10-17　坦克与子弹的位置对比图

【文件 10-17】Bullet.kt

```
1   package com.itheima.game.model
2   import com.itheima.game.enums.Direction
3   import org.itheima.kotlin.game.core.Painter
4   class Bullet(val direction: Direction, create: (width: Int, height:
5    Int) -> Pair<Int, Int>):View {
6       override val width: Int
7       override val height: Int
8       override val x: Int
9       override val y: Int
10      // 根据坦克的方向获取对应的子弹图片路径
11      private val imagePath = when (direction) {
12          Direction.UP -> "img/shot_top.png"
13          Direction.DOWN -> "img/shot_bottom.png"
14          Direction.LEFT -> "img/shot_left.png"
15          Direction.RIGHT -> "img/shot_right.png"
16      }
17      init {
18          //计算子弹的宽度和高度
19          val size = Painter.size(imagePath)
20          width = size[0]
21          height = size[1]
22          val pair = create.invoke(width, height)
23          x = pair.first
24          y = pair.second
25      }
26      override fun draw() {
27          Painter.drawImage(imagePath, x, y)   //绘制子弹
28      }
29  }
```

上述代码中，Bullet()构造函数中传递了两个参数，第 1 个参数传递的是坦克的方向，第 2个参数传递的是一个 create()函数，该函数的返回值是 Pair<Int, Int>，表示子弹的实际位置坐标。

第 17～25 行代码主要是一个 init 初始化模块，在这个模块中首先通过 Painter 中的 size()方法来获取一个存放子弹宽度和高度的数组，接着通过执行 invoke()方法将子弹的宽度和高度转化为一个 Pair 类型的数据，通过这个数据中的 first 与 second 变量来分别获取子弹的 X 轴坐标值与 Y 轴坐标值。

2．通过闭包方式计算不同方向的子弹的真实坐标

由于获取到子弹的宽高之后，需要根据子弹的宽高与坦克的方向来计算子弹的位置，因此需要在 Tank 类的 shot()方法中，通过闭包的方式来获取子弹的真实坐标位置。修改后的 shot()方法中的代码如【文件 10-18】所示。

【文件 10-18】Tank.kt

```
1  class Tank(override var x: Int, override var y: Int) : Movable {
2      ......
3      fun shot(): Bullet {
4          return Bullet(currentDirection, { bulletWidth, bulletHeight
5          ->
6              //计算子弹真实的坐标
7              val tankX = x
8              val tankY = y
9              val tankWidth = width
10             val tankHeight = height
11             var bulletX = 0
12             var bulletY = 0
13             when (currentDirection) {
14                 Direction.UP -> { // 如果坦克方向是向上的，计算子弹的位置
15                     bulletX = tankX + (tankWidth - bulletWidth) / 2
16                     bulletY = tankY - bulletHeight / 2
17                 }
18                 Direction.DOWN -> {
19                     bulletX = tankX + (tankWidth - bulletWidth) / 2
20                     bulletY = tankY + tankHeight - bulletHeight / 2
21                 }
22                 Direction.LEFT -> {
23                     bulletX = tankX - bulletWidth / 2
24                     bulletY = tankY + (tankHeight - bulletHeight) / 2
25                 }
26                 Direction.RIGHT -> {
27                     bulletX = tankX + tankWidth - bulletWidth / 2
28                     bulletY = tankY + (tankHeight - bulletHeight) / 2
29                 }
30             }
31             Pair(bulletX, bulletY)
32         })
33     }
34 }
```

上述代码中，shot()方法主要返回了一个 Bullet()构造函数，该函数中的第 1 个参数传递的是当前坦克的方向，此时也是子弹的方向；第 2 个参数传递的是一个闭包，闭包是由一对大括号"{}"

包裹起来的代码块，闭包中的最后一行代码的值就是该闭包的返回值。

第 4~32 行代码，主要是根据坦克的宽高与子弹的宽高，通过闭包的方式来计算子弹的实际位置。第 31 行代码的值为闭包的返回值，这个返回值就是子弹实际位置的坐标。

第 13~30 行代码，主要是根据坦克的不同方向来设置子弹被射出时 x 轴坐标与 y 轴坐标，如果坦克的方向是向上的，则此时子弹位置的计算方式是根据图 10-17 所得，如果坦克的方向是向下、向左、向右时，则此时将图 10-17 中的坦克方向与子弹方向都分别画成是向下、向左、向右，子弹位置的计算方式与坦克方向向上时的计算方式类似。

10.6.3　子弹飞行

由于当坦克发射子弹时，子弹需要飞行一会儿，因此子弹需要具备一种自动移动的能力，这种能力可以使子弹不断地刷新自己的 x 轴坐标值和 y 轴坐标值。接下来我们通过让子弹具有自动移动的能力来实现子弹一直飞行的效果。

1. 创建 AutoMovable 接口

由于子弹需要具备自动移动的能力，因此需要在项目中的 com.itheima.game.business 包中创建一个 AutoMovable 接口并继承 View 接口。在该接口中创建一个自动移动的方法 autoMove()，同时在该接口中还需要创建变量 currentDirection 与 speed，这两个变量分别表示子弹的方向和速度。具体代码如【文件 10-19】所示。

【文件 10-19】AutoMovable.kt

```
1  package com.itheima.game.business
2  import com.itheima.game.enums.Direction
3  import com.itheima.game.model.View
4  /**
5   * 子弹自动移动的能力
6   */
7  interface AutoMovable : View {
8      val currentDirection: Direction  //方向
9      val speed: Int                   //速度
10     fun autoMove()                   //自动移动的方法
11 }
```

2. Bullet 类实现 AutoMovable 接口

由于子弹需要通过实现 AutoMovable 接口来实现自动移动的能力，因此需要将 Bullet 类实现的 View 接口替换为 AutoMovable 接口，并重写接口中的 autoMove()方法与子弹的方向变量和速度变量，此时 Bullet()构造函数中的第 1 个参数需要改为"override var currentDirection: Direction"。Bullet 类中修改的具体代码如【文件 10-20】所示。

【文件 10-20】Bullet.kt

```
1  class Bullet(override var currentDirection: Direction, create:
2  (width:Int, height:Int) -> Pair<Int, Int>) : AutoMovable {
3      ......
4      override val speed: Int=8
5      override var x: Int=0
6      override var y: Int=0
7      // 根据坦克的方向获取对应的子弹图片路径
8      private val imagePath = when (currentDirection) {
```

```
9          //该表达式中原来的内容不变
10         ……
11      }
12      ……
13      override fun autoMove() {
14          //根据子弹的方向，来改变子弹的 x 和 y
15          when (currentDirection) {
16              Direction.UP -> y -= speed
17              Direction.DOWN -> y += speed
18              Direction.LEFT -> x -= speed
19              Direction.RIGHT -> x += speed
20          }
21      }
22 }
```

第 4~6 行代码，由于子弹的 x 轴坐标和 y 轴坐标在飞行过程中需要进行不断的变化，因此将 Bullet 类中的变量 x 与 y 改为可变变量，子弹的速度变量的值设置为 8。

第 8 行代码，由于修改了 Bullet()构造函数中的第 1 个参数，因此需要在给变量 imagePath 赋值的 when 表达式中，将变量 "direction" 改为 "currentDirection"。

第 13~21 行代码，根据子弹的方向来实现子弹的 x 轴坐标和 y 轴坐标的变化。当子弹的方向向上时，如果子弹一直向上飞行，则子弹的 y 轴坐标值以变量 speed 值的速度逐渐递减。如果子弹向下或向左或向右一直飞行时，则对应向下的子弹的 y 轴坐标值会以变量 speed 值的速度逐渐递增、对应向左的子弹的 x 轴坐标值会以变量 speed 值的速度逐渐递减、对应向右的子弹的 x 轴坐标值会以变量 speed 值的速度逐渐递增。

3. 在 GameWindow 类中实现子弹的自动移动逻辑

设置完子弹的自动移动能力之后，还需要在 GameWindow 类中的 onRefresh()方法中添加子弹的自动移动逻辑代码才能实现子弹的飞行效果。在 onRefresh()方法中添加的具体代码如【文件 10-21】所示。

【文件 10-21】GameWindow.kt

```
1  class GameWindow : Window(……) {
2      ……
3      override fun onRefresh() {
4          ……
5          // 检测自动移动能力的物体，让子弹自己动起来
6          views.filter { it is AutoMovable }.forEach {
7              (it as AutoMovable).autoMove()
8          }
9      }
10 }
11 ……
```

第 6~8 行代码主要通过 filter()方法来过滤具有 AutoMovable 能力的 View，目前在项目中具有 AutoMovable 能力的 View 只有 Bullet 类，接着通过 forEach 循环来调用该 View 中的 autoMove()方法实现子弹的飞行效果。

10.6.4 销毁脱离窗体的子弹

实现了发射子弹与子弹的自动移动之后，在 GameWindow 类的 onDisplay()方法中的 forEach

5

循环下方添加一行"println(views.size)"代码来打印界面中元素的个数时，会发现每发射一颗子弹，界面中的元素就增加 1 个，并且当子弹脱离窗体时，界面中元素的个数并没有减少。如果一直发射子弹，则界面中的元素个数会一直增加，这样会提高程序出现内存溢出的概率，并且整个界面的负担会比较重。为了降低程序出现问题的概率与减少界面的负担，需要在子弹脱离窗体时，将子弹销毁掉。接下来我们就来实现销毁脱离窗体的子弹的效果。

1. 创建接口 Destroyable

在 com.itheima.game.business 包中创建一个 Destroyable 接口并继承 View 接口，在该接口中创建一个 isDestroyed()方法，该方法用于判断子弹是否被销毁，具体代码如【文件 10-22】所示。

【文件 10-22】Destroyable.kt

```
1  package com.itheima.game.business
2  import com.itheima.game.model.View
3  /**
4   * 销毁的能力
5   */
6  interface Destroyable : View {
7      fun isDestroyed(): Boolean //判断子弹是否销毁
8  }
```

2. Bullet 类实现 Destroyable 接口

由于发射的子弹在脱离窗体时需要被销毁，因此将 Bullet 类实现 Destroyable 接口，并重写该接口中的 isDestroyed()方法，具体代码如【文件 10-23】所示。

【文件 10-23】Bullet.kt

```
1  class Bullet(override var currentDirection: Direction, create:
2  (width:Int, height:Int) -> Pair<Int, Int>) : AutoMovable,Destroyable
3  {
4      ......
5      override fun isDestroyed(): Boolean { //判断子弹是否需要被销毁
6          //子弹在脱离了窗体后，需要被销毁
7          if (x < -width) return true          //子弹方向向左
8          if (x > Config.gameWidth) return true  //子弹方向向右
9          if (y < -height) return true          //子弹方向向上
10         if (y > Config.gameHeight) return true //子弹方向向下
11         return false
12     }
13 }
```

第 5~12 行代码，当 isDestroyed()方法的返回值为 true 时，会销毁已经发射的子弹。当子弹方向向左时，如果子弹的 x 轴坐标值小于子弹宽度的负数值时，则说明子弹已经脱离窗体，此时 isDestroyed()方法的返回值设置为 true。当子弹方向向右时，如果子弹的 x 轴坐标值大于窗体的宽度时，则 isDestroyed()方法的返回值设置为 true。同理，当子弹方向向上时，如果子弹的 y 轴坐标值小于子弹高度的负数值时，则 isDestroyed()方法的返回值设置为 true。当子弹方向向下时，如果子弹的 y 轴坐标值大于窗体的高度时，则 isDestroyed()方法的返回值设置为 true，以上条件都不符合时，该方法的返回值设置为 false。

3. 在 GameWindow 类中检测子弹的销毁

坦克大战游戏界面上的元素是用集合来管理的，这些元素中的部分元素是在耗时操作中处理

的，也就是在子线程中进行处理，此时如果对集合中的元素进行增删操作，则程序可能会出现运行时线程异常的问题。为了解决这个问题，可以在 GameWindow 类中，将管理元素时用的标准的 ArrayList 集合转换为线程安全的集合，即将 GameWindow 类中的代码 "private val views = arrayListOf<View>()" 修改为如下代码：

```
private val views = CopyOnWriteArrayList<View>()  //线程安全的集合
```

在 GameWindow 类中的 onRefresh()方法中，通过 isDestroyed()方法来检测子弹是否需要被销毁。在 onRefresh()方法中添加的具体代码如【文件 10-24】所示。

【文件 10-24】GameWindow.kt

```
1  class GameWindow : Window(……) {
2      ……
3      override fun onRefresh() {
4          ……
5          //检测销毁
6          views.filter { it is Destroyable }.forEach {
7              //判断具备销毁能力的子弹是否被销毁了
8              if ((it as Destroyable).isDestroyed()) {
9                  views.remove(it)  //将子弹元素从 views 集合中移除
10             }
11         }
12     }
13     ……
14 }
```

第 6 ~ 11 行代码主要通过 filter()方法来过滤具有 Destroyable 能力的 View，目前在项目中具有 Destroyable 能力的 View 只有 Bullet 类，接着通过 forEach 循环来判断该子弹是否被销毁，如果没有被销毁，则需要通过 remove()方法将该子弹从 views 集合中移出。

10.6.5　子弹的攻与受

子弹发射后会飞行一段距离，这段距离中可能会碰撞到砖墙或者其他阻挡物，从理论上讲，子弹碰撞到砖墙之后，应该对砖墙具有一定的打击，不会直接飞走。因此，接下来就需要实现子弹和砖墙的碰撞关系，这个碰撞关系中有两个名词，分别是"攻"与"受"。子弹具有攻击能力，砖墙具有受攻击能力，这两种能力可以通过接口来实现。接下来我们就来实现子弹攻与受的逻辑。

1. 创建具有受攻击能力的接口 Sufferable

在 com.itheima.game.business 包中创建一个 Sufferable 接口，并将该接口继承于 View 接口，在该接口中创建一个变量 blood 表示受攻击者的生命值，一个 notifySuffer()方法来通知受攻击者产生了碰撞。该接口中的具体代码如【文件 10-25】所示。

【文件 10-25】Sufferable.kt

```
1  package com.itheima.game.business
2  import com.itheima.game.model.View
3  /**
4   * 遭受攻击的接口
5   */
6  interface Sufferable : View {
7      val blood: Int  //生命值
```

```
8        fun notifySuffer(attackable: Attackable)  //通知受攻击者产生碰撞
9    }
```

2. 创建具有攻击能力的接口 Attackable

在 com.itheima.game.business 包中创建一个 Attackable 接口，并将该接口继承于 View 接口。由于受攻击者被攻击时会造成一定的损伤，并且损伤值是由攻击者的攻击力来决定的，因此需要在 Attackable 接口中定义一个攻击力变量 attackPower，接着在该接口中创建一个 isCollision()方法来判断物体之间是否发生碰撞，一个 notifyAttack()方法来通知攻击者产生了碰撞。具体代码如【文件 10-26】所示。

【文件 10-26】Attackable.kt

```
1   package com.itheima.game.business
2   import com.itheima.game.model.View
3   /**
4    * 具备攻击能力的接口
5    */
6   interface Attackable : View {
7       val attackPower: Int   //攻击力
8       //判断是否碰撞
9       fun isCollision(sufferable: Sufferable): Boolean
10      fun notifyAttack(sufferable: Sufferable)  //通知攻击者产生碰撞
11  }
```

3. 检测攻击方与受攻击方是否发生碰撞

在 GameWindow 类的 onRefresh()方法中需要检测具备攻击能力的物体与受攻击能力的物体是否发生了碰撞。在 onRefresh()方法中添加的具体代码如【文件 10-27】所示。

【文件 10-27】GameWindow.kt

```
1   class GameWindow : Window(……) {
2       ……
3       override fun onRefresh() {
4           ……
5           //检测 具备攻击能力和受攻击能力的物体间是否产生碰撞
6           // (1)过滤具备攻击能力的物体
7           views.filter { it is Attackable }.forEach { attack ->
8           attack as Attackable
9               // (2) 过滤受攻击能力的物体(攻击方不可以是发射方)
10              // 攻击方如果也是受攻击方时，是不可以打自己的
11              views.filter { it is Sufferable}.forEach sufferTag@ {
12              suffer ->
13                  suffer as Sufferable
14                  // (3) 判断是否产生碰撞
15                  if (attack.isCollision(suffer)) {
16                      // 通知攻击者产生碰撞
17                      attack.notifyAttack(suffer)
18                      // 通知被攻击者产生碰撞
19                      suffer.notifySuffer(attack)
20                      return@sufferTag //跳出 foreach 循环
21                  }
22              }
```

```
23        }
24     }
25 }
26 ……
```

4. 在 View 接口中创建 checkCollision()方法

由于 Bullet 类中的碰撞代码与 Tank 类中的一样，因此将 Tank 类中的碰撞代码抽取出来放在 View 接口中，便于后续处理物体碰撞时调用。在 View 接口中创建一个 checkCollision()方法来处理抽取出来的碰撞代码。具体代码如【文件 10-28】所示。

【文件 10-28】View.kt

```
1  interface View{
2     ……
3     fun checkCollision(x1: Int, y1: Int, w1: Int, h1: Int
4                     , x2: Int, y2: Int, w2: Int, h2: Int): Boolean {
5        //两个物体的 x,y,w,h 的比较
6        return when {
7           y2 + h2 <= y1 -> //如果阻挡物在运动物的上方时，不碰撞
8              false
9           y1 + h1 <= y2 -> //如果阻挡物在运动物的下方时，不碰撞
10             false
11          x2 + w2 <= x1 -> //如果阻挡物在运动物的左方时，不碰撞
12             false
13          else -> x1 + w1 > x2
14       }
15    }
16 }
```

上述代码中传递的参数 x1、y1、w1、h1 与 x2、y2、w2、h2 分别表示的是两个物体的 x 轴坐标、y 轴坐标、宽度以及高度。

在 Tank 类的 willCollision()方法中，将检测物体碰撞的代码替换为调用 View 接口中的 checkCollision()方法。Tank 类的 willCollision()方法中检测物体碰撞的代码如下：

```
1  //检测下一步是否碰撞
2  val collision = when {
3     block.y + block.height <= y ->   //如果阻挡物在运动物的上方时，不碰撞
4        false
5     y + height <= block.y ->          //如果阻挡物在运动物的下方时，不碰撞
6        false
7     block.x + block.width <= x ->   //如果阻挡物在运动物的左方时，不碰撞
8        false
9     else -> x + width > block.x
10 }
```

将上述代码替换为如下代码：

```
val collision = checkCollision(block.x, block.y, block.width,
block.height, x, y, width, height)
```

5. 创建 ViewExt.kt 文件

如果 View 接口中的代码是不能修改的，则可以使用 Kotlin 中的拓展方法来实现检测物体是否被碰撞。在 com.itheima.game 包中创建一个 ext 包，在该包中创建一个 ViewExt.kt 文件，在

该文件中创建一个扩展方法 checkCollision()，具体代码如【文件 10-29】所示。

【文件 10-29】ViewExt.kt

```
1  package com.itheima.game.ext
2  import com.itheima.game.model.View
3  fun View.checkCollision(view: View): Boolean {
4      return checkCollision(x, y, width, height, view.x, view.y,
5      view.width, view.height)
6  }
```

6. Bullet 类实现 Attackable 接口

由于子弹具备攻击能力，因此需要让 Bullet 类实现 Attackable 接口，并重写 isCollision()方法与 notifyAttack()方法。在 Bullet 类中修改的具体代码如【文件 10-30】所示。

【文件 10-30】Bullet.kt

```
1  class Bullet(override var currentDirection: Direction, create:
2  (width:Int, height:Int) -> Pair<Int, Int>) : AutoMovable,
3  Destroyable,Attackable {
4      override var attackPower: Int=1 //攻击力
5      private var isDestroyed = false //记录子弹被销毁的状态
6      override fun isCollision(sufferable: Sufferable): Boolean {
7          return checkCollision(sufferable)
8      }
9      override fun notifyAttack(sufferable: Sufferable) {
10         isDestroyed = true  //子弹打到墙上后，子弹要被销毁掉
11     }
12     override fun isDestroyed(): Boolean { //判断子弹是否被销毁
13         if (isDestroyed) return true
14         ......
15         return false
16     }
17     ......
18 }
```

上述代码中，变量 attackPower 表示子弹的攻击力，变量 isDestroyed 用于记录子弹被销毁的状态，该变量的默认值设置为 false，也就是默认情况下子弹是没有被销毁的。

在 isCollision()方法中通过 checkCollision()方法来判断子弹与阻挡物是否发生碰撞。由于添加了一个变量 isDestroyed 来记录子弹被销毁的状态，因此在 isDestroyed()方法中的第 1 行需要判断子弹是否已经被销毁，如果子弹被销毁，则该方法的返回值为 true。

需要注意的是，上述代码中调用的 checkCollision()方法是 ViewExt.kt 文件中的，而不是 View 接口中的。

7. BrickWall 类实现 Sufferable 接口

由于子弹打击砖墙时，砖墙不仅具备挨打的能力，而且也具备被销毁的能力，因此让 BrickWall 类实现 Sufferable 接口与 Destroyable 接口。在 BrickWall 类中添加的代码如【文件 10-31】所示。

【文件 10-31】BrickWall.kt

```
1  class BrickWall(override val x: Int, override val y: Int) : Blockable,
2  Sufferable,Destroyable{
3      ......
```

```
4    override var blood: Int=3 //生命值
5    override fun notifySuffer(attackable: Attackable) {
6        blood -= attackable.attackPower //根据攻击力减少生命值
7    }
8    override fun isDestroyed(): Boolean = blood <= 0
9    ......
10 }
```

上述代码中，定义了一个变量 blood，表示砖墙的生命值，砖墙的生命值设置为 3，由于子弹的攻击力的值为 1，因此当子弹打砖墙 3 次时，砖墙会被销毁掉。

第 6 行代码主要是根据攻击力来减少生命值，表示当一颗子弹打击砖墙时，砖墙的生命值会减 1。

由于当砖墙的生命值为 0 时，砖墙是要被销毁掉的，因此在第 8 行代码中判断，当"blood <= 0"时，砖墙就直接销毁掉，此时 isDestroyed()方法的返回值为 true。

8. SteelWall 类实现 Sufferable 接口

当子弹打击铁墙时，不能让子弹直接穿越铁墙，因此铁墙需要具备阻挡能力。由于铁墙之前就实现了 Blockable 接口，该接口的阻挡能力是用来阻挡坦克的，对于子弹则阻挡不了。如果想让铁墙阻挡子弹，则需要让铁墙实现受攻击能力的接口 Sufferable 受攻击之后不做任何操作，因此让 SteelWall 类实现 Sufferable 接口。修改后的 SteelWall 类中的代码如【文件 10-32】所示。

【文件 10-32】SteelWall.kt

```
1  package com.itheima.game.model
2  import com.itheima.game.Config
3  import com.itheima.game.business.Attackable
4  import com.itheima.game.business.Blockable
5  import com.itheima.game.business.Sufferable
6  import org.itheima.kotlin.game.core.Painter
7  class SteelWall(override val x: Int, override val y: Int) : Blockable,
8  Sufferable {
9      override val blood: Int = 1 //生命值
10     override var width: Int = Config.block  //铁墙的宽度
11     override var height: Int = Config.block //铁墙的高度
12     override fun draw() { //绘制铁墙
13         Painter.drawImage("img/wall_steel.png", x, y)
14     }
15     override fun notifySuffer(attackable: Attackable) {
16     }
17 }
```

上述代码中，由于铁墙无论受到多少次攻击都不会有任何反应，因此铁墙的生命值设置为 1，notifySuffer()方法中不做任何操作。

10.6.6　爆炸物的显示

一般情况下，当子弹打到墙体时，会提示一个爆炸的效果和声音，因此需要在项目中添加一个爆炸的效果和声音，接下来我们来实现子弹打击砖墙的爆炸效果。

1. 导入声音和图片文件

（1）导入声音文件

在项目的 resources 文件夹中，创建一个 sound 文件夹，该文件夹用于存放声音文件，将声音文件 hit.wav 导入该文件夹中。

（2）导入爆炸物的图片

由于爆炸效果是由许多爆炸物的图片组成，因此需要将爆炸物的图片 blast_1.png、blast_2. png……blast_32.png 共 32 张图片导入到项目中的 resources/img 文件夹中。

2．创建爆炸物类 Blast

由于墙受到打击时会产生一些反应，这些反应是由爆炸物来体现的，因此需要创建一个爆炸物的类来设置爆炸物的位置与图片信息。在 com.itheima.game.model 包中创建一个 Blast 类，并实现 Destroyable 接口，具体代码如【文件 10-33】所示。

【文件 10-33】Blast.kt

```
1   package com.itheima.game.model
2   import com.itheima.game.Config
3   import com.itheima.game.business.Destroyable
4   import org.itheima.kotlin.game.core.Painter
5   class Blast(override val x: Int, override val y: Int) : Destroyable
6   {
7       override val width: Int = Config.block
8       override val height: Int = Config.block
9       //存放爆炸物图片路径的集合
10      private val imagePaths = arrayListOf<String>()
11      private var index: Int = 0
12      init {
13          (1..32).forEach {
14              imagePaths.add("img/blast_${it}.png") //加载图片地址
15          }
16      }
17      override fun draw() {
18          val i = index % imagePaths.size //为了避免 index 越界
19          //根据爆炸物的坐标绘制爆炸物图片
20          Painter.drawImage(imagePaths[i], x, y)
21          index++
22      }
23      override fun isDestroyed(): Boolean {
24          //当 index 的值大于图片总数量时，此时需要销毁界面显示的爆炸物
25          return index >= imagePaths.size
26      }
27  }
```

上述代码中，变量 width 与 height 分别表示爆炸物的宽度和高度，一般都设置为 64，也就是 Config.block 的值。由于爆炸效果由 32 张图片组成，并且需要按照图片的顺序绘制才能显示出爆炸效果，因此在第 12～16 行的初始化代码块中将每个图片地址都加载到集合 imagePaths中。在 draw()方法中，根据爆炸物的 x 轴与 y 轴的坐标绘制爆炸物图片。

由于 32 张爆炸物图片显示完之后不可能一直显示爆炸效果，因此需要销毁掉爆炸效果，在第 25 行代码中，根据 index 的值是否大于等于爆炸物图片总数量来确定是否要销毁显示在界面上的爆炸物，如果 index 的值大于等于爆炸物图片总数量，则需要销毁掉爆炸物，否则不需要销毁。

3．实现子弹打击砖墙的爆炸效果

（1）设置 Sufferable 接口中的 notifySuffer()方法

子弹打击砖墙时，会显示爆炸效果，这个效果的实现是在 GameWindow 类中通过

notifySuffer()方法通知受攻击者给出一定的视觉效果。由于爆炸效果是由很多个视图组成，因此需要在 Sufferable 接口中的 notifySuffer()方法中返回一个 View 集合，该集合中存放的是爆炸效果的视图。Sufferable 接口的 notifySuffer()方法中加上返回值后的代码如下：

```
fun notifySuffer(attackable: Attackable): Array<View>?
```

上述代码中，notifySuffer()方法的返回值 Array<View>可以为空，如果为空，则说明不需要显示爆炸效果。

由于 SteelWall 类实现了 Sufferable 接口，因此需要将该类中的 notifySuffer()方法添加一个 Array<View>返回值，并将该方法的返回值设置为 null，修改后的 SteelWall 类中的 notifySuffer()方法的代码如下：

```
override fun notifySuffer(attackable: Attackable):Array<View>? {
    return null
}
```

（2）实现爆炸效果

由于子弹打击砖墙时会发出打击的声音，因此需要在 BrickWall 类的 notifySuffer()方法中通过 play()方法来加载声音文件实现声音效果。由于 Sufferable 接口的 notifySuffer()方法中添加了返回值，因此需要修改 BrickWall 类中的 notifySuffer()方法的返回值为"Array<View>?"，同时将该方法的返回值设置为一个爆炸视图的集合"arrayOf(Blast(x, y))"。在 BrickWall 类的 notifySuffer()方法中添加的代码如下：

```
1  override fun notifySuffer(attackable: Attackable):Array<View>? {
2      blood -= attackable.attackPower
3      Composer.play("sound/hit.wav")  //设置子弹打击砖墙的声音
4      return arrayOf(Blast(x, y))      //返回一个爆炸视图的集合
5  }
```

接着在 GameWindow 类的 onRefresh()方法中，找到过滤具备攻击能力的 filter，让调用 notifySuffer()方法的代码获取一个返回值，并将该返回值添加到 views 集合中显示爆炸效果。在 GameWindow 类的 onRefresh()方法中添加的具体代码如【文件 10-34】所示。

【文件 10-34】GameWindow.kt

```
1  class GameWindow : Window(……) {
2      ……
3      override fun onRefresh() {
4          views.filter { it is Attackable }.forEach { attack ->
5              attack as Attackable
6              views.filter { it is Sufferable }.forEach sufferTag@
7              { suffer-> suffer as Sufferable
8                  if (attack.isCollision(suffer)) {
9                      attack.notifyAttack(suffer)
10                     val sufferView = suffer.notifySuffer(attack)
11                     //判断 sufferView 是否为空，如果不为空，则显示爆炸效果
12                     sufferView?.let {
13                         views.addAll(sufferView)  //显示爆炸的效果
14                     }
15                     return@sufferTag //跳出 foreach 循环
16                 }
```

```
17                    }
18               }
19         }
20  }
21  ......
```

10.7 敌方坦克

10.7.1 敌方坦克绘制

在坦克大战游戏中除了有我方坦克之外，还有敌方坦克，敌方坦克的绘制与我方坦克的绘制比较类似，都是通过实现 View 接口中的 draw()方法来将坦克绘制到窗体中的。敌方坦克在窗体中的位置是根据 game.map 文件中的信息来指定的，game.map 文件中的 "敌" 字所在的位置就表示敌方坦克在窗体中的位置。接下来我们就将敌方坦克绘制到窗体中。

1. 导入图片

将敌方坦克对应的 4 个方向的图片 enemy_up.png、enemy_down.png、enemy_left.png、enemy_right.png 导入到项目中的 resources/img 文件夹中。

2. 创建 Enemy 类

在 com.itheima.game.model 包中创建一个名为 Enemy 的类，由于敌方坦克可以进行移动，因此让该类实现 Movable 接口。具体代码如【文件 10-35】所示。

【文件 10-35】Enemy.kt

```
1   package com.itheima.game.model
2   import com.itheima.game.Config
3   import com.itheima.game.business.Blockable
4   import com.itheima.game.business.Movable
5   import com.itheima.game.enums.Direction
6   import org.itheima.kotlin.game.core.Painter
7   class Enemy(override var x: Int, override var y: Int) : Movable {
8       //坦克的方向
9       override var currentDirection: Direction = Direction.DOWN
10      override val speed: Int = 8                 //坦克移动的速度
11      override val width: Int = Config.block      //敌方坦克的宽度
12      override val height: Int = Config.block     //敌方坦克的高度
13      override fun draw() {
14          //根据敌方坦克的方向进行绘制
15          val imagePath = when (currentDirection) {
16              Direction.UP -> "img/enemy_up.png"
17              Direction.DOWN -> "img/enemy_down.png"
18              Direction.LEFT -> "img/enemy_left.png"
19              Direction.RIGHT -> "img/enemy_right.png"
20          }
21          Painter.drawImage(imagePath, x, y)   //绘制敌方坦克到窗体上
22      }
23      override fun willCollision(block: Blockable): Direction? {
24          return null
```

```
25      }
26      override fun notifyCollision(direction: Direction?, block:
27      Blockable?) {
28      }
29 }
```

上述代码中，主要是通过实现 Movable 接口中的 draw()方法，在该方法中根据敌方坦克的不同方向来设置对应的图片，最后通过 drawImage()方法将对应的敌方坦克绘制到窗体中。

3. 根据地图绘制敌方坦克

由于地图中的砖墙、铁墙、水墙、草坪等元素都是根据这些元素在地图中的位置来绘制的，敌方坦克的绘制与这些元素的绘制类似，也是根据其在地图中的位置来绘制的，因此需要在 GameWindow 类的 onCreate()方法中，在 when 表达式的水元素下方将敌方坦克添加到 views 集合中，具体代码如下：

```
'敌' -> views.add(Enemy(columnNum * Config.block, lineNum *
Config.block))
```

将敌方坦克添加到 views 集合中之后，程序会在 onDisplay()方法中将敌方坦克绘制到窗体中。

10.7.2 敌方坦克的移动

1. 修改 Movable 接口

由于敌方坦克与我方坦克一样，都不能跨越阻挡物与窗体的边界，因此在 Enemy 类中的 willCollision()方法中需要处理敌方坦克与阻挡物、窗体边界的碰撞检测问题。由于 Enemy 类的 willCollision()方法中的代码与 Tank 类中处理坦克与阻挡物、窗体边界问题的代码一样，因此可以将这些代码抽取出来直接在 Movable 接口的 willCollision()方法中实现。修改后的 Movable 接口中的代码如【文件 10-36】所示。

【文件 10-36】Movable.kt

```
1  package com.itheima.game.business
2  import com.itheima.game.Config
3  import com.itheima.game.enums.Direction
4  import com.itheima.game.model.View
5  /**
6   * 移动运动的能力
7   */
8  interface Movable : View {
9      val currentDirection: Direction  //物体当前的方向
10     val speed: Int                    //物体移动的速度
11     /**
12      * 判断移动的物体是否与阻塞物体发生碰撞
13      */
14     fun willCollision(block: Blockable): Direction? {
15         //未来的坐标
16         var x: Int = this.x
17         var y: Int = this.y
18         //将要碰撞时做判断
19         when (currentDirection) {
```

```
20          Direction.UP -> y -= speed
21          Direction.DOWN -> y += speed
22          Direction.LEFT -> x -= speed
23          Direction.RIGHT -> x += speed
24      }
25      //越界判断
26      if (x < 0) return Direction.LEFT
27      if (x > Config.gameWidth - width) return Direction.RIGHT
28      if (y < 0) return Direction.UP
29      if (y > Config.gameHeight - height) return Direction.DOWN
30      val collision = checkCollision(block.x, block.y, block.width,
31              block.height, x, y, width, height)
32      return if (collision) currentDirection else null
33  }
34  /**
35   * 通知碰撞
36   */
37  fun notifyCollision(direction: Direction?, block: Blockable?)
38 }
```

上述代码中，第 26～29 行代码用于处理移动的物体与窗体边界的碰撞问题，其余代码用于处理移动的物体与阻挡物的碰撞问题。

由于上述代码抽取了 Tank 类与 Enemy 类中的碰撞检测逻辑代码，因此需要去掉 Tank 类与 Enemy 类中的 willCollision()方法。同时将 Tank 类的 move()方法中的越界处理代码也去掉，后续所有实现 Movable 接口的类都不需要处理越界与碰撞检测的问题。Tank 类的 move()方法中去掉的代码如下：

```
//越界判断
if (x < 0) x = 0
if (x > Config.gameWidth - width) x = Config.gameWidth - width
if (y < 0) y = 0
if (y > Config.gameHeight - height) y = Config.gameHeight - height
```

2. 敌方坦克实现自动移动

由于敌方坦克具备自动移动与阻挡物体的能力，因此需要让 Enemy 类实现 AutoMovable 接口与 Blockable 接口，并重写 autoMove()方法。当敌方坦克移动的方向与碰撞方向一致时，需要改变敌方坦克的方向，这个方向是随机产生的，但是与碰撞方向不能一致，因此在 Enemy 类中还需要创建一个随机产生方向的方法 rdmDirection()。在 Enemy 类中添加的具体代码如【文件 10-37】所示。

【文件 10-37】Enemy.kt

```
1  class Enemy(override var x: Int, override var y: Int) : Movable,
2  AutoMovable, Blockable {
3      private var badDirection: Direction? = null //定义碰撞方向的变量
4      private var lastMoveTime = 0L    //坦克最后一次移动的时间
5      private var moveFrequency = 30 //坦克移动的频率
6      ......
7      //通知物体发生碰撞
8      override fun notifyCollision(direction: Direction?, block:
9      Blockable?) {
```

```kotlin
10        this.badDirection = direction
11    }
12    override fun autoMove() {
13        //频率检测
14        val current = System.currentTimeMillis()
15        //如果坦克移动的时间小于坦克移动的频率，则通过 return 不运行后续的代码
16        if (current - lastMoveTime < moveFrequency) return
17        lastMoveTime = current
18        //判断当前方向是否是碰撞方向
19        if (currentDirection == badDirection) {
20            //获取随机方向
21            currentDirection = rdmDirection(badDirection)
22            return
23        }
24        //根据不同的方向，改变坦克位置的坐标
25        when (currentDirection) {
26            Direction.UP -> y -= speed
27            Direction.DOWN -> y += speed
28            Direction.LEFT -> x -= speed
29            Direction.RIGHT -> x += speed
30        }
31    }
32    private fun rdmDirection(bad: Direction?): Direction {
33        val i = Random().nextInt(4) //产生随机数
34        val direction = when (i) {   //根据产生的随机数来指定方向
35            0 -> Direction.UP
36            1 -> Direction.DOWN
37            2 -> Direction.LEFT
38            3 -> Direction.RIGHT
39            else -> Direction.UP
40        }
41        //判断获取的随机方向是否与碰撞方向一致
42        if (direction == bad) {
43            return rdmDirection(bad) //尾递归调用
44        }
45        return direction
46    }
47 }
```

上述代码中，定义了 3 个变量，分别是 badDirection、lastMoveTime、moveFrequency，其中变量 badDirection 表示坦克与阻挡物碰撞的方向，变量 lastMoveTime 表示坦克最后一次移动的时间，变量 moveFrequency 表示坦克移动的频率。在通知物体发生碰撞的方法 notifyCollision() 中，将传递到该方法中的碰撞方向 direction 赋值给变量 badDirection。

第 14～17 行代码，主要是通过判断当前时间与最后一次坦克移动的时间相减的结果是否小于坦克移动的频率，如果小于，则直接 return，跳出该方法；否则将当前时间赋给变量 lastMoveTime，并继续执行下方代码。

第 19～23 行代码，判断当前坦克的方向是否与碰撞方向相同，如果相同，则通过调用 rdmDirection() 方法重新随机选取一个方向，但是这个方向与当前碰撞的方向不能相同。

第 33 行代码，主要是通过 Random 类中的 nextInt()方法来获取随机数，由于敌方坦克的方向一共有 4 种，分别是上、下、左、右，因此 nextInt()方法中传递的参数为 4，也就是从 0~3中随意抽取任意一个数字来代表不同的方向。

第 34~40 行代码，主要是通过 when 表达式来根据产生的随机数指定对应的坦克方向，当这个随机数为 0 时，对应的随机方向为向上，随机数为 1 时，对应的随机方向为向下，随机数为 2 时，对应的随机方向为向左，随机数为 3 时，对应的随机方向为向右，否则设置坦克的随机方向为向上。

第 42~44 行代码，主要是判断获取的随机方向是否与碰撞方向一致，如果一致，则需要调用 rdmDirection()方法来重新产生随机方向，第 43 行代码属于尾递归调用。

3. 解决敌方坦克不停转换方向的问题

完成敌方坦克移动的逻辑之后，运行程序后会发现敌方坦克一直在一个位置不停地转换方向。由于敌方坦克只有在碰撞之后才会转换方向，因此这个现象表明此时敌方坦克一直处于碰撞状态。导致这个问题的原因是由于 Enemy 类既实现了 Movable 接口又实现了 Blockable 接口，说明敌方坦克既有移动能力又有阻挡能力，在 GameWindow 类的 onRefresh()方法中进行碰撞检测时，会用可移动的物体与所有具备阻挡能力的物体进行碰撞检测，其中阻挡物体肯定包含自身，和自身做碰撞肯定不满足实际情况，因此要解决这个问题就需要在与具备阻挡能力的物体进行碰撞检测时排除自己。在 GameWindow 类的 onRefresh()方法中，找到判断运动的物体和阻塞物体是否发生碰撞的 filter，在该 filter 中找到过滤阻塞物体的 filter，在这个 filter 的过滤条件中添加上"(move != it)"条件。修改的具体代码如【文件 10-38】所示。

【文件 10-38】GameWindow.kt

```
1   class GameWindow : Window(……) {
2       ……
3       override fun onRefresh() {
4           views.filter { it is Movable }.forEach { move ->
5               ……
6               //找到阻塞的物体
7               views.filter { (it is Blockable) and (move != it) }.forEach
8               blockTag@ { block ->
9                   ……
10              }
11              move.notifyCollision(badDirection, badBlock)
12          }
13          ……
14      }
15  }
16  ……
```

10.7.3　敌方坦克自动发射子弹

1. 创建 AutoShotable 接口

由于敌方坦克不仅具备自动移动、阻挡物体的能力，还具备自动发射子弹的能力，因此需要在项目中的 com.itheima.game.business 包中创建一个 AutoShotable 接口，在该接口中创建一个自动射击的方法 autoShot()。具体代码如【文件 10-39】所示。

【文件 10-39】AutoShotable.kt

```
1   package com.itheima.game.business
2   import com.itheima.game.model.View
3   interface AutoShotable {
4       //自动射击的功能
5       fun autoShot(): View?
6   }
```

2. 实现敌方坦克定时发射子弹

由于敌方坦克具备自动发射子弹的能力，因此需要让 Enemy 类实现 AutoShotable 接口中的 autoShot()方法，在该方法中实现坦克自动发射子弹的功能。该方法中的代码与 Tank 类的 shot() 方法中的代码一样，因此可以将 shot()方法中的代码复制到 autoShot()方法中。在 Enemy 类中添加的具体代码如【文件 10-40】所示。

【文件 10-40】Enemy.kt

```
1    class Enemy(override var x: Int, override var y: Int) : Movable,
2    AutoMovable, Blockable, AutoShotable {
3        private var lastShotTime = 0L      //坦克最后一次发射子弹的时间
4        private var shotFrequency = 800   //坦克发射子弹的频率
5        ......
6        override fun autoShot(): View? {
7            val current = System.currentTimeMillis() //获取当前时间
8            if (current - lastShotTime < shotFrequency) return null
9            lastShotTime = current //记录当前时间
10           return Bullet(currentDirection, { bulletWidth, bulletHeight
11           ->
12               //计算子弹真实的坐标
13               val tankX = x
14               val tankY = y
15               val tankWidth = width
16               val tankHeight = height
17               var bulletX = 0
18               var bulletY = 0
19               when (currentDirection) {
20                   Direction.UP -> { // 如果坦克方向是向上的，计算子弹的位置
21                       bulletX = tankX + (tankWidth - bulletWidth) / 2
22                       bulletY = tankY - bulletHeight / 2
23                   }
24                   Direction.DOWN -> {
25                       bulletX = tankX + (tankWidth - bulletWidth) / 2
26                       bulletY = tankY + tankHeight - bulletHeight / 2
27                   }
28                   Direction.LEFT -> {
29                       bulletX = tankX - bulletWidth / 2
30                       bulletY = tankY + (tankHeight - bulletHeight) / 2
31                   }
32                   Direction.RIGHT -> {
33                       bulletX = tankX + tankWidth - bulletWidth / 2
34                       bulletY = tankY + (tankHeight - bulletHeight) / 2
```

```
35              }
36          }
37          Pair(bulletX, bulletY)
38      })
39  }
40 }
```

上述代码中，定义了两个变量，分别是 lastShotTime 与 shotFrequency，其中变量 lastShotTime 表示坦克最后一次发射子弹的时间，变量 shotFrequency 表示坦克发射子弹的频率，接着在 autoShot()方法中实现了坦克自动发射子弹的功能。

第 7~9 行代码，首先获取当前时间 current，接着判断当前时间与坦克最后一次射击时间相减的结果是否小于射击频率，如果小于，则返回值设置为 null，此时坦克不发射子弹，如果不小于，则将当前时间赋给变量 lastShotTime，并直接执行后续的代码射击子弹。

第 10~38 行代码，主要实现坦克发射子弹的功能，这段代码与 Tank 类的 shot()方法中的代码一样，参考前面 shot()方法中的讲解即可，在这里就不详细进行介绍了。

3. 将发射的子弹绘制到窗体中

由于需要将坦克发射的子弹绘制到窗体中，因此在 GameWindow 类的 onRefresh()方法中通过 filter 来过滤自动射击的坦克，并通过调用自动射击的方法 autoShot()来获取射出的子弹，将子弹添加到 views 集合中。在 GameWindow 类的 onRefresh()方法中添加的具体代码如【文件 10-41】所示。

【文件 10-41】GameWindow.kt

```
1  class GameWindow : Window(……) {
2      ……
3      override fun onRefresh() {
4          ……
5          //检测自动射击
6          views.filter { it is AutoShotable }.forEach {
7              it as AutoShotable
8              val shot = it.autoShot()
9              shot?.let {
10                 views.add(shot)
11             }
12         }
13     }
14 }
15 ……
```

上述代码中，首先通过 views.filter{}来过滤具备自动射击能力的物体，如果过滤到具备自动射击能力的物体时，则通过 as 关键字将该物体转化为 AutoShotable 类型。接着通过调用 autoShot()方法来获取射出的子弹 shot，获取完子弹后，通过 let()方法对变量 shot 做了一个非空判断。当变量 shot 不为空时，会执行 let 中的代码，将子弹添加到 views 集合中并绘制到窗体中，否则，不会执行 let 中的代码。

10.7.4　双方坦克的相互伤害

1. 避免坦克自己打爆自己

为了避免当敌方坦克与我方坦克发射子弹时，被自己发射的子弹打爆，需要在具备攻击能力的接口 Attackable 中定义一个子弹所有者的变量 owner，来区分子弹打的是发射子弹的坦克还是其他坦克。在 Attackable 接口中定义一个变量 owner 的代码如下：

```
val owner:View    //子弹的所有者
```

由于当双方坦克发射的子弹相遇时，可以进行彼此销毁并出现爆炸效果，为了实现这个爆炸效果，需要在 Bullet 类中实现 Sufferable 接口，同时由于在 Attackable 接口中定义了子弹的所有者，因此需要在实现了 Attackable 接口的 Bullet 类中来实现一下该接口中的变量 owner。Bullet 类中修改的具体代码如【文件 10-42】所示。

【文件 10-42】Bullet.kt

```
1   class Bullet(override val owner: View, override var currentDirection:
2   Direction, create: (width: Int, height: Int) -> Pair<Int, Int>) :
3   AutoMovable, Destroyable, Attackable, Sufferable {
4       override val blood: Int=1 //生命值
5       ……
6       override fun notifySuffer(attackable: Attackable): Array<View>?
7       {
8           return arrayOf(Blast(x,y))   //子弹对消时的爆炸效果
9       }
10  }
```

上述代码中，更改了 Bullet()构造函数中的参数，因此需要修改调用该构造函数的 Tank 类与 Enemy 类中的代码，这些修改在后续【文件 10-44】与【文件 10-45】中进行。

由于当两个子弹相遇时，子弹既是攻击者又是受攻击者，因此子弹自己会和自己发生碰撞，为了解决这个问题，需要在 GameWindow 类中的 onRefresh()方法中找到检测具备受攻击能力的 filter，在该 filter 中添加一个攻击方与受攻击方不是同一个物体的判断，即"attack!=it"，同时为了避免坦克自己发射的子弹将自己打爆，在具备受攻击能力的 filter 中还需要添加一个"attack.owner != it"的判断。在 GameWindow 类的 onRefresh()方法中修改的具体代码如【文件 10-43】所示。

【文件 10-43】GameWindow.kt

```
1   class GameWindow : Window(……) {
2       ……
3       override fun onRefresh() {
4           ……
5           //过滤具备攻击能力的物体
6           views.filter { it is Attackable }.forEach { attack ->
7               attack as Attackable
8               views.filter { (it is Sufferable) and (attack.owner!=it)
9               and(attack!=it)}.forEach sufferTag@ { suffer ->
10                  suffer as Sufferable
11                  ……
12              }
13          }
14      }
15  }
16  ……
```

2. 我方坦克实现受击打能力

由于敌方坦克在运行过程中遇到我方坦克时，可以轻松穿越我方坦克，因此我方坦克需要具备阻挡的能力（Blockable）。同时当敌方坦克发射子弹打到我方坦克时，此时我方坦克还需要具备受击打的能力（Sufferable），除此之外，我方坦克还具备销毁能力（Destroyable），因此要让Tank 类实现 Blockable 接口、Sufferable 接口以及 Destroyable 接口。具体代码如【文件 10-44】所示。

【文件 10-44】Tank.kt

```
1   class Tank(override var x: Int, override var y: Int) : Movable,
2   Blockable, Sufferable, Destroyable {
3       override var blood: Int = 20    //我方坦克生命值
4       ......
5       override fun notifySuffer(attackable: Attackable): Array<View>?
6       {
7           blood -= attackable.attackPower //根据攻击能力来掉血
8           return arrayOf(Blast(x, y))     //返回爆炸的效果
9       }
10      override fun isDestroyed(): Boolean =blood<=0
11      fun shot(): Bullet {
12          return Bullet(this,currentDirection, { bulletWidth,
13                  bulletHeight ->
14              ......
15          })
16      }
17  }
```

上述代码中，实现了 Sufferable 接口中的变量 blood 与 notifySuffer()方法，变量 blood 表示我方坦克的生命值，notifySuffer()方法用于通知我方坦克受到攻击，在该方法中根据攻击者的攻击力 attackPower 的值来减少我方坦克的生命值，最后将该方法的返回值设置为一个爆炸效果。

第 10 行代码，重写了 Destroyable 接口中的 isDestroyed()方法，该方法主要判断我方坦克是否被销毁。当我方坦克的生命值（blood）小于等于 0 时，说明我方坦克已经被销毁，该方法的返回值为 true。当我方坦克的生命值（blood）大于 0 时，说明我方坦克没有被销毁，该方法的返回值为 false。

由于前面修改了 Bullet 类的构造函数，并且 Tank 类的 shot()方法中调用了该构造函数，因此在第 12 行代码中，向该构造函数中传递一个 owner 参数，该参数在此处可以用 this 来代替。

3. 敌方坦克实现受击打能力

由于敌方坦克与我方坦克一样，也具备受击打的能力和销毁的能力，因此需要让 Enemy 类实现 Sufferable 接口与 Destroyable 接口。具体代码如【文件 10-45】所示。

【文件 10-45】Enemy.kt

```
1   class Enemy(override var x: Int, override var y: Int) : Movable,
2   AutoMovable, Blockable, AutoShotable,Sufferable,Destroyable {
3       override var blood: Int=2 //敌方坦克的生命值
4       ......
5       override fun notifySuffer(attackable: Attackable): Array<View>?
6       {
```

```
7           //如果子弹是敌方坦克(友军)发射,则不造成伤害
8           if(attackable.owner is Enemy)return null
9           //根据攻击力来减少敌方坦克的生命值
10          blood -= attackable.attackPower
11          return arrayOf(Blast(x, y))  //返回爆炸的效果
12      }
13      override fun isDestroyed(): Boolean =blood<=0
14      fun autoShot(): Bullet {
15          return Bullet(this,currentDirection, { bulletWidth,
16                  bulletHeight ->
17              ......
18          })
19      }
20  }
```

上述代码中,实现了 Sufferable 接口中的变量 blood 与 notifySuffer()方法,变量 blood 表示敌方坦克的生命值,notifySuffer()方法用于通知敌方坦克受到攻击。

第 8 行代码主要是判断攻击者是否是敌方坦克自己发射的子弹,如果是,则对敌方坦克不造成损害,否则会根据攻击者的攻击力 attackPower 的值来减少敌方坦克的生命值,最后将该方法的返回值设置为一个爆炸效果。

第 13 行代码,重写了 Destroyable 接口中的 isDestroyed()方法,该方法主要判断敌方坦克是否被销毁。当敌方坦克的生命值(blood)小于等于 0 时,说明敌方坦克已经被销毁,该方法的返回值为 true。当敌方坦克的生命值(blood)大于 0 时,说明敌方坦克没有被销毁,该方法的返回值为 false。

由于前面修改了 Bullet 类的构造函数,并且 Enemy 类的 autoShot()方法中调用了该构造函数,因此在第 15 行代码中,向该构造函数中传递一个 owner 参数,该参数在此处可以用 this 来代替。

10.8 大本营

10.8.1 绘制大本营

在坦克大战游戏窗体的底部还有一个元素是大本营,大本营是由很多小铁块和一个老鹰组成,老鹰的图片大小为 64 像素×64 像素,铁块的图片大小为 32 像素×32 像素。绘制完成的大本营效果如图 10-18 所示。

在程序中需要根据老鹰图片和铁块图片的大小来设置大本营的宽度、高度以及铁墙和老鹰所在的位置,接下来我们就将大本营绘制到窗体中。

1. 导入图片

将绘制大本营需要的图片 camp.png 与 small_steel.png 导入到项目中的 resources/img 文件夹中。

2. 创建 Camp 类

在项目中的 com.itheima.game.model 包中创建一个名为 Camp 的类,由于大本营也是窗体中的一个 View 元素,因此需要让该类实现 View 接口。具体代码如【文件 10-46】所示。

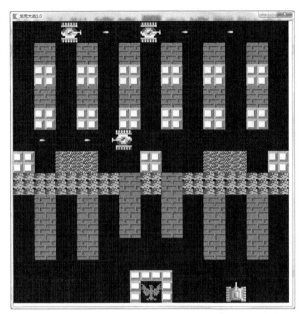

图10-18　大本营

【文件 10-46】Camp.kt

```
1  package com.itheima.game.model
2  import com.itheima.game.Config
3  import org.itheima.kotlin.game.core.Painter
4  class Camp(override val x: Int, override val y: Int) : View {
5      override val width: Int = Config.block * 2    //大本营的宽度
6      override val height: Int = Config.block + 32 //大本营的高度
7      override fun draw() {
8          //绘制外围的铁块, 绘制顶部铁块
9          Painter.drawImage("img/small_steel.png", x, y)
10         Painter.drawImage("img/small_steel.png", x + 32, y)
11         Painter.drawImage("img/small_steel.png", x + 64, y)
12         Painter.drawImage("img/small_steel.png", x + 96, y)
13         //绘制左侧铁块
14         Painter.drawImage("img/small_steel.png", x, y + 32)
15         Painter.drawImage("img/small_steel.png", x, y + 64)
16         //绘制右侧铁块
17         Painter.drawImage("img/small_steel.png", x + 96, y + 32)
18         Painter.drawImage("img/small_steel.png", x + 96, y + 64)
19         //绘制老鹰
20         Painter.drawImage("img/camp.png", x + 32, y + 32)
21     }
22 }
```

上述代码中，根据图 10-18 可知，大本营的宽度是由 4 块铁砖组成，在图中可以看到 2 块铁砖的宽度与 1 块砖块的宽度是一样的。由于一块铁砖的宽度为 32，一块砖块的宽度是 64，因此大本营宽度的值为 Config.block×2，大本营的高度是由 3 块铁砖组成，因此大本营高度的值为 Config.block + 32。

在 draw()方法中，通过 drawImage()方法来绘制大本营中的铁墙和老鹰，其中绘制每块铁块的位置是根据铁块的宽高来计算对应的 *x* 轴与 *y* 轴的坐标，例如，大本营的左上角坐标为(x, y)，则顶部第 2 个铁块的坐标为 (x+32, y)，第 3 个砖块的坐标是 (x+64, y)，第 4 个砖块的坐标为 (x+96, y)，以此类推，绘制左侧铁块、右侧铁块、老鹰的位置计算与绘制顶部铁块的位置计算是一样的。

3. 将大本营添加到窗体中

由于绘制完大本营之后，还需要将大本营添加到窗体中，因此需要在 GameWindow 类的 onCreate()方法中的最后一行，通过 add()方法将大本营添加到 views 集合中并绘制到窗体中，添加的具体代码如下：

```
//将大本营添加到窗体中
views.add(Camp(Config.gameWidth/2-Config.block,Config.gameHeight-96))
```

上述代码中，Camp()构造函数中的第 1 个参数是大本营在窗体中的 *x* 轴坐标，第 2 个参数是大本营在窗体中的 *y* 轴坐标。

10.8.2　实现大本营特性

大本营绘制完成后，我们会发现我方坦克和敌方坦克在运行的过程中可以穿越大本营，这种现象不符合实际情况，因此大本营需要具备阻挡能力，让坦克不能随意地进行穿越，同时大本营也需要具备受击打的能力，当大本营在受到攻击时虽然没有被攻击的效果，但是当大本营的生命值为"3<blood（生命值）<=6"时，周围的铁墙会变为砖墙；生命值为"blood（生命值）<=3"时，大本营周围没有墙。接下来我们就来实现大本营的这些特性。

1. 导入图片

将绘制大本营需要的图片 small_wall.png 导入到项目中的 resources/img 文件夹中。

2. 实现大本营特性

由于大本营具备阻挡能力与受击打能力，并且在不同生命值的状态下有不同的变化，因此将 Camp 类实现的 View 接口替换为 Blockable 接口与 Sufferable 接口，并在 draw()方法中实现大本营在不同生命值时的变化。修改后的 Camp 类中的代码如【文件 10-47】所示。

【文件 10-47】Camp.kt

```
1  package com.itheima.game.model
2  import com.itheima.game.Config
3  import com.itheima.game.business.Attackable
4  import com.itheima.game.business.Blockable
5  import com.itheima.game.business.Sufferable
6  import org.itheima.kotlin.game.core.Painter
7  class Camp(override var x: Int, override var y: Int) : Blockable,
8  Sufferable {
9      override var blood: Int = 12 //生命值
10     override var width: Int = Config.block * 2    //大本营的宽度
11     override var height: Int = Config.block + 32 //大本营的高度
12     override fun draw() {
13         if (blood <= 3) { //生命值小于 3 时，大本营周围没有墙
14             width = Config.block //大本营的宽度
15             height = Config.block //大本营的高度
16             x = (Config.gameWidth - Config.block) / 2 //大本营 x 轴坐标
```

```
17              y = Config.gameHeight - Config.block          //大本营 y 轴坐标
18              Painter.drawImage("img/camp.png", x, y)
19          } else if (blood <= 6) { //生命值小于 6 时，大本营周围是砖墙
20              //绘制周围的砖墙
21              Painter.drawImage("img/small_wall.png", x, y)
22              Painter.drawImage("img/small_wall.png", x + 32, y)
23              Painter.drawImage("img/small_wall.png", x + 64, y)
24              Painter.drawImage("img/small_wall.png", x + 96, y)
25              Painter.drawImage("img/small_wall.png", x, y + 32)
26              Painter.drawImage("img/small_wall.png", x, y + 64)
27              Painter.drawImage("img/small_wall.png", x + 96, y + 32)
28              Painter.drawImage("img/small_wall.png", x + 96, y + 64)
29              //绘制老鹰
30              Painter.drawImage("img/camp.png", x + 32, y + 32)
31          } else {
32              //绘制外围的铁砖，绘制顶部铁砖
33              Painter.drawImage("img/small_steel.png", x, y)
34              Painter.drawImage("img/small_steel.png", x + 32, y)
35              Painter.drawImage("img/small_steel.png", x + 64, y)
36              Painter.drawImage("img/small_steel.png", x + 96, y)
37              //绘制左侧铁砖
38              Painter.drawImage("img/small_steel.png", x, y + 32)
39              Painter.drawImage("img/small_steel.png", x, y + 64)
40              //绘制右侧铁砖
41              Painter.drawImage("img/small_steel.png", x + 96, y + 32)
42              Painter.drawImage("img/small_steel.png", x + 96, y + 64)
43              //绘制老鹰
44              Painter.drawImage("img/camp.png", x + 32, y + 32)
45          }
46      }
47      override fun notifySuffer(attackable: Attackable): Array<View>?
48      {
49          blood -= attackable.attackPower          //被攻击时减少血量
50          //生命值为 3 和 6 的爆炸效果
51          if (blood == 3 || blood == 6) {
52              val x = x - 32
53              val y = y - 32
54              return arrayOf(Blast(x, y)
55                      , Blast(x + 32, y)
56                      , Blast(x + Config.block, y)
57                      , Blast(x + Config.block + 32, y)
58                      , Blast(x + Config.block * 2, y)
59                      , Blast(x, y + 32)
60                      , Blast(x, y + Config.block)
61                      , Blast(x, y + Config.block + 32)
62                      , Blast(x + Config.block * 2, y + 32)
63                      , Blast(x + Config.block * 2, y + Config.block)
64                      , Blast(x + Config.block * 2, y + Config.block + 32))
65          }
66          return null  //没有打击效果
```

```
67     }
68  }
```

上述代码中，变量 blood 表示大本营的生命值。当大本营受到攻击时，会在 notifySuffer()
方法中根据攻击力来减少生命值。

第 13～18 行，当大本营的生命值 blood<=3 时，外围就没有墙了，此时大本营的宽度和高
度就变为老鹰的宽度和高度了，因此需要重新设置当前大本营的宽度和高度以及 X 轴与 Y 轴的
值，根据计算的大本营的宽度和高度以及位置坐标重新绘制大本营。

第 19～30 行，当大本营生命值 blood<=6 时，此时将大本营周围的墙绘制为砖墙。

第 31～45 行，当大本营生命值 blood>6 时，此时将大本营周围的墙绘制为铁墙。

第 51～65 行代码，当大本营的生命值减少为 6 或 3 时，大本营自身会产生一个爆炸效果，
并且每一块墙都有一个爆炸效果，爆炸物位置的计算是根据砖墙或铁墙的位置来计算的。

注意

在 draw() 方法中，一定要先判断生命值 blood<=3 的情况，再判断生命值 blood<=6 的情况。这是因
为如果先判断生命值 blood<=6，则这个条件中包含了生命值 blood<=3 和生命值为 0 的情况，后面的效
果就不会显示了。

10.9　游戏结束与打包

10.9.1　游戏的结束

1. 导入图片

将游戏结束时需要的图片 game_over.png 导入到项目中的 resources/img 文件夹中。

2. 修改 Destroyable 接口

当大本营销毁时，大本营中只有一个老鹰的图片，此时需要给老鹰图片一种很震撼的销毁画
面，这种销毁画面应该是每一个具备销毁能力的对象都需要具备的，因此在项目中的 Destroyable
接口中定义一个显示销毁画面的方法 showDestory()。修改后的 Destroyable 接口中的代码如【文
件 10-48】所示。

【文件 10-48】Destroyable.kt

```kotlin
1   package com.itheima.game.business
2   import com.itheima.game.model.View
3   /**
4    * 销毁的能力
5    */
6   interface Destroyable : View {
7       fun isDestroyed(): Boolean          //判断子弹是否销毁
8       fun showDestroy(): Array<View>? {   //显示销毁效果
9           return null
10      }
11  }
```

在 Destroyable 接口中添加完 showDestory() 方法之后，项目中所有实现了该接口的类都需

要实现 showDestory()方法，如果某些类不需要震撼的销毁画面，则直接将该方法的返回值设置为 null 即可。为了避免修改多个具有销毁能力的类，上述代码中直接将 showDestroy()方法的返回值设置为 null，如果某个类需要显示震撼的销毁画面，则可以单独在该类中实现 showDestroy()方法。

3. Camp 类实现 Destroyable 接口

当大本营的生命值为 0 时，会对大本营进行销毁，因此大本营需要具备销毁的能力，也就是让 Camp 类实现 Destroyable 接口。在 Camp 类中修改的具体代码如【文件 10-49】所示。

【文件 10-49】Camp.kt

```
1   class Camp(override var x: Int, override var y: Int) : Blockable,
2   Sufferable, Destroyable {
3       ......
4       override fun isDestroyed(): Boolean = blood <= 0
5       override fun showDestroy(): Array<View>? {
6           return arrayOf(Blast(x - 32, y - 32)
7                   , Blast(x, y - 32)
8                   , Blast(x + 32, y - 32)
9                   , Blast(x - 32, y)
10                  , Blast(x, y)
11                  , Blast(x + 32, y)
12                  , Blast(x - 32, y + 32)
13                  , Blast(x, y + 32)
14                  , Blast(x + 32, y + 32))
15      }
16  }
```

上述代码中，isDestroyed()方法的返回值设置为"blood<=0"，表示当"blood>0"时，该方法的返回值为 false，即游戏还没有结束，当"blood<=0"时，该方法的返回值为 true，即游戏已经结束并且需要销毁大本营。

在 showDestroy()方法中设置大本营的销毁画面，当大本营销毁时，大本营中只有一个老鹰图片，此时大本营的宽度和高度就是老鹰图片的宽度和高度，老鹰图片的宽高为 64，爆炸物的宽高也是 64，如果以大本营的左上角坐标为第 1 个爆炸物的中心位置，则第 1 个爆炸物的左上角坐标为（x-32, y-32），第 1 排水平方向上第 2 个爆炸物的位置为（x, y-32），第 3 个爆炸物的位置为（x+32, y-32），以此类推计算出后续几个爆炸物的位置，因此要将 showDestroy()方法的返回值设置为一个爆炸物的集合。

4. 显示爆炸效果并结束游戏

在 Camp 类的 showDestroy()方法中实现了爆炸效果之后，需要将这些爆炸物显示到窗体中，因此需要在 GameWindow 类的 onRefresh()方法中添加一个检测销毁的 filter，在该 filter 中将销毁效果显示到窗体中。同时当大本营被销毁或者敌方坦克被销毁完时，游戏需要立即结束，其实就是需要停止界面的刷新，该功能的实现需要在 GameWindow 类的 onRefresh()方法中检测游戏是否结束，如果游戏结束了，则不需要运行其他业务逻辑。在 GameWindow 类中添加的具体代码如【文件 10-50】所示。

【文件 10-50】GameWindow.kt

```
1   class GameWindow : Window(    ) {
2       private var gameOver:Boolean=false //游戏是否结束的标记
```

```
3      private var enemyTotalSize = 10        //敌方坦克的总数量
4      private var enemyActiveSize = 3        //敌方坦克在界面上最多显示的数量
5      //敌方的出生点，Pair 数组中的两个参数分别是敌方出生点的 X 轴与 Y 轴坐标
6      private val enemyBornLocation = arrayListOf<Pair<Int, Int>>()
7      private var bornIndex = 0              //出生地点下标
8      private var bornTime = 0L              //敌方出生的时间
9      private var gameOverWidth = 0          //游戏结束图片的宽度
10     private var gameOverHeight = 0         //游戏结束图片的高度
11     ......
12     override fun onCreate() {              //窗体创建
13         ......
14         lines.forEach() { line ->
15             var columnNum = 0
16             //将元素转换成数组进行遍历
17             line.toCharArray().forEach { column ->
18                 when (column) {
19                     ......
20                     '敌' -> enemyBornLocation.add(Pair(columnNum *
21                         Config.block, lineNum* Config.block))
22                 }
23                 columnNum++
24             }
25             lineNum++
26         }
27         ......
28         val size = Painter.size("img/game_over.png")
29         gameOverWidth = size[0]            //获取游戏结束图片的宽度
30         gameOverHeight = size[1]           //获取游戏结束图片的高度
31     }
32     override fun onDisplay() {             //渲染窗体
33         ......
34         if(gameOver){
35             val x = (Config.gameWidth-gameOverWidth)/2
36             val y = (Config.gameHeight-gameOverHeight)/2-65
37             Painter.drawImage("img/game_over.png",x,y)
38         }
39     }
40     override fun onKeyPressed(event: KeyEvent) { //按键响应
41         if (!gameOver) {
42             when (event.code) {
43                 ......
44             }
45         }
46     }
47     override fun onRefresh() {
48         //检测销毁
49         views.filter { it is Destroyable }.forEach {
50             //判断具备销毁能力的物体是否被销毁
51             if ((it as Destroyable).isDestroyed()) {
52                 views.remove(it)   //如果被销毁则从 views 集合中移除该元素
```

```
53            if (it is Enemy) {
54                enemyTotalSize--
55                bornTime = System.currentTimeMillis()
56            }
57            val destroy = it.showDestroy()   //获取销毁的效果
58            destroy?.let {
59                views.addAll(destroy)
60            }
61        }
62    }
63    if(gameOver)return
64    ……
65    // 判断当前页面上敌方的数量，如果小于激活数量则会生出新的敌方坦克
66    val current = System.currentTimeMillis()
67    if ((enemyTotalSize > 0) and (views.filter { it is Enemy }.size
68    < enemyActiveSize) && current - bornTime >= 500) {
69        bornTime = current.    //坦克出生时间
70        bornEnemy()            //生出敌方坦克
71    }
72    // 检测游戏是否结束
73    if ((views.filter { it is Camp }.isEmpty()) || (views.filter
74    { it is Enemy }.isEmpty() && enemyTotalSize <= 0)) {
75        gameOver = true
76    }
77    }
78    /**
79     * 敌方坦克的出生
80     */
81    private fun bornEnemy() {
82        val index = bornIndex % enemyBornLocation.size
83        val pair = enemyBornLocation[index]
84        if (views.filter {
85            it.checkCollision(it.x, it.y, it.width, it.height,
86            pair.first, pair.second, Config.block, Config.block)
87        }.isEmpty()) {
88            val enemy = Enemy(pair.first, pair.second)
89            views.add(enemy)
90            bornIndex++
91        }
92    }
93 }
94 ……
```

上述代码中，变量 gameOver 是表示游戏是否结束的标记，这个变量的默认值设置为 false。由于游戏中的敌方坦克数量太少，很容易将敌方坦克销毁完，此时游戏就没有什么意义了，为了让游戏更加精彩，定义了变量 enemyTotalSize 与 enemyActiveSize，这两个变量分别表示敌方坦克的总数与敌方坦克在界面上最多显示的数量。定义的集合 enemyBornLocation 用于存放敌方坦克的位置坐标，变量 bornIndex 表示敌方坦克出生位置的索引，变量 bornTime 用于记录敌方坦克出生的时间，变量 gameOverWidth 与 gameOverHeight 表示游戏结束图片的宽度和高度。

第 20 ~ 21 行代码，由于 game.map 文件中，敌字所在的位置就是敌方坦克的出生位置，因此根据该位置将敌方坦克的出生位置存放在集合 enemyBornLocation 中。

第 28 ~ 30 行代码用于获取游戏结束图片的宽度和高度。

第 34 ~ 38 行代码用于将游戏结束的图片绘制到窗体的中间位置。

第 41 行代码中添加了一个游戏是否结束的判断 "if (!gameOver)"，当游戏结束时，onKey Pressed() 方法中的操作就不能执行了，否则，继续执行。

第 49 ~ 62 行代码，是将该类中的检测销毁的 filter 移到了 onRefresh() 方法中的最上方，并在该 filter 中添加了敌方坦克被销毁的代码。在该 filter 中，首先过滤 views 集合中是否有具备销毁能力的元素，如果有，则判断具备销毁能力的元素是否已经被销毁，如果被销毁，则需要通过 remove() 方法将该物体移除出 views 集合，如果该元素是 Enemy，则需要将敌方坦克的总数量 enemyTotalSize 减 1，接着通过 showDestroy() 方法获取销毁的效果并添加到 views 集合中。

第 63 行代码，用于检测完具备销毁能力的物体之后，通过判断变量 gameOver 的值来判断游戏是否结束，如果该变量的值为 true，则直接通过 return 跳出 onRefresh() 方法，不执行后续代码，否则继续执行后续代码。

第 66 ~ 71 行代码主要是判断当前页面上敌方坦克的数量，如果小于激活数量，并且上一次敌方坦克出生时间与当前时间的间隔必须大于 500ms，则会生出新的敌方坦克。

第 73 ~ 76 行代码通过判断大本营 Camp 是否为空或者敌方坦克是否为空并且该坦克的总数量 enemyTotalSize 的值是否小于等于 0，来设置变量 gameOver 的值。

第 81 ~ 92 行代码主要用于生出敌方坦克，通过敌方坦克下标变量 bornIndex 对敌方坦克总数量的取余来获取敌方坦克的索引 index，根据该索引来获取集合 enemyBornLocation 中的敌方坦克的位置，接着在第 84 ~ 87 行判断出生的坦克与阻挡物是否发生碰撞，如果碰撞则不生出此坦克，如果不碰撞，则生出敌方坦克并将该坦克添加到 views 集合中，最后让变量 bornIndex 进行自增。

10.9.2　Gradle 打包游戏

坦克大战游戏的逻辑代码完成之后，接着需要对该项目进行打包，本项目主要是采用 Kotlin 的 Kts 来进行打包的，Gradle 4.0 版本之后已经支持 Kotlin 的 Kts 方案进行打包。接下来我们就采用 Kts 对坦克大战项目进行打包。

第 1 步：打开项目中的【gradle】→【wrapper】→【gradle-wrapper.properties】文件，在该文件中，distributionUrl 的值是下载 Gradle 的地址，如果此处加载的 Gradle 版本不是 4.0 以上，则可以将这个地址改为 4.0 以上的版本，一般情况下最好使用 4.1 版本的 Gradle，因为该版本相对来说比较稳定。当保存程序时，程序会自动下载这个版本，第一次下载会耗费一些时间。

第 2 步：将项目中的 build.gradle 文件任意修改为一个 aa.tmp 文件，接着在 build.gradle 文件的同目录中创建一个 build.gradle.kts 文件，该文件就是 Kotlin 打包的一种脚本。

第 3 步：在 build.gradle.kts 文件中，按【Ctrl+Shift+A】组合键，会弹出一个搜索窗口，在该窗口的搜索框中输入 Kotlin，会显示很多与 Kotlin 有关的信息，如图 10-19 所示。

选择窗口中的【Configure Kotlin in Project】选项，双击该选项会弹出一个配置 Gradle 的窗口，如图 10-20 所示。

如图 10-20 所示选择版本号为 1.1.4-2，点击【OK】按钮，会自动在 build.gradle.kts 文件中生成配置好的代码，接着会发现该文件中有一些报错的地方，这是因为加载速度慢而产生的，只需等到程序加载完成即可。如果程序加载完成后还有错误信息，则可以重启 IDEA 工具。该文件中有些方法上还出现了横线，这些画横线的意思表示该方法过时了，根据提示换成新的方法即可。该文件中的 compile 部分可能是报错的，这是因为 compile 属于一个应用 application，需要将 application 引入到该文件中。build.gradle.kts 文件中的具体代码如【文件 10-51】所示。

图10-19　选择窗口

图10-20　配置Gradle的窗口

【文件 10-51】build.gradle.kts

```kotlin
1  import org.jetbrains.kotlin.gradle.tasks.KotlinCompile
2  val kotlin_version: String by extra
3  buildscript {
4      var kotlin_version: String by extra
5      kotlin_version = "1.1.4-2"
6      repositories {
7          mavenCentral()
8      }
9      dependencies {
10         classpath(kotlin("gradle-plugin", kotlin_version))
11     }
12 }
13 //apply {
14 //    plugin("kotlin")
15 //}
16 plugins {
17     kotlin("jvm","1.1.4-2") //等价于 plugin("kotlin")
18     application
19 }
20 application {
21     mainClassName = "com.itheima.game.GameWindowKt"
22 }
23 dependencies {
24     compile(kotlin("stdlib-jre8", kotlin_version))
25     compile("com.github.shaunxiao:kotlinGameEngine:v0.1.0")
26 }
```

```
27 repositories {
28     mavenCentral()
29     maven { setUrl("https://jitpack.io") }
30 }
31 val compileKotlin: KotlinCompile by tasks
32 compileKotlin.kotlinOptions {
33     jvmTarget = "1.8"
34 }
35 val compileTestKotlin: KotlinCompile by tasks
36 compileTestKotlin.kotlinOptions {
37     jvmTarget = "1.8"
38 }
```

为了引入 application 使 compile 中的代码不报错，需要将上述第 13 ~ 15 行代码替换为第 16 ~ 19 行代码。

此时基本的打包环境已经设置完成，接着第 25 行，在 dependencies 中添加游戏引擎的依赖；同时第 29 行，在 repositories 中引入仓库。

单击右侧的"Gradle projects"窗口中的刷新按钮刷新程序，此时可以在左侧的 External Libraries 中看到添加的一些依赖库，该项目现在已经构建好，接着需要指定一些启动项，项目中的 GameWindow.kt 文件就是该程序的启动项，在 build.gradle.kt 文件中第 21 行代码就是设置的该项目的启动项。

设置完启动项之后，找到右侧"Gradle projects"窗口中的 application 文件夹，在该文件夹中找到 run 任务，双击该任务，此时已经启动程序。双击 distribution 文件夹中的 distZip 任务，会将项目生成一个 zip 压缩包，该压缩包存放在项目中的 build/distributions 文件夹中。解压压缩包，在压缩包的 bin 文件夹中找到 GameTank.bat 文件，直接双击该文件，或者打开 cmd 命令窗口，在该窗口中输入该文件所在的盘（如，D:、E:）并按【Enter】键进入到该盘中，接着输入 GameTank.bat 文件的绝对路径和名称，如"E:\workspace\GameTank\build\distributions\GameTank\bin\GameTank.bat"，点击【Enter】键，会运行坦克大战游戏。

10.10　本章小结

本章主要是通过 Kotlin 语言开发了一个坦克大战游戏的项目，详细介绍了项目的搭建、各个元素的绘制、逻辑流程的实现以及项目的打包。通过对本章的学习，读者可以掌握如何使用 Kotlin 语言来开发与打包项目。要求读者必须认真阅读本章内容，亲自动手操作项目中的逻辑代码，以积累丰富的开发经验。

【思考题】

1. 请思考如何绘制地图到窗体中。
2. 请思考如何通过 Gradle 打包一个项目。

第 11 章
DSL

学习目标
- 理解 DSL 的定义
- 掌握 DSL 的使用方法
- 了解 Anko 插件

DSL（Domain-Specific Language，领域特定语言）指的是专注于特定领域问题的计算机语言，不同于通用的计算机语言（GPL），领域特定语言只用在某些特定的领域，这些领域可能是某一种产业，例如保险、教育、航空、医疗等，也可能是一种方法或技术，例如数据库 SQL、HTML 等。本章将针对 DSL 进行详细讲解。

11.1　DSL 简介

11.1.1　DSL 概述

DSL 是问题解决方案模型的外部封装，这个模型可能是一个 API 库，也可能是一个完整的框架，没有具体的标准来区分 DSL 和普通的 API，DSL 代码更易于理解，不仅对于开发人员而且对于初学者来说也更易于理解。常见的 DSL 有软件构建领域 Ant、UI 设计师 HTML、硬件设计师 VHDL。

DSL 与通用的编程语言的区别如下。

- DSL 供非程序员和领域专家使用。
- DSL 有更高级的抽象，不涉及类似数据结构的细节。
- DSL 表现力有限，其只能描述该领域的模型，而通用编程语言能够描述任意的模型。

根据是否从宿主语言构建而来，DSL 分为内部 DSL（从一种宿主语言构建而来）和外部 DSL（从零开始构建的语言，需要实现语法分析器等）。

在 Kotlin 中创建 DSL 时，一般有以下 3 个特性。

- 扩展函数与扩展属性。
- 带接收者的 Lambda 表达式（高阶函数）。

● invoke()函数的调用约定（使用 invoke 约定可以构建灵活的代码块嵌套）。

11.1.2　DSL 程序

上一个小节我们对 DSL 进行了简单的介绍，接下来通过两个案例来演示 DSL 风格的代码与传统代码的区别。

1. 传统风格的代码

在 IDEA 中，创建一个名为 Chapter11 的 Kotlin 项目，该项目的包名指定为 com.itheima. chapter11，接着在该包中创建一个 DSL.kt 文件，在该文件中按照传统的形式分别创建一个 Person 类和 Address 类，具体代码如【文件 11-1】所示。

【文件 11-1】DSL.kt

```
1  package com.itheima.chapter11
2  class Person(var name: String? = null, var age: Int? = null, var address:
3   Address? = null){
4      override fun toString(): String {
5          return "Person(name='$name', age=$age, address=$address)"
6      }
7  }
8  class Address(var city: String? = null, var street: String? = null, var
9  number: Int? = null) {
10     override fun toString(): String {
11         return "Address(city='$city', street='$street', number=$number)"
12     }
13 }
14 fun main(args: Array<String>) {
15     val address = Address("北京", "长安街", 30)
16     val person = Person("张三", 20, address)
17     println(person)
18 }
```

运行结果：

Person(name='张三', age=20, address=Address(city='北京', street='长安街', number=30))

上述代码中，创建了两个类，分别是 Person 和 Address，在 Person 类中传递了姓名、年龄以及住址信息。在 Address 类中传递了住址信息中的城市、街道以及门牌号。最后在 main() 函数中分别创建这两个类的对象并打印 person 对象。

2. DSL 风格的代码

由于【文件 11-1】中的 main()方法中的内容符合 API 的规范，但不符合人类的自然语言理解，如果想要让初学者更好地理解代码，则需要对这段代码进行 DSL 风格的一个抽取。修改后的代码如【文件 11-2】所示。

【文件 11-2】DSL.kt

```
1  package com.itheima.chapter11
2  class Person(var name: String? = null, var age: Int? = null, var address:
3  Address? = null) {
4      override fun toString(): String {
5          return "Person(name='$name', age=$age, address=$address)"
6      }
```

```
7   }
8   class Address(var city: String? = null, var street: String? = null, var
9   number: Int? = null) {
10      override fun toString(): String {
11          return "Address(city='$city', street='$street', number=$number)"
12      }
13  }
14  /**
15   * address()是一个扩展函数
16   * 这个函数中传递的参数也是一个函数，该函数的返回值为 Unit
17   */
18  fun Person.address(block: Address.() -> Unit) {
19      val a = Address()
20      address = a
21      block(a)
22  }
23  /**
24   * person()是一个扩展函数，这个函数返回一个 Person 对象，
25   * 这个函数中传递的参数也是一个函数，该函数的返回值为 Unit
26   */
27  //Person 相当于把这个函数定义在 Person 中
28  fun person(block: Person.() -> Unit): Person {
29      val p = Person()
30      block(p)    //通过这个函数把 main()函数中设置的对应的值传递过来
31      return p
32  }
33  fun main(args: Array<String>) {
34      val p = person {
35          //扩展函数
36          name = "张三"
37          age = 20
38          address {
39              city = "北京"
40              street = "长安街"
41              number = 30
42          }
43      }
44      println(p)
45  }
```

运行结果：

Person(name='张三', age=20, address=Address(city='北京', street='长安街', number=30))

上述代码中，分别创建了 person()扩展函数和 address()扩展函数，这两个扩展函数中通过 block()函数将 main()函数中设置的对应数据传递过来。在 main()函数中，创建了一个 Person 的扩展函数，这个扩展函数既是一个 lambda 表达式，也是一个匿名函数，通过这个函数设置 Person 类中的一些属性的值。以上的这种代码风格就是 DSL 风格。

3. 通过 apply()函数对 DSL 代码进行优化

上述 DSL 风格的代码中，扩展函数 address()和 person()还可以进一步通过 Kotlin 中的 apply()

函数进行优化，优化后的代码如下所示：

```
1  fun Person.address(block: Address.() -> Unit) {
2      address= Address().apply(block)
3  }
4  fun person(block: Person.() -> Unit): Person {
5      return Person().apply(block)
6  }
```

11.2 DSL 的使用

在实际开发中，DSL 会在特定的情况下使用，对代码进行优化。在本节我们将通过传统代码与 DSL 代码分别打印 HTML 标签并进行对比来观察 DSL 的优点。

11.2.1 打印简单的 HTML 标签

在 Kotlin 中，通过普通 API 来打印 HTML 中最简单的 "<html></html>" 标签，具体代码如【文件 11-3】所示。

【文件 11-3】Html.kt

```
1  package com.itheima.chapter11
2  //标签对象
3  class Tag(var name: String) {
4      var list = ArrayList<Tag>()
5      //添加子标签
6      fun addChild(tag: Tag) {
7          list.add(tag)
8      }
9      //字符串
10     override fun toString(): String {
11         val sb = StringBuilder()
12         //开始标签
13         sb.append("<$name>")
14         //循环获取子标签并添加到 sb 中
15         list.forEach {
16             sb.append(it)
17         }
18         //结束标签
19         sb.append("</$name>")
20         return sb.toString()
21     }
22 }
23 fun main(args: Array<String>) {
24     val html = Tag("html")
25     println(html)
26 }
```

运行结果：

<html></html>

由于上述代码中的 toString()方法中多次使用变量 sb 容易产生代码冗余，因此为了不多次使用这个变量，也可以使用 DSL 中的 apply()方法将上述代码进行简写，具体代码如【文件 11-4】所示。

【文件 11-4】HtmlDSL.kt

```
1   package com.itheima.chapter11
2   //标签对象
3   class DSLTag(var name: String) {
4       var list = ArrayList<Tag>()
5       //添加子标签
6       fun addChild(tag: Tag) {
7           list.add(tag)
8       }
9       //字符串
10      override fun toString(): String {
11          return StringBuffer().apply {
12              append("<$name>")
13              list.forEach {
14                  append(it.toString())
15              }
16              append("</$name>")
17          }.toString()
18      }
19  }
20  fun main(args: Array<String>) {
21          val html = DSLTag("html")
22          println(html)
23  }
```

运行结果：

<html></html>

11.2.2 打印复杂的 HTML 标签

在 Kotlin 中，可以通过普通 API 打印 "<html><head><title>你好</title></head><body></body> </html>" 这些复杂的 HTML 标签，具体代码如【文件 11-5】所示。

【文件 11-5】HtmlTag.kt

```
1   package com.itheima.chapter11
2   class Html : HtmlTag("html") //Html 标签
3   class Head : HtmlTag("head") //Head 标签
4   class Body : HtmlTag("body") //Body 标签
5   //标签对象
6   open class HtmlTag(var name: String) {
7       var list = ArrayList<HtmlTag>()
8       //添加子标签
9       fun addChild(tag: HtmlTag) {
10          list.add(tag)
11      }
12      //字符串
13      override fun toString(): String {
14          return StringBuffer().apply {
```

```
15              append("<$name>")
16              list.forEach {
17                  append(it.toString())
18              }
19              append("</$name>")
20          }.toString()
21      }
22  }
23  //Title 标签
24  class Title(var title: String) : HtmlTag("title") {
25      override fun toString(): String {
26          return "<title>$title</title>"
27      }
28  }
29  fun main(args: Array<String>) {
30      val html = Html()
31      val head = Head()
32      val title = Title("你好")
33      val body = Body()
34      head.addChild(title)      //将 title 添加到 head 中，顺序不能变
35      html.addChild(head)       //将 head 添加到 html 中
36      html.addChild(body)       //将 body 添加到 html 中
37      println(html)
38  }
```

运行结果：

<html><head><title>你好</title></head><body></body></html>

上述代码中，第 34～36 行代码主要是通过 addChild()方法将对应的标签添加到<head>标签或者<html>标签中，这 3 行代码的顺序不能任意变动，否则容易出现内存泄露。如果使用第 34～36 行的代码来设置对应的标签，则标签的子关系不是很强并且容易出现错误。因此，接下来我们通过 DSL 风格来修改上述代码。修改后的代码如【文件 11-6】所示。

【文件 11-6】HtmlTagDSL.kt

```
1   package com.itheima.chapter11
2   class HtmlDSL : HtmlTagDSL("html")
3   class HeadDSL : HtmlTagDSL("head")
4   class BodyDSL : HtmlTagDSL("body")
5   open class HtmlTagDSL(var name: String) {
6       val list = ArrayList<HtmlTagDSL>()
7       fun addChild(tag: HtmlTagDSL) {
8           list.add(tag)
9       }
10      override fun toString(): String {
11          return StringBuffer().apply {
12              append("<$name>")
13              list.forEach {
14                  append(it.toString())
15              }
16              append("</$name>")
17          }.toString()
18      }
```

```
19  }
20  class TitleDSL : HtmlTagDSL("title") {
21      var title: String? = null
22      override fun toString(): String {
23          return "<title>$title</title>"
24      }
25  }
26  fun html(block: HtmlDSL.() -> Unit): HtmlTagDSL {
27      return HtmlDSL().apply(block)
28  }
29  fun HtmlDSL.head(block: HeadDSL.() -> Unit) {
30      addChild(HeadDSL().apply(block))
31  }
32  fun HeadDSL.title(block: TitleDSL.() -> Unit) {
33      addChild(TitleDSL().apply(block))
34  }
35  fun HtmlDSL.body(block: BodyDSL.() -> Unit) {
36      addChild(BodyDSL().apply(block))
37  }
38  fun main(args: Array<String>) {
39      val result = html {
40          //扩展函数
41          head {
42              title {
43                  title = "你好"
44              }
45          }
46          body {
47          }
48      }
49      println(result)
50  }
```

运行结果：

<html><head><title>你好</title></head><body></body></html>

11.3 Anko 插件

Anko 是一个 DSL，它是用 Kotlin 写的 Android 插件，由 JetBrains 公司开发的。Anko 主要的作用是替代以前用 XML 的方式来生成 UI 布局。大家都知道，Android 界面是通过 XML 来进行布局的，一个应用中通常有多个布局，当程序运行时，XML 被转化为 Java 代码，这就导致程序很耗费资源。由于 Anko 是直接通过 Java 代码来编写布局文件的，不用进行转化，因此使用 Anko 编写 Android 界面的布局会更加简单、快捷。接下来我们通过一个案例来演示 Anko 生成 Android 界面的布局。

首先看一下最熟悉的 XML 方式生成的 UI 布局，布局名称以 main.xml 为例。具体代码如【文件 11-7】所示。

【文件 11-7】main.xml

```
1  <LinearLayout
2      xmlns:android="http://schemas.android.com/apk/res/android"
```

```
3      android:layout_height="match_parent"
4      android:layout_width="match_parent">
5      <EditText
6          android:id="@+id/title"
7          android:layout_width="match_parent"
8          android:layout_heigh="wrap_content"
9          android:hint="@string/title_hint" />
10     <Button
11         android:layout_width="match_parent"
12         android:layout_height="wrap_content"
13         android:text="@string/add" />
14 </LinearLayout>
```

在上述 XML 文件中，主要是放置了 1 个 EditText 控件用于显示一个标题，1 个 Button 控件用于显示一个添加的按钮。

接下来使用 Anko 生成 Android 布局，与传统的 XML 方式进行对比，并在这个布局中绑定 Button 按钮的点击事件。这段代码是在 Android 项目中的 Activity 中添加的，在这里将这个 Activity 命名为 MainActivity，具体代码如【文件 11-8】所示。

【文件 11-8】MainActivity.java

```
1  verticalLayout {
2     var title = editText {
3         id = R.id.title
4         hintResource = R.string.title_hint
5     }
6     button {
7         textResource = R.string.add
8         onClick { view -> {
9             title.text = "Foo"
10         }
11     }
12   }
13 }
```

从上述代码可知，DSL 的一个主要优点是只需很少的时间就可以理解和传达某个领域的详细信息。

11.4 本章小结

本章主要介绍了 Kotlin 中的 DSL，详细讲解了 DSL 程序与 DSL 如何生成 HTML 代码。通过对本章的学习，读者可以掌握 Kotlin 程序中 DSL 的使用方法，读者了解这些内容即可。

【思考题】

1. 请思考如何使用 DSL 生成 HTML 代码。
2. 请思考如何使用 Anko 编写一个布局。

12 Chapter

第 12 章

Kotlin 与 Java 互操作

学习目标
- 掌握在 Kotlin 中调用 Java 代码的方法
- 掌握在 Java 中调用 Kotlin 代码的方法
- 熟悉 Kotlin 与 Java 的操作对比

　　Kotlin 的竞争优势在于它并不是完全隔离 Java 语言，而是与 Java 语言可以进行 100% 的互操作，这些操作包括在 Kotlin 中调用 Java 代码以及在 Java 代码中调用 Kotlin 代码，这样 Kotlin 就可以站在整个 Java 生态巨人的肩上，向着更远大的目标前进。本章我们将针对 Kotlin 与 Java 的互操作进行详细讲解。

12.1 在 Kotlin 中调用 Java

12.1.1 调用 Java 中的 getter/setter 方法

　　一般情况下，在 Kotlin 中操作 Java 中的 Bean 类属性时，程序会自动识别 Bean 类中属性对应的 getter 和 setter 方法，直接通过属性就可以修改对应的私有属性值。接下来我们通过一个案例来演示在 Kotlin 中调用 Java 中的 Bean 类。

1. 创建 Student.java

　　在 IDEA 中创建一个名为 Chapter12 的项目，包名指定为 com.itheima.chapter12，该包用于存放后续案例中创建的文件，接着在该包中创建一个 Student.java 文件。具体代码如【文件 12-1】所示。

【文件 12-1】Student.java

```
1   package com.itheima.chapter12;
2   class Student {
3       private String name;
4       public Student(String name) {
5           this.name = name;
6       }
7       public String getName() {
```

```
8        return name;
9    }
10   public void setName(String name) {
11       this.name = name;
12   }
13 }
```

上述代码中，在 Student 类中创建了一个字段 name，该字段用于设置学生姓名，并且在这个类中同时创建了 getName()和 setName()方法，这两个方法分别用于获取和设置 Student 中的 name 字段。

2. 创建 SettingName.kt

创建一个 SettingName.kt 文件，在该文件的 main()方法中调用 Java 中创建的 Student 类，具体代码如【文件 12-2】所示。

【文件 12-2】SettingName.kt

```
1  package com.itheima.chapter12
2  fun main(args: Array<String>) {
3      val stu = Student("皮皮")
4      stu.name = "多多"          //直接设置属性值
5      println(stu.name)          //直接通过属性访问
6      stu.setName("乐乐")        //通过 setter 方法设置属性值
7      println(stu.getName())     //通过 getter 方法获取属性值
8  }
```

运行结果：

多多

乐乐

12.1.2 调用 Java 中的@NotNull 注解

在 Java 中任何类型都可以为空，也就是任何引用都可能是 Null，但是在 Kotlin 中却需要明确指定某个类型为空或者为非空，如果为非空时，则传递 Null 时程序会报错；如果为空时，则可以传递 Null。因此如果在 Kotlin 中调用 Java 中的对象时可能会出现空安全的问题，为了解决空安全问题，有以下两种方法。

第 1 种：在 Java 中声明的类型，在 Kotlin 中会被特别对待并称为"平台类型(Platform Type)"，在 Kotlin 中对于这种类型的空检查会放宽，因此它们的安全保存与在 Java 中相同，在调用该类型的方法时可以加上空安全调用符。

第 2 种：在 Java 中，给构造方法或者普通方法指定的参数使用@NotNull 注解，强制传入不为空的数据。

接下来我们通过一个案例来演示在 Kotlin 中调用 Java 中的 NotNull 对象。

1. 创建 Person.java

创建一个 Person.java 文件，在该文件中创建两个字段，分别是 name 和 age，name 表示的是名字，age 表示的是年龄。具体代码如【文件 12-3】所示。

【文件 12-3】Person.java

```
1  package com.itheima.chapter12;
2  import com.sun.istack.internal.NotNull;
3  public class Person {
```

```
4      private String name;
5      private int age;
6      public Person(@NotNull String name, int age) {
7          this.name = name;
8          this.age = age;
9      }
10     public String getName() {
11         return name;
12     }
13     public void setName(String name) {
14         this.name = name;
15     }
16     public int getAge() {
17         return age;
18     }
19     public void setAge(int age) {
20         this.age = age;
21     }
22 }
```

2. 创建 Main.kt

创建一个 Main.kt 文件，在该文件中调用 Person 中的构造方法并设置对应参数的值。具体代码如【文件 12-4】所示。

【文件 12-4】Main.kt

```
1 package com.itheima.chapter12
2 fun main(args: Array<String>) {
3     var person = Person("皮皮", 20)
4     println(person.name)
5     println(person.name?.length) //使用空安全调用符调用
6 }
```

运行结果：

皮皮

2

在上述代码中，Person 的构造方法中传递的参数 name 前添加了@NotNull 注解，该注解强制传递的 name 参数不为 Null，如果在调用构造方法赋值的过程中传递的 name 参数为 Null 时，编译器会报错。并且在上述第 5 行代码中，在使用 name?.length 时添加了空安全调用符，防止出现异常。

12.1.3 调用 Java 中的静态成员

在 Java 中，静态成员在编译时会生成该类的伴生对象，因此在 Kotlin 中可以直接以显示的方式访问 Java 中的静态成员。接下来我们通过一个案例来演示在 Kotlin 中访问 Java 中的静态成员。

1. 创建 JavaStatic.java

创建一个 JavaStatic.java 文件，并在该文件中创建一个静态成员变量 name，与一个静态方法 sayHello()，具体代码如【文件 12-5】所示。

【文件 12-5】JavaStatic.java

```
1  package com.itheima.chapter12;
2  public class JavaStatic {
3      public static String name = "皮皮";  //创建静态变量 name
4      public static void sayHello() {      //创建静态方法 sayHello()
5          System.out.println("Hello World");
6      }
7  }
```

2. 创建 KotlinStatic.kt

创建一个 KotlinStatic.kt 文件，直接访问 JavaStatic 类中的静态成员变量和方法，具体代码如【文件 12-6】所示。

【文件 12-6】KotlinStatic.kt

```
1  package com.itheima.chapter12
2  fun main(args: Array<String>) {
3      JavaStatic.name
4      JavaStatic.sayHello()
5  }
```

运行结果：

Hello World

12.1.4 SAM 转换

在 Kotlin 中，函数可以作为参数来使用，但是在 Java 中不支持函数作为参数这种形式。通常在 Java 中，如果需要实现这一功能，则需要将实现这个功能的动作放在接口的实现类中，然后将这个实现类的实例传递给其他方法。

在 Java 中，只有一个抽象方法的接口被称为 SAM（Single Abstract Method）类型接口，即函数式接口，如 Runnable 接口。Kotlin 支持 SAM 转换。接下来我们通过一个案例来演示 SAM 的转换。

1. 创建 SAM.java

创建一个 SAM.java 文件，在该文件中创建一个 SAM 类，这个类中定义一个接口 Listener，在该接口中设置一个方法 onClick()，具体代码如【文件 12-7】所示。

【文件 12-7】SAM.java

```
1  package com.itheima.chapter12;
2  public class SAM {
3      private Listener listener;
4      public void setListener(Listener listener) {
5          this.listener = listener;
6      }
7      interface Listener {
8          void onClick(String s);
9      }
10 }
```

2. 创建 SAM.kt

创建一个 SAM.kt 文件，在这个文件中使用 SAM 转换来实现 Java 中的接口，具体代码如

【文件 12-8】所示。

【文件 12-8】SAM.kt

```
1   package com.itheima.chapter12
2   fun main(args: Array<String>) {
3       val sam = SAM()
4       //Kotlin 中正常调用接口
5       sam.setListener(object : SAM.Listener {
6           override fun onClick(s: String?) {
7           }
8       })
9       //使用 SAM 转换调用接口
10      sam.setListener(SAM.Listener {
11      })
12      //SAM 转换也可以简写为以下形式
13      sam.setListener {
14      }
15  }
```

注意

SAM 转换的适用条件

（1）SAM 转换只适用于接口，而不适用于抽象类，即使这些抽象类中也只有一个抽象方法。

（2）SAM 转换只适用于与 Java 进行互操作，由于 Kotlin 中有合适的函数类型，因此不需要将函数自动转换为 Kotlin 接口来实现。

12.2　在 Java 中调用 Kotlin

12.2.1　调用 Kotlin 中的包级函数

在 Kotlin 的包中直接声明的函数被称为包级函数，这些函数在编译时最终会生成一个静态的函数，在 Java 中调用该函数有两种形式，具体如下。

● 在编译时，包级函数会生成一个静态函数，包级函数所在的文件会生成一个名为 "文件名 Kt" 的类，因此调用包级函数通过 "文件名 Kt.函数名()" 的形式即可。

● 如果想要编译包级函数的类名（改成与 Java 类名类似），则需要在 Kotlin 文件中上方添加 @file:JvmName("类名")注解。括号中的类名可以自己定义。

接下来我们通过一个案例来演示如何在 Java 中调用 Kotlin 中的包级函数。

1. 创建 PacketFunction.kt

创建一个 PackageFunction.kt 文件，在该文件中创建一个包级函数 add()，具体代码如【文件 12-9】所示。

【文件 12-9】PackageFunction.kt

```
1   @file:JvmName("Function")
2   fun add(a: Int, b: Int): Int = a + b   //包级函数(顶层函数)
```

在上述代码中，第 1 行代码中的注解表示将该文件的类名设置为 Function，同时在该文件中创建了一个包级函数 add()，该函数返回两个参数的和。

 注 意

带有@file:JvmName("类名")注解的 kotlin 文件不能放到包目录中，否则会出现 this annotation is not applicable to target 'top level function' and use site target"@file"的错误信息。

2. 创建 PacketFunction.java

在 PackageFunction.kt 文件的同级目录中创建一个 PacketFunction.java 文件，在该文件中调用【文件 12-9】中的包级函数 add()，具体代码如【文件 12-10】所示。

【文件 12-10】PacketFunction.java

```
1   public class PacketFunction {
2       public static void main(String[] args) {
3           //PackageFunction.kt 文件未添加注解时，调用 add()函数
4           //int result = PackageFunctionKt.add(10, 20);
5           //PackageFunction.kt 文件添加注解时，调用 add()函数
6           int result = Function.add(10, 20);
7           System.out.println(result);
8       }
9   }
```

运行结果：

30

如果【文件 12-9】中不添加@file:JvmName("Function")注解，则 PacketFunction.kt 文件在编译时会生成一个 PackageFunctionKt 类，该文件中的包级函数 add()在编译时会生成一个静态函数 add()，因此在 Java 中可以通过上述第 4 行代码的方式来调用 add()函数。如果【文件 12-9】中添加@file:JvmName("Function")注解，则需要通过上述第 6 行代码来调用 add()函数。

 注 意

在 Java 中不能通过 new 关键字来创建 Kotlin 中编译后生成的 PackageFunctionKt 类的对象。

12.2.2 调用 Kotlin 中的实例字段

在 Kotlin 中，调用某个类的字段时，都需要通过点的方式来调用。对于 Java 来说，则需要通过 getXX()方法和 setXX()方法来获取与设置字段的值，这是因为在 Kotlin 类中的字段编译时最终会生成 Java 代码中的 getXX()方法和 setXX()方法。如果想要 Kotlin 类中的字段编译后生成的字段不用 private 关键字来修饰而是通过 public 关键字来修饰，则需要在 Kotlin 类中的该字段上方添加@JvmField 注解，此时在 Java 代码中可以通过点的方式来访问 Kotlin 中类的字段。接下来我们通过一个案例来演示一下在 Java 代码中调用 Kotlin 中的字段。

1. 创建 Field.kt

创建一个 Field.kt 文件，在该文件中创建一个 Person 类，并在该类中创建两个字段，分别是 name 和 age。具体代码如【文件 12-11】所示。

【文件 12-11】Field.kt

```
1   package com.itheima.chapter12;
2   class people{
```

```
3      @JvmField
4      var name = "张三"
5      var age = 20
6  }
```

上述代码中，给 name 字段添加了 @JvmField 注解，这个注解主要可以使 name 字段在 Java 中以点的方式进行访问。

2. 创建 Field.java

创建名为 Field 的 Java 文件，在该类中的 main()函数中来调用【文件 12-11】中的字段。具体代码如【文件 12-12】所示。

【文件 12-12】Field.java

```
1  package com.itheima.chapter12;
2  public class Field {
3      public static void main(String[] args) {
4          People people = new People();
5          people.name = "李四";
6          people.setAge(10);
7          System.out.println("姓名: "+people.name);
8          System.out.println("年龄: "+people.getAge());
9      }
10 }
```

运行结果：

姓名：李四

年龄：10

从上述代码可以看出，第 5 行代码是通过 person.name 的形式访问 Kotlin 中字段的，而访问 age 字段时，必须要通过 setAge()与 getAge()的方式。

12.2.3　调用 Kotlin 中的静态字段和方法

在 Java 中，静态方法和字段可以通过 static 关键字来修饰，调用时直接通过"类名.成员名"的方式进行访问。在 Kotlin 中没有 static 关键字，只能通过伴生对象的方式将字段或者方法设置为静态的。如果想要将 Kotlin 对象中的一些属性和方法设置为静态的，则可以将它放入伴生对象中，在 Java 中调用时可以通过"类型.成员"或者"类名.伴生对象.成员"的方式进行访问。接下来我们通过一个案例来演示如何在 Kotlin 中调用静态字段和方法，并在 Java 中通过一定的方式进行调用这些字段和方法。

1. 创建 Static.kt

创建一个 Static.kt 文件，在该文件中创建一个 Department 类并在这个类中创建一个名为 Fruit 的伴生对象，在该伴生对象中创建一个静态字段 name。具体代码如【文件 12-13】所示。

【文件 12-13】Static.kt

```
1  package com.itheima.chapter12
2  class Department {
3      companion object Fruit {
4          var name = "Apple" //静态的
5          @JvmStatic
6          fun sayHello() {
```

```
7              println(name)
8          }
9      }
10 }
```

上述代码中，在伴生对象 Fruit 中创建了一个静态字段 name，同时也通过@JvmStatic 注解创建了一个静态方法 sayHello()。在 Kotlin 中，可以将命名对象（Object 对象）或伴生对象中定义的方法通过@JvmStatic 注解生成一个静态方法。

2. 创建 Static.java

创建一个 Static.java 文件，在该文件中调用【文件 12-13】中的静态字段和方法。具体代码如【文件 12-14】所示。

【文件 12-14】Static.java

```
1  package com.itheima.chapter12
2  public class Static {
3      public static void main(String[] args) {
4          Department.Fruit.setName("Pea"); //设置 Kotlin 中的静态字段
5          Department.Fruit.getName();       //获取 Kotlin 中的静态字段
6          Department.Fruit.sayHello();      //调用 Kotlin 中的静态函数
7          Department.sayHello();            //调用 Kotlin 中的静态函数
8      }
9  }
```

运行结果：

Pea

Pea

从上述代码可以看出，在 Java 中可以通过"类名.伴生对象名.getXX()/setXX()"的方式来访问 Kotlin 中的静态字段，通过"类名.伴生对象.静态方法"或"类名.静态方法"的方式来访问 Kotlin 中的静态方法。

12.2.4 调用 Kotlin 中的集合类

Kotlin 中 List 和 MutableList 是映射到 Java 中的 List，同样 Map 和 Set 也是一样的，需要注意的是 Kotlin 中通过 listof()方法创建的集合是不能添加和删除元素的。接下来我们通过一个案例来演示在 Java 中调用 Kotlin 中创建的一个 List 集合并修改集合中的元素。

1. 创建 List.kt

创建一个 List.kt 文件，在该文件中创建一个 getList()方法，该方法的返回值是一个集合，这个集合是通过 listof()方法创建的。具体代码如【文件 12-15】所示。

【文件 12-15】List.kt

```
1  package com.itheima.chapter12
2  fun getList():List<String>{
3      return listOf("张三","李四","王五")
4  }
```

2. 创建 ModifyList.java

创建一个 ModifyList.java 文件，在该文件中的 main()方法中通过调用 Kotlin 中创建的 getList()方法来获取 List 集合并修改集合中的元素。具体代码如【文件 12-16】所示。

【文件 12-16】ModifyList.java

```
1  package com.itheima.chapter12;
2  import java.util.List;
3  public class ModifyList {
4      public static void main(String[] args) {
5          List<String> list = ListKt.getList();     //映射到 Java 的 List
6          list.set(2, "周七");          //修改集合中索引为 2 的元素值为周七
7          for (int i = 0; i < list.size(); i++) {
8              System.out.println(list.get(i));
9          }
10     }
11 }
```

运行结果：

张三

李四

周七

在上述代码中，通过 set()方法将 list 集合中的索引为 2 的元素修改为周七，从运行结果可以看出已经修改成功。

需要注意的是，Java 中可以通过 add()方法向集合中添加或修改元素，但这里不能这样写，否则在运行时会报错。

12.2.5　显式申明 Kotlin 中的异常

在 Kotlin 中抛出一个异常，在 Java 中调用该异常所在的方法时，编译器不会提示有异常需要处理。如果想要在 Java 编译器中提示有异常，则需要在 Kotlin 中抛出异常的方法上方添加一个@Throws(Exception::class)注解。接下来我们通过一个案例来演示显示申明 Kotlin 中的异常。

1. 创建 Exception.kt

创建一个 Exception.kt 文件,在该文件中创建一个 Calculation 类,在该类中定义一个 divide()方法实现两个数的除法运算。具体代码如【文件 12-17】所示。

【文件 12-17】Calculation.kt

```
1  package com.itheima.chapter12
2  class Calculation {
3      //提示处理 Kotlin 异常
4      @Throws(Exception::class)
5      fun divide(a: Int, b: Int) {
6          if (b == 0) {
7              throw Exception("出现了异常")
8          }
9          val result = a / b
10         println(result)
11     }
12 }
```

上述代码中，当 divide()方法中传递的参数 b 为 0 时，程序会抛出一个异常，同时在该方法的上方添加了@Throws(Exception::class)注解，添加这个注解是为了在 Java 中调用这个方法时编译器会提示有异常。

2. 创建 ExceptionDemo.java

创建一个 Exception.java 文件，在该文件中调用【文件 12-17】中的 divide()方法，具体代码如【文件 12-18】所示。

【文件 12-18】Exception.java

```
1  package com.itheima.chapter12;
2  public class Exception extends Throwable {
3      public static void main(String[] args) {
4          Calculation calc = new Calculation();
5          try {
6              calc.divide(10, 0);
7          } catch (Exception e) {
8              e.printStackTrace();
9          }
10     }
11 }
```

运行结果：

Exception in thread "main" java.lang.Exception: 出现了异常

    at com.itheima.chapter12.Calculation.divide(Exception.kt:7)

    at com.itheima.chapter12.Exception.main(Exception.java:6)

在上述代码中，调用 divide()方法时，由于编译器提示此处需要处理一个异常，因此添加了 try…catch 语句。如果【文件 12-17】中的 divide()方法上方不添加@Throws(Exception::class) 注解，此时调用 divide()方法，编译器不会提示这个异常，但是在程序运行时会抛出这个异常。

12.2.6　关键字冲突的互操作

一些 Kotlin 关键字在 Java 中是最优先的标识符，例如 in、Object、is 等。如果在 Java 中使用了 Kotlin 中的关键字作为一个方法的名称，则可以通过反引号字符转义来调用。接下来我们通过一个案例来演示在 Kotlin 中如何处理关键字冲突的互操作。

1. 创建 Keyword.java

创建一个 Keyword.java 文件，在该文件中创建一个 is()方法。具体代码如【文件 12-19】所示。

【文件 12-19】Keyword.java

```
1  package com.itheima.chapter12
2  public class Keyword {
3      public boolean is(Object o) {
4          return true;
5      }
6  }
```

2. 创建 Keyword.kt

创建一个 Keyword.kt 文件，在该文件中调用 Java 中创建的 is()方法。具体代码如【文件 12-20】所示。

【文件 12-20】Keyword.kt

```
1  package com.itheima.chapter12
2  fun main(args: Array<String>) {
```

```
3        var key = Keyword()
4        var result = key.`is`("Hello")   //通过反引号调用 is()方法
5        println(result)
6    }
```

运行结果：

true

在上述代码中，由于在 Kotlin 中 is 是关键字，如果想要调用 is()方法，则需要通过反引号来实现。

12.3　Kotlin 与 Java 中的操作对比

12.3.1　语法格式对比

在之前内容中，我们已经介绍了 Java 与 Kotlin 互操作的基本方式。为了更好地了解 Java 与 Kotlin 语言，本小节我们将通过使用 Java 与 Kotlin 来实现一些基本功能，以横向对比来直观地看出这两种语言的异同。

1．打印语句

在 Java 和 Kotlin 中，换行与不换行打印的语句对比的具体代码如下所示：

（1）Java 代码

（2）Kotlin 代码

```
System.out.print("java");
System.out.println("java");
```

```
print("kotlin")
println("kotlin)
```

上述代码中，不换行打印语句使用的方法是 print()，换行打印语句使用的方法是 println()。

2．常量与变量

在 Java 与 Kotlin 中，创建常量与变量的具体代码如下所示：

（1）Java 代码

（2）Kotlin 代码

```
String name = "张三";
final String name = "张三";
```

```
var name = "张三"
val name = "张三"
```

上述代码中，在 Java 中创建一个变量直接用"变量类型 类型名"即可，创建一个常量需要使用 final 关键字。在 Kotlin 中创建一个变量使用 var 关键字，创建一个常量使用 val 关键字。

3．null 的声明

在 Java 和 Kotlin 中，null 声明的具体代码如下所示：

（1）Java 代码

（2）Kotlin 代码

```
String otherName;
otherName = null;
```

```
var otherName:String?
otherName = null
```

上述代码中可以看出，给变量申明值为 null 时，在 Java 中直接将变量赋值为 null 即可，在 Kotlin 中首先需要通过"?"设置该变量的值可以为 null，然后才可以将该变量设置为 null。

4．空判断

Java 与 Kotlin 中对文本信息进行空判断的具体代码如下所示：

（1）Java 代码

（2）Kotlin 代码

```
if(text != null){
    int length = text.length();
}
```

```
text?.let{
    val length = it.length
}
```

上述代码中，在 Java 中通过"!="来判断文本信息 text 是否为 null，在 Kotlin 中通过"?."的形式来判断文本信息 text 是否为 null。

5. 换行

在 Java 中，进行字符串换行需要通过"\n"来实现，具体代码如下所示：

```
String text = "FirstLine\n" + "secondLine\n" + "ThirdLine";
```

在 Kotlin 中，进行字符串换行需要将字符串换行并且该字符串前方需加上"|"，具体代码如下所示：

```
val text = """
        |FirstLine
        |SecondLine
        |ThirdLine""".trimMargin()
```

6. 三元表达式

在 Java 中，三元表达式是通过"(条件表达式)?表达式 1:表达式 2;(若为真输出 1,若为假输出 2)"来实现的。在 Kotlin 中，三元表达式是通过 if…else 条件语句来实现的，具体代码如下所示。

（1）Java 代码

```
int max = a>b?a:b
```

（2）Kotlin 代码

```
val max = if(a>b) a else b
```

7. 操作符

在 Java 和 Kotlin 中的操作符的对比，如表 12-1 所示。

表 12-1　操作符

Java	Kotlin
result = a & b;	result = a and b
result = a | b;	result = a or b
result = a ^ b;	result = a xor b
result = a >> 2;	result = a shr 2
result = a << 2;	result = a shl 2

在表 12-1 中，左边是 Java 对应的操作符，右边是 Kotlin 对应的操作符，这些操作符是一一对应关系。

8. 区间

在 Java 和 Kotlin 中区间的表示方法也是不同的，例如判断一个变量是否在一个区间中的具体代码如下所示：

（1）Java 代码

```
if(score>=0&&score<=300){}
```

（2）Kotlin 代码

```
if(score in 0..300){}
```

9. 多分支判断语句

在 Java 和 Kotlin 中多分支判断语句使用的关键字是不同的，Java 中使用的是 switch 关键字，Kotlin 中使用的是 when 关键字。具体代码如下所示：

（1）Java 代码

```
int a = 1;
switch (a) {
```

（2）Kotlin 代码

```
var a: Int = 1
when (a) {
```

```
case 1:
    break;
case 2:
    break;
}
```

```
1 -> println("你好")
2 -> println("Hello")
}
```

10. for 循环

在 Java 和 Kotlin 的 for 循环语句中循环条件写法不同，具体代码如下所示：

（1）Java 代码

（2）Kotlin 代码

```
for(int i=1;i<=10;i++){}
```

```
for(o in 1..10){}
```

11. 快速创建集合操作

在 Java 和 Kotlin 中分别来创建一个 List 集合和 Map 集合。在 Java 中创建集合的具体代码如下所示：

```
List<String> list = Arrays.asList("张三", "李四", "王五");
Map<String, Integer> map - new HashMap<String, Integer>();
```

在 Kotlin 中创建集合的具体代码如下所示：

```
val list = listOf("张三","李四","王五")
val map = mapOf("Jack" to 10)
```

12. 构造器私有化

在 Java 中，构造器私有化的代码如下所示：

```
class NetManager{
    private NetManager(){}
}
```

在 Kotlin 中，构造器私有化的代码如下所示：

```
class NetManager private constructor(){}
```

13. 静态代码块

在 Java 中静态代码块只需通过 static 关键字来修饰，但是在 Kotlin 中，放置在伴生对象中的代码块就称为静态代码块，具体代码如下所示：

（1）Java 代码

（2）Kotlin 代码

```
static {
System.out.println("代码块");
}
```

```
companion object {
    init {
        println("代码块")
    }
}
```

12.3.2 异常检查对比

在 Kotlin 中，所有异常都是非受检（Non-Checked Exception）的，编译器不会强制捕获其中的任何一个异常。而在 Java 中，编译器会强制要求处理会产生的异常。接下来我们通过一个案例来演示在 Kotlin 中调用 Java 中会产生异常的代码。

1. 创建 ThrowException.java

创建一个名为 ThrowException 的 Java 类，在该类中创建一个 divide()方法，具体代码如

【文件 12-21】所示。

【文件 12-21】ThrowException.java

```
1   package com.itheima.chapter12;
2   public class ThrowException {
3       public static int divide(int a, int b) throws Exception {
4           if (b == 0) {
5               throw new Exception();
6           } else {
7               return a / b;
8           }
9       }
10      public static void main(String[] args) throws Exception {
11          int result = divide(4, 0);
12          System.out.println(result);
13      }
14  }
```

运行结果：

Exception in thread "main" com.itheima.chapter12.Exception

      at com.itheima.chapter12.ThrowException.divide(ThrowException.java:5)

      at com.itheima.chapter12.ThrowException.main(ThrowException.java:11)

从上述代码可以看出，当 b=0 时，a/b 会抛出异常。在 Java 中，编译器会强制要求处理这个异常。

2. 创建 ThrowException.kt

创建一个 ThrowException.kt 文件，在该文件中创建一个 divide()方法，具体代码如【文件 12-22】所示。

【文件 12-22】ThrowException.kt

```
1   package com.itheima.chapter12
2   fun divide(a: Int, b: Int): Int {
3       var result: Int = a / b          //定义一个 result 变量用于存放 a/b 的值
4       return result                    //将结果返回
5   }
6   fun main(args: Array<String>) {
7       var result = divide(5, 0)        //调用 divide()方法
8       println(result)
9   }
```

运行结果：

Exception in thread "main" java.lang.ArithmeticException: / by zero

      at com.itheima.chapter12.ThrowExceptionKt.divide(ThrowException.kt:3)

      at com.itheima.chapter12.ThrowExceptionKt.main(ThrowException.kt:7)

根据上述代码的运行结果可知，在 Kotlin 中，调用 divide()方法时，虽然编译器不会强制要求处理这个异常，但是运行该程序时会报异常。

12.3.3 可变参数对比

在程序中可以向一个函数传递多个参数，此时这个函数的参数可以用可变参数来表示。Kotlin

和 Java 中都有可变参数，只是表示方式不太一样。在 Java 中用 "..." 表示可变参数，在 Kotlin 中用 vararg 关键字来表示可变参数，这些可变参数传递到函数中后都是一个数组。接下来我们通过两个案例来分别演示在 Java 中和 Kotlin 中的可变参数的使用。

1. Java 中可变参数的使用

在 Java 中，将可变参数传递到函数中并求和，具体代码如【文件 12-23】所示。

【文件 12-23】Params.java

```java
1  package com.itheima.chapter12;
2  public class Params {
3      public static void main(String[] args) {
4          int result = sum(10, 20, 30);
5          System.out.println(result);
6      }
7      public static int sum(int... params) {
8          int result = 0;
9          for (int i = 0; i < params.length; i++) {
10             result += params[i];
11         }
12         return result;
13     }
14 }
```

运行结果：

60

2. Kotlin 中可变参数的使用

在 Kotlin 中，将可变参数传递到函数中并求和，具体代码如【文件 12-24】所示。

【文件 12-24】Params.kt

```kotlin
1  package com.itheima.chapter12
2  fun main(args: Array<String>) {
3      println(sum(10, 20, 30))
4  }
5  fun sum(vararg params: Int): Int {
6      var result = 0
7      params.forEach {
8          result += it
9      }
10     return result
11 }
```

运行结果：

60

12.3.4　类的 class 对象对比

在 Java 中，获取一个类的 class 对象有两种方式，这两种方式如下所示：

第 1 种方式：类.class
第 2 种方式：类的对象.getClass()

在 Kotlin 中，获取一个类的 class 对象也有两种方式，这两种方式如下所示：

```
第 1 种方式：val clz1 = 类::class.java
第 2 种方式：val clz2 = 类的对象.javaClass
```

Kotlin 中的第 1 种方式对应 Java 中的第 1 种方式，Kotlin 中的第 2 种方式对应 Java 中的第 2 种方式。

在 Java 中，.class 在编译阶段已经确定了类型，getClass()则是在运行阶段才能确定它的类型。同样在 Kotlin 中，对应的::class.java 与.javaClass 的区别与 Java 中是一样的。接下来我们通过一个案例来观察.class 与 getClass()获取的类的 class 对象是否是一样的，具体代码如【文件 12-25】所示。

【文件 12-25】ObjectDemo.java

```java
1   package com.itheima.chapter12;
2   public class ObjectDemo {
3       public static void main(String[] args) {
4           Animal animal = new Dog();
5           System.out.println(Animal.class.getName());      //输出 Animal
6           System.out.println(animal.getClass().getName()); //输出 Dog
7       }
8       static class Animal {
9       }
10      static class Dog extends Animal {
11      }
12  }
```

运行结果：

com.itheima.chapter12.ObjectDemo$Animal

com.itheima.chapter12.ObjectDemo$Dog

根据上述代码的第 5、6 行与该程序的运行结果可知，.class 在编译时已经确定了类型是 Animal，而 getClass()在编译时没有确定类型，在运行时才确定了它的类型为 Dog。

在 Kotlin 中可以使用::class.java 或者.javaClass 进入 Java 的反射类 java.lang.Class，之后可以使用 Java 中的反射功能特性。

12.3.5 成员控制权限对比

在 Kotlin 和 Java 中的属性用不同的关键字来修饰会控制属性的权限，接下来我们将针对这几个关键字进行详细的讲解。

1. Java 中的权限控制

在 Java 中有以下几个关键字来修饰创建的成员或类，并指定这些成员或类的控制权限。

• private（当前类访问级别）：如果类的成员被 private 访问控制符来修饰，则这个成员只能被该类的其他成员访问，其他类无法直接访问。类的良好封装就是通过 private 关键字来实现的。

• default（包访问级别）：如果一个类或者类的成员不使用任何访问控制符修饰，则称它为默认访问控制级别，这个类或者类的成员只能被本包中的其他类访问。

• protected（子类访问级别）：如果一个类的成员被 protected 访问控制符修饰，那么这个成员既能被同一包下的其他类访问，也能被不同包下该类的子类访问。

• public（公共访问级别）：这是一个最宽松的访问控制级别，如果一个类或者类的成员被

public 访问控制符修饰，那么这个类或者类的成员能被所有的类访问，不管访问类与被访问类是否在同一个包中。

接下来我们通过一个表将这四种访问级别更加直观地表示出来，如表 12-2 所示。

表 12-2 访问控制级别

访问范围	private	default	protected	public
同一类中	√	√	√	√
同一包中		√	√	√
子类中			√	√
全局范围				√

2. Kotlin 中的权限控制

在 Kotlin 中也有 4 个关键字来修饰创建的成员和类，其中 private、public、protected 这 3 个关键字与 Java 中是一样的，不过 Kotlin 中多了一个 Internal 关键字。

● Internal（包访问级别）：主要指的是一个包的权限，也就是在同一个包中可以使用。

12.3.6 默认参数函数对比

在 Kotlin 中，创建一个带有默认参数值的函数时，程序会对每个有默认值的参数生成一个重载函数，在 Kotlin 中调用该函数时，可以传递有默认值的参数，也可以不用传递，但是在 Java 中调用时，必须传递所有参数。接下来我们通过一个案例来演示在 Kotlin 中和 Java 中调用有默认值参数的函数。

1. 创建 NetManager.kt

创建一个 NetManager.kt 文件，在该文件中创建一个有默认值参数的函数 sendRequest()。具体代码如【文件 12-26】所示。

【文件 12-26】NetManager.kt

```
1  package com.itheima.chapter12
2  class NetManager {
3      //有默认值参数的函数
4      fun sendRequest(path: String, method: String = "GET") {
5          println("发送请求,请求方式=$method 路径=$path")
6      }
7  }
8  fun main(args: Array<String>) {
9      val manager = NetManager()
10     //传递一个 path 参数
11     manager.sendRequest("http://www.baidu.com")
12     //传递一个 path 参数和一个 method 参数
13     manager.sendRequest("http://www.baidu.com", "POST")
14 }
```

运行结果：

发送请求，请求方式=GET 路径=http://www.baidu.com

发送请求，请求方式=POST 路径=http://www.baidu.com

上述代码中，创建了一个 NetManager 类，并在该类中创建了一个 sendRequest() 函数，这个函数中有两个参数，分别为 path、method，并为 method 这个参数设置了一个默认值 GET。

由于在 Kotlin 中,程序对有默认值参数的函数都会生成一个重载函数,因此在调用 sendRequest()
函数时，可以只传递一个 path 参数或者同时传递 path 和 method 两个参数。从运行结果可以看
出，在调用 sendRequest()函数时，只传递一个 path 参数，此时程序默认的 method 参数的值
就为 GET。

2. 创建 OverLoad.java

创建一个 OverLoad.java 文件，调用【文件 12-26】中 NetManager 类中的 sendRequest()
方法。具体代码如【文件 12-27】所示。

【文件 12-27】OverLoad.java

```
1  package com.itheima.chapter12;
2  public class OverLoad{
3      public static void main(String[] args){
4          NetManager manager=new NetManager();
5          //必须传递 sendRequest()方法中所有的参数
6          manager.sendRequest("http://www.baidu.com","GET");
7      }
8  }
```

运行结果：

发送请求，请求方式=GET 路径=http://www.baidu.com

根据上述代码可知，在 Java 中调用 Kotlin 中有默认参数的函数时，必须传递该函数中的所
有参数。

12.4 本章小结

本章主要介绍了 Kotlin 与 Java 的互操作，详细地介绍了在 Kotlin 中如何调用 Java 代码以
及在 Java 代码中如何调用 Kotlin 代码，通过对本章的学习，读者可以掌握这两种语言的互操作，
能更好地运用这两种语言实现更强大的功能。

【思考题】
1. 请思考在 Kotlin 中如何调用来自 Java 中的 null。
2. 请思考在 Java 中如何调用 Kotlin 中的包级函数。

13
Chapter

第 13 章

时钟

学习目标
- 掌握 Kotlin 中实现 JS 项目环境的搭建方法
- 掌握 Kotlin 中绘制图形的基本元素的方法
- 学会如何在 Kotlin 中绘制一个时钟

在 Kotlin 中，可以不需要掌握任何 JavaScript（JS）知识，直接开发前端项目，这个是 Kotlin 的优势，只要 JS 可以实现的功能，Kotlin 都可以实现。在前端开发中，通过 Canvas 可以绘制各种形状的图形。本章我们将通过 Kotlin 代码调用 Canvas 库来实现时钟项目。

13.1 时钟项目简介

Kotlin 从 1.1.4 版本开始支持前端开发，现在不需要掌握 JavaScript，只需要编写 Kotlin 代码就可以开发前端项目。Kotlin 编写 JS 需要引用 kotlin2js 插件。接下来我们通过一个时钟案例来演示如何使用 Kotlin 编写 JS。

13.1.1 项目概述

本项目主要是通过 Kotlin 代码代替 JS 代码来实现一个时钟的效果。这个时钟的秒针、分针、时针都可以随着时间的推移进行移动，如图 13-1 所示。

图13-1 时钟

总结

Kotlin 与 JS 对比

JS是一种动态语言，有很多不可控因素，同时它的代码写起来也比较麻烦。而使用Kotlin语言可以在开发者不掌握任何 JS 语法的情况下开发 Web 前端应用，简洁高效。

13.1.2 开发环境

操作系统：
- Windows 系统

开发工具：
- JDK 8
- IDEA 2017.3.1

13.2 创建时钟项目

13.2.1 创建项目

1. 创建项目

在 IDEA 中，创建一个 Gradle 项目名为 Clock，将项目的包名设置为 com.itheima.clock。在创建项目时，左侧需要选择【Gradle】，右侧则选择【Kotlin（JavaScript）】选项，如图 13-2 所示。

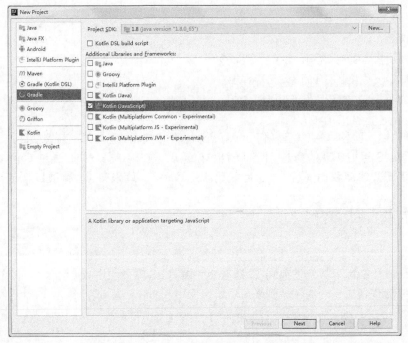

图13-2 "New Project" 窗口

2. 配置 build.gradle 文件

创建完这个项目之后，接着对这个项目中的 build.gradle 文件进行配置。由于 Kotlin 开发 JS 的原理就是将 Kotlin 代码最终翻译为 JS 代码，因此需要在 build.gradle 文件中添加一些配置来达到这个转化效果。在 build.gradle 文件中添加的具体代码如下：

```
1   /*配置 kotlin 开发 js 代码*/
2   compileKotlin2Js.doLast {
3       configurations.compile.each { File file ->
4           copy {
5               includeEmptyDirs = false
6               from zipTree(file.absolutePath)
7               into "${projectDir}/web"
```

```
8              include { fileTreeElement ->
9                  def path = fileTreeElement.path
10                 path.endsWith(".js") && (path.startsWith
11                 ("META-INF/resources/") || !path.startsWith("META-INF/"))
12             }
13         }
14     }
15 }
16 /*将 kotlin 代码转换为 js 代码的任务*/
17 compileKotlin2Js { kotlinOptions.outputFile = "${projectDir}/web/app.js" }
```

上述代码中的 compileKotlin2Js 是一个 gradle 任务，这个任务是将 Kotlin 代码转化为 JS 代码，同时这个任务在"Gradle projects"窗口中 Tasks 文件夹下方的 other 文件夹中可以看到，具体如图 13-3 所示。

选中 Clock 项目名称，在项目中创建一个 web 文件夹，这个文件夹主要用于存放运行任务生成的 JS 文件。接下来我们通过一个例子来看一下任务 compileKotlin2Js 是否能执行成功。

图13-3 Gradle projects窗口

3. 创建 Clock.kt 文件

在项目的 kotlin 文件夹中创建一个 Clock.kt 文件，在这个文件中定义一个 main()方法，在该方法中打印"hello"字符串，具体代码如【文件 13-1】所示。

【文件 13-1】Clock.kt

```
1 fun main(args: Array<String>) {
2     println("hello")
3 }
```

创建完 Clock.kt 文件之后，需要双击运行"Gradle projects"窗口中的 compileKotlin2Js 任务，将 Clock.kt 文件中的 Kotlin 代码转化为 JS 代码，第一次运行该任务时耗费的时间比较长，后续再次运行就相对比较快了。运行完该任务之后，打开项目中的 web 文件夹可以看到，这个文件夹中生成了 app.js 和 kotlin.js 文件，其中 kotlin.js 是必须生成的，app.js 是在 gradle 文件中设置 compileKotlin2Js 任务时指定的，将生成的这两个 JS 文件放入 html 文件中就可以显示指定的页面效果。如果运行 compileKotlin2Js 任务时 web 文件夹中生成了 app.js 文件，则说明这个项目已经搭建完成。

13.2.2 初始化画布

如果想要绘制一些基本元素到画布上，则首先需要初始化画布，此时可以在 html 文件中固定画布的宽高，也可以在代码中动态设置画布的宽高，本书使用的是动态形式初始化画布。接下来我们就通过这两种方式来设置画布的宽高。

1. 静态初始化画布

在上一节中运行 compileKotlin2Js 任务时，项目的 web 目录中会生成两个文件，分别是 app.js 和 kotlin.js 文件。如果想要将时钟显示到界面上，只有 JS 文件是不行的，必须还要创建一个 html 网页文件。接下来我们在项目的 web 目录中创建一个 index.html 文件，具体代码如【文件 13-2】所示。

【文件 13-2】index.html

```
1  <!DOCTYPE html>
2  <html lang="en">
3  <head>
4      <meta charset="UTF-8"/>
5      <title>Kotlin 时钟</title>
6      <style>
7      *{
8          margin:0;
9          padding:0;
10     }
11     canvas{
12          background-color:red;
13     }
14     </style>
15  </head>
16  <body>
17      <canvas width="1920" height="1080"/>
18  </body>
19  </html>
```

上述代码中，title 标签中设置的是页面的标题，标题为 Kotlin 时钟，为了避免页面四周有白色的边距，此时通过第 7 ~ 10 行的代码可以将这些白色的内边距和外边距设置为 0。第 11 ~ 13 行代码指定了画布的背景颜色为红色。第 16 ~ 18 行 body 标签中放置了一个画布 canvas，该画布的宽高分别设置为 1920 和 1080。设置完这个 html 文件之后，可以点击 html 文件中右上角的浮动菜单 ，任意选择一个计算机上已安装的浏览器打开，就可以将当前界面显示在浏览器中，此时可以看到浏览器中界面的背景颜色为红色的。

2. 动态初始化画布

【文件 13-2】中画布的宽度和高度的设置是根据计算机的分辨率来设置的，如果计算机的分辨率不是 1920 像素×1080 像素时，此时需要在代码中动态来设置画布的宽高。由于动态修改画布的宽高时实际用的是 JS 代码来进行修改的，因此需要在 Kotlin 中来实现。

首先需要修改【文件 13-2】中第 17 行代码，在该行中设置画布的 id 并去掉画布固定的宽高，修改后的第 17 行代码如下所示：

```
<canvas id="canvas"/>
```

接着需要在 Clock.kt 文件中根据画布的 id 来获取画布并在 Kotlin 代码中动态设置画布的宽度和高度，修改后的 Clock.kt 文件中的具体代码如【文件 13-3】所示。

【文件 13-3】Clock.kt

```
1  import org.w3c.dom.CanvasRenderingContext2D
2  import org.w3c.dom.HTMLCanvasElement
3  import kotlin.browser.document
4  import kotlin.browser.window
5  //根据画布 id 获取画布
6  val canvas= document.getElementById("canvas")as HTMLCanvasElement
7  //获取上下文
8  val ctx = canvas.getContext("2d") as CanvasRenderingContext2D
```

```
9    //获取当前界面的内部宽度和高度
10   val width= window.innerWidth
11   val height= window.innerHeight
12   fun main(args: Array<String>) {
13       //动态获取 canvas 的宽度和高度
14       ctx.canvas.width=width
15       ctx.canvas.height=height
16   }
```

上述代码中，首先根据画布 id 来获取画布之后返回了一个 Element，由于 Kotlin 中对应的 Element 类型比较多，因此需要将返回的 Element 转化为具体的类型。由于这个画布是放置在 html 标签中的，因此需要将返回的 Element 通过 as 关键字转化为 HTMLCanvasElement。

获取完 HTML 标签中的画布之后，还需要对这个画布进行操作。在 Kotlin 代码中不能直接操作 canvas，需要通过 context 上下文来进行操作，通过第 8 行代码来获取上下文，最终会返回一个 RenderingContext 对象，同时也需要将这个对象转化为一个 CanvasRenderingContext2D 的对象。获取完上下文之后，后续对画布进行操作时，只需要通过 ctx.canvas 来进行即可。

第 10、11 行代码主要是通过 window.innerWidth 与 window.innerHeight 来获取当前界面的内部宽度和高度，并在 main()方法中将获取的宽度和高度设置给画布。完成这些代码之后，需要将这个 Kotlin 代码转化为 JS 代码，运行 compileKotlin2Js 任务，会在 web 目录中重新生成 JS 文件，接着将这些 JS 文件添加到 index.html 文件中，在 index.html 文件中的 canvas 标签下方添加如下代码：

```
<script src="kotlin.js"></script>
<script src="app.js"></script>
```

设置完成后，刷新一下上次打开的浏览器界面或者重新打开浏览器界面就可以看到通过 Kotlin 代码来控制界面的宽度和高度的效果。

注意

每次将 Kotlin 中的代码转化为 JS 代码时，必须重新运行 compileKotlin2Js 任务才能在浏览器中看到界面效果。

后续绘制基本元素与时钟时，用到的上下文对象 ctx 都是以本节的方式获取的，为了减少书中的代码量，后续就不用再写获取对象 ctx 的代码，直接使用即可。

在 index.html 文件中设置 script 标签时，不能写成这种形式：< script src="kotlin.js"/>，否则网页上不显示效果。

13.3　绘制基本元素

13.3.1　绘制直线、三角形、矩形

上个小节我们已经学习了如何设置画布的宽高，设置完画布的宽高之后需要在画布上绘制一个时钟，首先需要将画布的颜色设置为透明，接着来分析一下画时钟需要的一些基本要素。时钟的外部是一个圆环，时钟里面由一些指针、文本以及 60 个点组成，其中圆环和指针都是由线条

组成的，60 个点中每个点其实是一个圆形填充。

分析完时钟的基本要素之后，首先需要学习画一些线条，通过使用绘制线条的这些方法来绘制时钟的圆环和指针。接下来我们先在项目的 kotlin 文件夹中创建一个 Line.kt 文件，并在该文件中分别绘制线条、三角形以及矩形。具体代码如【文件 13-4】所示。

【文件 13-4】Line.kt

```kotlin
 1  /**
 2   * 绘制一条线
 3   */
 4  fun drawLine() {
 5      ctx.beginPath()                        //开启一条新的路径
 6      ctx.strokeStyle = "#F00"               //指定线条颜色
 7      ctx.lineWidth = 5.0                    //指定线条的宽度
 8      ctx.moveTo(200.0, 200.0)               //起始点坐标
 9      ctx.lineTo(300.0, 300.0)               //结束点坐标
10      ctx.stroke()                           //绘制线条
11  }
12  /**
13   * 绘制一个三角形
14   */
15  fun drawTraigle() {
16      ctx.beginPath()                        //开启一条新的路径
17      ctx.strokeStyle="#000"                 //指定三角形线条的颜色
18      ctx.lineWidth=3.0                      //三角形线条的宽度
19      ctx.moveTo(200.0,200.0)                //起始点
20      ctx.lineTo(300.0,300.0)                //第 1 条线的终点
21      ctx.lineTo(300.0,200.0)                //第 2 条线的终点
22      ctx.lineTo(200.0,200.0)                //第 3 条线的终点，终点与起点重合
23      ctx.stroke()                           //绘制所有线条
24  }
25  /**
26   * 绘制一个矩形
27   */
28  fun drawRectangle() {
29      ctx.beginPath()                             //开启一条新的路径
30      ctx.rect(20.0, 20.0, 80.0, 40.0)            //设置矩形左上角坐标、宽度和高度
31      ctx.stroke()                                //绘制矩形
32  }
```

上述代码中的 ctx 对象与 13.2.2 小节中创建的 ctx 对象代码一样，在这里可以直接使用，不需要重复编写。在 main()方法中调用 drawLine()方法来绘制一条线，为了不影响创建的其他路径，首先在 drawLine()方法中通过 beginPath()方法开启一条新的路径，接着通过 strokeStyle 属性来设置线条的颜色，lineWidth 属性来设置线条的宽度，moveTo()方法中传递的参数是线条起始位置的坐标，lineTo()方法中传递的参数是线条结束位置的坐标，最后通过 stroke()方法来绘制这条线。

在 drawTraigle()方法中绘制了一个三角形，同样在 drawTraigle()方法中通过 beginPath()方法开启一条新的路径，接着通过 strokeStyle、lineWidth 属性分别设置线条的颜色和宽度。这

个三角形的起始位置是 moveTo()方法中传递的坐标位置，由于三角形的第 1 条线的结束点是第 2 条线的起始点，第 2 条线的结束点是第 3 条线的起始点，因此通过 lineTo()方法来设置这 3 条线的结束点，最后通过 stroke()方法来绘制这 3 条线，并在界面上显示一个三角形。

绘制矩形时也可以通过多次调用 lineTo()方法来绘制，但是这种方式比较烦琐，Kotlin 提供了比较简单便捷的方式——通过 rect()方法来直接绘制一个矩形。在 drawRectangle()方法中，通过 rect()方法来设置矩形的参数，其中该方法中的前两个参数分别是矩形左上角的 x 轴坐标和 y 轴坐标，第 3 个参数传递的是矩形的宽度，第 4 个参数传递的是矩形的高度。

为了在页面上显示绘制的线条，在调用绘制线条的方法之前，需要将 index.html 文件中的背景颜色设置为白色，在【文件 13-2】中的第 12 行，将 "background-color:red;" 修改为 "background-color:white;"，接着在 Clock.kt 文件的 main()方法中调用 drawLine()方法，运行结果如图 13-4 所示。

在 Clock.kt 文件的 main()方法中调用 drawTraigle ()方法，运行结果如图 13-5 所示。

在 Clock.kt 文件的 main()方法中调用 drawRectangle ()方法，运行结果如图 13-6 所示。

图13-4　直线　　　　　　　　图13-5　三角形　　　　　　　　图13-6　矩形

注意

　　Canvas 是有状态的，Canvas 默认是将上一个状态的末尾值与下一个状态的起始值连接起来，如果需要将这两个状态分割开来，则可以调用 beginPath()方法开启一条新的路径。

13.3.2　绘制圆形

由于时钟的圆环其实是通过绘制线条来实现的，因此可以通过学习 13.3.1 小节中的一些绘制线条的方法来绘制一个圆形。接下来我们先在项目中创建一个 Circle.kt 文件，在该文件中创建一个 drawCircle()方法，然后在该方法中绘制一个圆形。具体代码如【文件 13-5】所示。

【文件 13-5】Circle.kt

```
1   import kotlin.math.PI
2   fun drawCircle() {
3       ctx.beginPath()
4       ctx.lineWidth=3.0
5       //设置圆形的参数
6       ctx.arc(100.0, 100.0, 100.0, 0.0, 2 * PI)
7       ctx.stroke()   //绘制圆形
8   }
```

上述代码中，首先通过 beginPath()方法来绘制一条新的路径，接着通过 arc()方法来设置要绘制的圆形，该方法中传递的第 1 个参数是圆心的 x 轴坐标，第 2 个参数是圆心的 y 轴坐标，第 3 个参数是圆的半径（radius），第 4 个参数是圆的起始弧度（startAngle），第 5 个参数是圆的终点弧度（endAngle）。除了上述 5 个参数之外，在 arc()方法中的第 5 个参数后边还可以有一个参数 anticlockwise，这个参数是可选参数，即可以传递也可以不传递，如果这个参数传递为 false 或者不传递，则表示会顺时针来绘制圆形，如果这个参数传递为 true，则表示会逆时针来绘制圆形。设置完圆形的参数之后，通过 stroke()方法来绘制这个圆形。接下来我们在 Clock.kt 文件的 main()方法中调用 drawCircle()方法，看一下绘制成功的圆形效果，具体如图 13-7 所示。

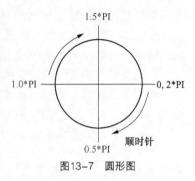
图13-7 圆形图

在图 13-7 中，0、0.5*PI、1.0*PI、1.5*PI、2*PI 表示圆形的弧度，也就是 arc()方法中传递的第 5 个参数，图中有弧度的红色箭头表示这个圆形是通过顺时针来绘制的。

13.3.3 填充图形

无论是线条、三角形、矩形还是圆形，任何形状的外边框都是通过 stroke()方法来绘制的，如果想要填充图形中的封闭区域，则需要通过 fill()方法来实现。stroke()方法绘制的是一条线，而 fill()方法是一个填充，可以填充封闭区域并且通过设置 fillStyle 属性的值来指定填充的颜色。例如，需要绘制的时钟的边框是一个圆环，这个圆环是通过 stroke()方法来绘制的一条线，时针、分针、秒针也是通过 stroke()方法来实现的一条线。每个指针对应的时间点的圆点是通过 fill()方法来实现的填充。

接下来我们通过两个案例来演示填充一个矩形和一个未封闭的图形。

1. 填充封闭的矩形

在 Kotlin 中创建一个 Fill.kt 文件，在该文件中创建一个 fillClosed ()方法，在该方法中绘制一个矩形并将该矩形中的封闭区域填充为黄色。具体代码如【文件 13-6】所示。

【文件 13-6】Fill.kt

```
1  fun fillClosed() {
2      ctx.lineWidth = 6.0          //线条的宽度
3      ctx.strokeStyle = "#000"     //设置边框颜色为黑色
4      ctx.fillStyle = "#FF0"       //设置填充色为黄色
5      ctx.rect(40.0, 40.0, 80.0, 40.0)
6      ctx.stroke()     //绘制矩形
7      ctx.fill()       //填充
8  }
```

上述代码中，通过对 strokeStyle 属性的设置来绘制矩形边框的颜色为黑色，通过对 fillStyle 属性的设置来填充矩形封闭区域的颜色为黄色，通过 rect()方法来设置矩形的一些参数，最后通过 stroke()方法来绘制矩形，同时通过 fill()方法来对矩形进行填充。

在 Clock.kt 文件的 main()方法中调用 fillClosed ()方法，该程序的运行结果如图 13-8 所示。

图13-8 矩形

2. 填充未封闭的图形

如果填充的区域不是封闭的，则 context 会自动将起始点与终点连接成封闭的填充区域，便于进行填充绘制。接下来我们通过 moveTo()和 lineTo()方法来绘制两条线，这两条线并未形成封闭区域，此时 fill()方法会将未封闭的区域填充成封闭的区域。在 Fill.kt 文件中创建一个 fillUnClosed()方法，在该方法中绘制没有形成封闭区域的两条线。具体代码如【文件 13-7】所示。

【文件 13-7】Fill.kt

```
1   ......
2   fun fillUnClosed() {
3       ctx.lineWidth = 6.0
4       ctx.strokeStyle = "#000"      //线条颜色
5       ctx.fillStyle = "#FF0"        //填充颜色
6       ctx.moveTo(50.0, 50.0)
7       ctx.lineTo(100.0, 50.0)
8       ctx.lineTo(100.0, 100.0)
9       ctx.stroke()    //绘制线条
10      ctx.fill()      //绘制填充
11  }
```

在 Clock.kt 文件的 main()方法中调用 fillUnClosed ()方法，该程序的运行结果如图 13-9 所示。

图13-9 未封闭图形

13.3.4 绘制文本

绘制时钟除了需要绘制线条和填充之外，还需要绘制每个时间的文本信息，绘制文本信息主要是通过 drawText ()方法来实现的。文本绘制的具体代码如【文件 13-8】所示。

【文件 13-8】Text.kt

```
1   fun drawText() {
2       ctx.beginPath()              //绘制一条新的路径
3       ctx.font = "20px Arial"      //设置文本的字体与大小
4       ctx.fillText("绘制时钟",400.0,400.0)  //绘制文本信息
5   }
```

上述代码中，通过 fillText ()方法来绘制文本，该方法中的第 1 个参数传递的是文本内容信息，第 2 个参数是文本所在位置的 x 轴坐标，第 3 个参数是文本所在位置的 y 轴坐标。

在 Clock.kt 文件的 main()方法中调用 drawText()方法，运行结果如图 13-10 所示。

图13-10 绘制文本

13.4 绘制时钟

前面几个小节我们讲解了在 KotlinJS 中绘制的一些基本元素，如绘制一条直线、文本信息、圆形等，本节我们将在前面小节的基础上，针对如何绘制一个时钟进行详细讲解。

13.4.1 绘制时钟的圆环

大家都知道，由于时钟的外框是一个圆环，因此首先需要绘制一个时钟的圆环。在 Clock.kt 文件中创建一个 drawBorder()方法来绘制时钟圆环，具体代码如下：

```
1   val radius=100.0
2   fun drawBorder() {
```

```
3        ctx.save()              //保存画布的原始状态
4        ctx.beginPath()         //开启一条新路径
5        ctx.lineWidth=5.0       //指定圆环的宽度
6        //将画布的中心点移动到界面的中心点
7        ctx.translate(width/2.toDouble(),height/2.toDouble())
8        //arc()方法中前 2 个参数是圆环中心的 x 轴与 y 轴的位置
9        ctx.arc(0.0,0.0,radius,0.0,2* PI)
10       ctx.stroke()  //绘制圆环
11   }
```

上述代码中，由于后续会对画布进行旋转，因此首先通过 save()方法保存画布的原始状态，接着通过 beginPath()方法来开启一条新路径，通过 lineWidth 属性来指定圆环的宽度。由于画布（canvas）中的（0，0）坐标是界面的左上角，因此如果想让（0，0）坐标指定为圆环的中心位置，则需要通过 translate()方法来实现。在 translate()方法中传递界面的中心位置坐标就可以将画布的中心点指定到界面的中心点，这样通过 arc()方法绘制的圆环的圆心点位置的坐标就是（0，0），方便后续对时钟其他位置坐标的设置。最后通过 stroke()方法来绘制圆环。

创建完 drawBorder()方法之后，接着在 Clock.kt 文件中创建一个 drawClock()方法，该方法主要用于调用后续创建的绘制时钟的所有方法，在该方法中调用 drawBorder()方法。drawClock()方法的具体代码如下：

```
fun drawClock(){
    drawBorder()
}
```

在 Clock.kt 文件的 main()方法中调用 drawClock()方法，运行结果如图 13-11 所示。

图13-11　时钟圆环

13.4.2　绘制 60 个圆点

时钟有 60 个圆点，这些圆点组成了时间，这些点是一个个圆形的填充。接下来我们在 Clock.kt 文件中创建一个 drawDots()方法，在该方法中来绘制时钟的 60 个圆点。具体代码如下：

```
1    val dotsRange = 0..59                   //0～59 一共有 60 个数据
2    val singleDotsAngle = 2 * PI / 60       //每个点之间的弧度
3    fun drawDots() {
4        //通过 forEach 循环将 60 个点循环绘制出来
5        dotsRange.forEach {
6            ctx.beginPath()                  //开启一个新的路径
7            if (it % 5 == 0) {               //对 5 取余等于 0，说明 it 的值是 5 的整数倍
8                ctx.fillStyle = "#000"       //设置圆点为黑色的
9            } else {
10               ctx.fillStyle = "#ccc"       //设置圆点为灰色的
11           }
```

```
12          //求每个点所在位置的 x 轴的值
13          val x = cos(it * singleDotsAngle) * (radius - 10)
14          //求每个点所在位置的 y 轴的值
15          val y = sin(it * singleDotsAngle) * (radius - 10)
16          //设置每个圆点的一些属性
17          ctx.arc(x, y, 2.0, 0.0, 2 * PI)
18          ctx.fill() //填充一下这个点
19      }
20 }
```

上述代码中，首先创建了两个常量 dotsRange 与 singleDotsAngle，其中 dotsRange 是一个区间，这个区间是 0～59 的数据，每个数据代表时钟的一个点。singleDotsAngle 的值是时钟每个点之间的弧度，由于时钟走一周的弧度为 2*PI，时钟的圆点有 60 个，因此每个点之间的弧度的值为 2 * PI / 60。

在 drawDots()方法中通过 forEach 循环将时钟中的 60 个点循环绘制出来。当圆点的个数是 5 的整数倍时，表示是整点，这些圆点的颜色是黑色的，其余圆点的颜色是灰色的，因此在第 7 行代码中，通过循环的数据对 5 取余等于 0 来判断如何设置这个圆点的颜色。如果对 5 取余等于 0，则该圆点颜色设置为黑色的，否则设置为灰色的。

第 13 行和第 15 行代码分别用于获取时钟每个点所在位置的 x 轴与 y 轴的值，这两个求值方式其实是运用的数学公式，求 x 轴的值用到的数学公式是 Math.cos(rad)*radius，求 y 轴的值用到的数学公式是 Math.sin(rad)*radius。在 IDEA 中，Math.cos()方法与 Math.sin()方法过时了，可以直接使用 cos()方法与 sin()方法来代替。cos()与 sin()方法中传递的参数 rad 是时钟每个点之间的弧度 singleDotsAngle，如果 forEach 循环中的 it 的值为 0 时，则对应的偏移弧度为 0，如果 it 的值为 1 时，对应的偏移弧度为 2 * PI / 60。由于每个点到圆心的距离小于半径 radius，因此公式 Math.cos(rad)*radius 与 Math.sin(rad)*radius 中的 radius 需要减去 10。接下来我们来看一下每个圆点的 x 轴与 y 轴的求值图，具体如图 13-12 所示。

第 17 行中，通过调用 arc()方法来设置每个圆点的一些属性，这个方法中的前 2 个参数传递的分别是圆点所在位置的 x 轴与 y 轴的值，第 3 个参数传递的是圆点的半径，半径设置为 2.0，第 4 个参数传递的是时钟 60 个圆点开始的弧度，这个开始弧度设置为 0.0，第 5 个参数传递的是时钟 60 个圆点的结束弧度，这个结束弧度设置为 2*PI。

在 drawClock()方法中调用 drawBorder()方法的下方调用 drawDots()方法，该程序绘制的 60 个点的效果如图 13-13 所示。

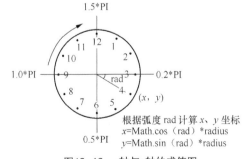

图13-12　x轴与y轴的求值图

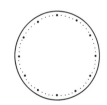

图13-13　60个圆点

13.4.3　绘制时钟的数字

时钟除了有圆环、指针、圆点之外还有文本信息，文本信息就是从 1～12 的 12 个数字，这些数字需要指定具体的大小与位置才可以绘制得比较细致。接下来我们在 Clock.kt 文件中创建一个 drawTexts()方法来绘制时钟的文本信息，具体代码如下：

```
1   //定义一个 array 数组，该数组中存放钟时钟的 12 个数字
2   val array = arrayOf("3", "4", "5", "6", "7", "8", "9", "10",
3                        "11", "12","1", "2")
4   val singleHourAngle = 2* PI/12       //每个文本对应的弧度
5   fun drawTexts() {
6       ctx.beginPath()
7       ctx.fillStyle = "#000"              //设置文字为黑色的
8       //通过 forEachIndexed 循环将数组中的文本信息遍历出来
9       array.forEachIndexed{ index,s->
10          ctx.font = "20px Arial"         //设置文本的大小
11          //设置文本在竖直方向居中
12          ctx.textAlign = CanvasTextAlign.CENTER
13          //设置文本在水平方向居中
14          ctx.textBaseline = CanvasTextBaseline.MIDDLE
15          //获取文本所在位置的 x 轴的值
16          val x = cos(index * singleHourAngle) * (radius - 25)
17          //获取文本所在位置的 y 轴的值
18          val y = sin(index * singleHourAngle) * (radius - 25)
19          ctx.fillText(array[index],x,y)    //绘制文本信息
20      }
21  }
```

上述代码中，首先创建了一个数组 array 和一个常量 singleHourAngle，其中 array 数组中存放的是时钟 1~12 的数字，由于时间为 3 的位置的弧度是 0，因此 array 数组中刚开始的数据设置为 3，方便后续计算每个数字之间的弧度。常量 singleHourAngle 表示的是每个文本之间的弧度，由于时钟的总弧度为 2*PI，有 12 个文本信息，因此每个文本信息之间的弧度为 2* PI/12。

在第 5 行创建了一个 drawTexts()方法，在该方法中通过 forEachIndexed 来循环将 array 数组中的数字遍历出来，由于需要用到数组中每个元素的角标，因此用 forEachIndexed 来遍历该数组。在 forEachIndexed 循环中，通过 font 属性来设置文本的大小与字体，通过 textAlign 与 textBaseline 属性来分别设置文本在水平方向与竖直方向居中。

第 16 行与第 18 行分别获取文本所在位置的 x 轴与 y 轴的值，这两个值的获取与上个小节中获取 60 个圆点所在位置的 x 轴与 y 轴的值是类似的。最后通过 fillText()方法来绘制时钟中的文本信息，该方法中的第 1 个参数传递的是文本信息，第 2 个和第 3 个参数传递的分别是时钟中文本所在位置的 x 轴与 y 轴的值。

在 drawClock()方法中调用 drawDots()方法的下方调用 drawTexts()方法，该程序的运效果如图 13-14 所示。

图13-14　时钟文本

13.4.4　绘制时钟的指针

时钟中的圆环、圆点以及文本已经绘制完成，本小节我们来绘制时钟中的时针、分针以及秒针。这 3 个指针其实都是一条线，只需要设置这条线的粗细即可，其中时针比较粗一些，分针比时针稍微细一些，秒针是最细的。接下来绘制这 3 个指针。

1. 绘制时针

由于时针要根据实际时间进行移动，例如，如果当前时间是 1 点，则时针会移动到 1 点钟位

置, 如果是当前时间是 2 点, 则时针会移动到 2 点钟位置。时针移动到 1 点钟位置的逻辑是首先将画布向逆时针方向移动 30 度, 接着再将画布移动回来, 此时时针就指向 1 点钟位置, 在移动画布之前时针的指向默认是 12 点。

接下来我们在 Clock.kt 文件中创建一个 drawHourLine()方法来绘制时钟的时针。具体代码如下:

```
1  fun drawHourLine(hour: Int,min: Int) {
2     ctx.save()            //保存画布
3     ctx.beginPath()       //开启一条新路径
4     ctx.lineWidth = 7.0  //设置时针的宽度
5     ctx.lineCap=CanvasLineCap.ROUND          //指定末端的样式
6     val hourAngle = hour*singleHourAngle     //根据当前的小时, 计算时针弧度
7     //根据当前的分钟计算时针弧度
8     val minAngle = min/60.toDouble()*singleHourAngle
9     ctx.rotate(hourAngle+minAngle)           //旋转画布
10    ctx.moveTo(0.0, 10.0)                    //时针起始点的坐标
11    ctx.lineTo(0.0, -radius / 2)             //时针结束点的坐标
12    ctx.stroke()
13    ctx.restore()   //恢复原来画布
14 }
```

上述代码中, 由于后续需要旋转画布, 旋转后对时针的其他设置也是有影响的, 因此首先在旋转画布之前将画布的状态通过 save()方法保存, 等到绘制完时针之后再将画布的状态恢复。在 drawHourLine()方法中, 通过 lineWidth 属性来设置时针的宽度, 通过 lineCap 属性来设置指针末端的样式。

上述 rotate()方法用于旋转画布, 该方法中传递的参数是画布旋转的弧度, 如果时针需要指向的是 1 点, 则画布需要旋转的角度是 30 度, 需要指向的是 2 点, 则画布需要旋转的角度是 60 度。rotate()方法中传的是参数是 hour * singleHourAngle, 其中 hour 表示当前的时间, singleHourAngle 是上个小节中绘制文本时计算的弧度。如果当前时间是 9:30, 则时钟的时针会根据分针的时间在 9 点到 10 点的弧度间滑动一部分, 30 分钟时时针移动的弧度为 min/60.toDouble()*singleHourAngle, 然后将这个"弧度+时针的弧度"传递到旋转画布的 rotate()方法中。由于 min/60 中 min<=60, 因此要通过 toDouble()方法将 min/60 最终数据设置为 Double 类型的, 不然 min/60 会为 0, 此时分针使时针移动的弧度就为 0 了, 就没有时针移动的效果了。

第 10 行与第 11 行代码是通过 moveTo()方法与 lineTo()方法来分别设置时针的起始点坐标和结束点坐标, 可以先将时针放在 12 点的方向, 此时时针的起始点的坐标为 (0,10), moveTo()方法中传递的两个参数为 0.0 与 10.0。结束点是 12 点的位置, 因此 lineTo()方法中传递的两个参数是 0.0 与−radius / 2, 如果时针指向向下, 则 y 轴的值为正值, 如果时针指向向上, 则 y 轴的值为负值, 因此 lineTo()方法中传递的第 2 个参数为−radius / 2。

在 drawClock() 方法中调用 drawTexts ()方法的下方调用 drawHourLine (3,0)方法, 该方法中传递的 hour (小时)参数为 3, min (分钟)参数为 0, 该程序的运行效果如图 13-15 所示。

2. 绘制分针

绘制分针与时针的操作比较类似, 在 Clock.kt 文件中创建一个 drawMinLine()方法来绘制分针, 具体代码如下:

图13-15　时钟的效果

```
1   fun drawMinLine(min:Int) {
2       ctx.save()                    //保存画布原有状态
3       ctx.beginPath()
4       ctx.lineWidth=5.0             //设置分针宽度
5       ctx.lineCap=CanvasLineCap.ROUND //设置分针的末端的样式是圆形
6       //旋转画布
7       ctx.rotate(min*singleDotsAngle)
8       ctx.moveTo(0.0,12.0)          //起始点坐标
9       //由于分针比时针要长一点，因此第2个参数的值减去10
10      ctx.lineTo(0.0,-radius/2-10)  //结束点坐标
11      ctx.stroke()                  //绘制分针
12      ctx.restore()                 //恢复画布
13  }
```

在 drawClock()方法中调用 drawHourLine()方法的下方调用 drawMinLine (30)方法，该方法中传递的 min（分钟）参数为 30，此时 drawHourLine()方法中的第 2 个参数也设置为 30，该程序的运行效果如图 13-16 所示。

3. 绘制秒针

秒针的绘制与时针和分针也类似，唯一不同的是秒针的指针是一个类似梯形的形状，并且 4 个角都是椭圆的。秒针是使用填充的方式来完成的。接下来我们在 Clock.kt 文件中创建一个 drawSecLine()方法，在该方法中实现对秒针的绘制，具体代码如下：

```
1   fun drawSecLine(sec:Int) {
2       ctx.save()                    //保存画布状态
3       ctx.beginPath()               //开启一条新路径
4       ctx.fillStyle="#f00"          //设置秒针颜色
5       ctx.rotate(sec*singleDotsAngle) //秒针旋转
6       ctx.moveTo(-2.0, 20.0)        //秒针起始点
7       ctx.lineTo(2.0, 20.0)         //第1个结束点
8       ctx.lineTo(1.0, -radius + 18) //第2个结束点
9       ctx.lineTo(-1.0, -radius + 18) //第3个结束点
10      ctx.fill()                    //绘制秒针
11      ctx.restore()                 //恢复画布
12  }
```

在 drawClock()方法中调用 drawMinLine (30)方法的下方调用 drawSecLine (20)方法，该方法中传递的 sec（秒）参数为 20，此时 drawMinLine()方法中的参数应该设置为"30+20/60"的值，drawHourLine()方法中的第 2 个参数应该设置为"30+20/60"的值，该程序的运行效果如图 13-17 所示。

图13-16 时钟的效果

图13-17 时钟的效果

4. 绘制圆心

由于时钟的圆心是一个灰色的圆形，因此需要在 Clock.kt 文件中创建一个 drawCenter()方

法，在该方法中绘制一个灰色圆心。具体代码如下：

```
1  fun drawCenter() {
2      ctx.beginPath()              //开启一个新路径
3      ctx.fillStyle="#ccc"         //设置填充颜色为灰色
4      ctx.arc(0.0,0.0,7.0,0.0,2* PI)
5      ctx.fill()                   //绘制填充
6  }
```

上述代码中，arc()方法中的第 1、2 个参数分别用于传递该圆心的 *x* 轴坐标和 *y* 轴坐标，这两个坐标都是 0，第 3 个参数传递的是圆心的半径，第 4 个参数传递的是绘制圆心的起始弧度，第 5 个参数传递的是绘制圆心的结束弧度。该方法主要是按照顺时针方向，起始弧度从 0 到 2*PI 绘制一个灰色的圆心。

在 drawClock()方法中调用 drawSecLine ()方法的下方调用 drawCenter ()方法，该程序的运行效果如图 13-18 所示。

图13-18　时钟的效果

13.4.5　设置当前时间

绘制完时钟的基本元素之后，需要在时钟上显示当前时间，因此在 Clock.kt 文件的 drawClock()方法中获取当前时间，并将当前时间分别设置到绘制时钟的时针、分针、秒针的方法中。由于每隔 1 秒，时钟的秒针都会移动一次，因此还需要在 main()方法中定时获取当前时间显示到时钟界面上。在 Clock.kt 文件中添加的具体代码如【文件 13-9】所示。

【文件 13-9】Clock.kt

```
1  ……
2  fun main(args: Array<String>) {
3      ……
4      drawClock()
5      //定时获取时间，修改时钟 函数包裹{}
6      window.setInterval({drawClock()},1000)//定义 1 秒绘制一次
7  }
8  fun drawClock(){
9      //清空画布
10     ctx.clearRect(0.0, 0.0, width.toDouble(), height.toDouble())
11     //获取当前时间
12     val date = Date().asDynamic()       //关闭类型检查
13     val hour = date.getHours()          //获取当前时间的小时
14     val min = date.getMinutes()         //获取当前时间的分钟
15     val sec = date.getSeconds()         //获取当前时间的秒
16     //……省略绘制时钟的方法
17     drawHourLine(hour,min)    //绘制时针
18     drawMinLine(min)          //绘制分针
19     drawSecLine(sec)          //绘制秒针
20     drawCenter()              //绘制圆心
21     ctx.restore()             //恢复画布原来状态
22 }
```

上述代码的 main()方法中，通过 setInterval()方法来定时调用 drawClock()方法，setInterval()方法中传递的第 1 个参数是定时调用的方法，第 2 个参数是间隔的时间，也就是每隔 1 秒会调用一次 drawClock()方法来绘制时钟。

在 drawClock()方法中，绘制时钟之前，首先通过 clearRect()方法来清空当前的画布，接着获取当前的时间，并把当前的时间设置到 drawHourLine()方法、drawMinLine()方法以及 drawSecLine()方法中，最后还需要通过 restore()方法来恢复画布的原来状态。

运行该程序，此时时钟的效果如图 13-19 所示。

图13-19 时钟的效果

13.5 本章小结

本章主要介绍了如何在 Kotlin 中实现时钟的效果，详细介绍了如何在 Kotlin 中绘制直线、三角形、矩形、圆形以及时钟。通过对本章的学习，读者可以掌握在 Kotlin 程序中开发 JS 程序的方法。读者应了解在 Kotlin 中开发 JS 程序的方法，便于后续使用 Kotlin 语言创建其他 JS 程序。

【思考题】

1. 请思考如何绘制一个矩形。
2. 请思考如何填充一个未封闭的图形。